21世纪高等学校计算机
专业实用系列教材

数据结构渐进实践指导

融媒体版

◎ 刘小晶 朱 蓉 主 编

梁 田 杜卫锋 陈 滨 王超超 编 著

U0286777

清华大学出版社

北京

内 容 简 介

本书遵循"认知规律"，抓住"立德树人"的教育本质，围绕几种常见的数据结构（线性表、栈与队列、串与数组、树与二叉树、图）和两种基本的数据操作（内排序、查找）将内容共分为7章。每章力求将抽象知识的实践应用"问题化、趣味化"，并将典型实践案例按基础实践、进阶实践、拓展实践三个层面"由浅入深""由扶到放"地渐进式引导与推进。

本书始终坚守 OBE（成果导向教育）理念，围绕实践的"知识、能力和素质"目标精心组织实践内容，创新性地将我国的伟大成就、科技文化和新时代的热点问题、社会现象等思政元素融入实践内容，使学习者在完成实践的同时，培养新时代社会主义核心价值观和精益求精的大国工匠精神，激发科技报国的家国情怀和使用担当，使得课程教育与思政教育同向同行，形成协同效应。

本书体例独特、设计精细、条理清晰、案例精炼，其中基础实践的核心算法和类型描述及一些约定主要沿用浙江省普通高校"十三五"新形态教材《数据结构——C 语言描述（融媒体版）》（第2版）（书号：ISBN 978-302-54998-7）中的内容，所以，一方面它可作为此教材的配套实践教材；另一方面适合作为各类高等学校计算机类专业"数据结构"课程的实践参考用书及社会自学者的实践参考用书。

图书在版编目（CIP）数据

数据结构渐进实践指导：融媒体版/刘小晶，朱蓉主编.—北京：清华大学出版社，2023.2
21 世纪高等学校计算机专业实用系列教材
ISBN 978-7-302-61964-2

Ⅰ.①数… Ⅱ.①刘…②朱… Ⅲ.①数据结构－高等学校－教材 Ⅳ.①TP311.12

中国版本图书馆 CIP 数据核字（2022）第 181631 号

责任编辑：黄 芝
封面设计：刘 键
责任校对：焦丽丽
责任印制：刘海龙

出版发行：清华大学出版社
　　　　　网　　　址：http://www.tup.com.cn，http://www.wqbook.com
　　　　　地　　　址：北京清华大学学研大厦 A 座　　　邮　　编：100084
　　　　　社 总 机：010-83470000　　　　　　　　　　邮　　购：010-62786544
　　　　　投稿与读者服务：010-62776969，c-service@tup.tsinghua.edu.cn
　　　　　质量反馈：010-62772015，zhiliang@tup.tsinghua.edu.cn
　　　　　课件下载：http://www.tup.com.cn,010-83470236
印 装 者：艺通印刷（天津）有限公司
经　　销：全国新华书店
开　　本：185mm×260mm　　印　张：19.5　　　　　字　　数：472 千字
版　　次：2023 年 2 月第 1 版　　　　　　　　　　印　　次：2023 年 2 月第 1 次印刷
印　　数：1～1500
定　　价：59.80 元

产品编号：096566-01

前　　言

　　"数据结构"是计算机类专业最重要的理论与实践并重的技术基础课之一,它的实践教学一般包括课内实验和课程设计集中实践两个环节。在教育部实施的"高等学校教学质量与教学改革工程"中,提出要"高度重视实践环节,提高学生实践能力"。习近平总书记曾在2016年的全国高校思想政治工作会议上的讲话中强调"要把做人做事的基本道理、把社会主义核心价值观的要求、把实现民族复兴的理想和责任融入各类课程教学之中,使各类课程与思想政治理论课同向同行,形成协同效应。在2018年的全国教育大会上又提出"要把立德树人融入思政道德教育、社会实践教育各环节,贯穿基础教育、职业教育、高等教育各个领域"。

　　为了更好地落实习近平总书记的讲话精神,提高学习者的课程实践能力,本书遵循认知规律,抓住"立德树人"的教育本质,围绕几种常见的数据结构(线性表、栈与队列、串与数组、树与二叉树、图)和两种基本的数据操作(内排序、查找)将内容共分为7章,每章将实践分为三个步骤:第一步是基础实践,属于低阶问题求解篇,主要给出所有基本数据结构中主要的基本操作问题的实现方法指导;第二步是进阶实践,属于中阶问题求解篇,主要为学习者阶段性的章节学习后的课程实践内容提供有针对性的课程知识应用性问题,并对问题的求解进行详细分析和实现指导;第三步是拓展实践,属于高阶问题求解篇,主要是针对知识综合性运用的复杂问题进行分析指导,可以为课程设计阶段的实践内容提供参考。以上三者相互作用,以促进学习者对课程知识、能力与素质目标的达成。

　　本书作为嘉兴学院首批国家级线上线下混合式一流本科课程、浙江省首批课程思政示范课程和浙江省课程思政示范基层组织建设的阶段性成果之一,其主要的特色及创新点如下。

1. 思政教育与课程教育同向同行,具有较好的协同效应

　　本书始终坚守OBE理念,围绕实践的"知识、能力和素质"目标精心组织实践内容,创新性地将我国的伟大成就、科技文化和新时代的热点问题、社会现象等思政元素融入实践内容,使学习者在加强课程实践能力培养的同时,厚植新时代社会主义核心价值观和精益求精的大国工匠精神,激发科技报国的家国情怀和使用担当,使得课程教育与思政教育同向同行,形成协同效应。

2. 体例独特与设计精细,具有较好的借鉴价值

　　本书体例独特、结构统一、设计精细。每个实践均由"实践目的""实践内容""实践要求""解决方案"或"解决思路""程序代码""运行结果"和"延伸思考"七个版块组成。除此之外,在进阶和拓展实践中,至少有一个实践巧妙融入了思政课程素材,这个实践从开始设计的

"思政目标"到最后的"结束语",形成首尾呼应,有效将"立德树人"贯穿于课程的实践教学环节,能为任课教师开展思政课程的设计与实施提供借鉴。

3. 精心提炼与创新案例,具有较高的使用价值

编者认真研究课程理论知识的应用点和学习者的认知,并通过广泛查阅资料、收集数据、反复斟酌、仔细提炼、精心打磨,最后形成实践案例内容,做到书中所有融入思政教育的实践内容全部是作者原创,并力求既做到各种数据结构理论知识应用的全覆盖,又做到有拓展、有思考,这些都体现了作者团队多年耕耘课程教学与研究所积淀的功底和经验,读者可以根据自身需求选择性地使用,具有较高的推广使用价值。

4. 从扶到放与循序渐进,具有较强的可实践性

每章内容力求将抽象知识的实践应用"问题化、趣味化",并将典型实践案例按基础、进阶、拓展三个层面组织,三个层面的内容设置是"由浅入深",但实践指导内容却是"由详到略"。在基础实践中,其实践要求内容明确给定了数据的存储表示、函数接口、输入输出说明及测试用例,解决方案中给出了各种接口的实现方法,同时给出了完整的程序代码;在进阶和拓展实践中,其实践要求内容只要求学习者选择恰当的数据存储结构、设计关键操作接口和实现算法等,至于如何设计与实现,在进阶实践中只在"解决方案"里给出一定的分析;而在拓展实践中,其实践要求内容中的"解决方案"直接改为"解决思路",意味着在此层面其指导内容只有一种对问题解决办法的思路分析或提示,最后的实践结果只以二维码的形式隐性嵌入书中,从而给予学习者充分的个性化发挥空间,促进其自主探究和创新能力的提升。实践案例内容为学习者提供了"从扶到放"的有效学习支撑,具有较强的可实践性。

5. 量小与量大信息多元处理,具有较好的可拓展性

对于实践中的输入量较小的信息数据允许采用标准输入设备直接输入,而对于输入量较大的信息数据,为了避免每次测试程序时用户烦琐的重复输入,特别将输入信息预先存入文本文件并通过二维码的形式嵌入书中,以供读者学习下载使用。这种方法一方面可减少书中纸质内容的篇幅并节省用户测试程序的时间开销,另一方面又可充分体现媒体资源的灵活性和可拓展性。

本书是由课程团队协作完成,其中由刘小晶教授策划、统稿,并与朱蓉教授共同完成书稿的审核工作;第1章由刘小晶执笔,第2章由梁田执笔,第3和第5章由杜卫锋执笔,第4章由朱蓉执笔;第6章由陈滨执笔;第7章由王超超执笔。

在本书的编写过程中参考了一些优秀书籍,列于书末的参考文献中,在此谨向其作者表示衷心的感谢。

特别感谢嘉兴学院马克思主义学院原院长、人文社科处处长彭冰冰教授对书中所有融思政教育的实践内容的多次指导、修改和审核。

由于编者学识有限,书中定有不足之处,敬请读者批评指正。

编 者

2022 年 9 月

目　录

第1章

线 性 表

1.1 基 础 实 践

1.1.1 顺序表的基本操作

1. 实践目的

(1) 能够正确描述线性表的顺序存储结构在计算机中的表示。

(2) 能够正确编写在顺序表上基本操作的实现算法。

(3) 能够编写程序验证在顺序表上实现基本操作算法的正确性。

2. 实践内容

创建一个顺序表,并在此顺序表上实现插入、删除和查找操作。

3. 实践要求

1) 数据结构

顺序表的存储结构描述如下:

```
typedef struct
{   ElemType * elem;          //线性表存储空间的基地址
    int length;               //线性表的当前长度,即元素个数
    int listsize;             //线性表当前的存储空间容量
}SqList;                      //动态的顺序存储结构类型名
```

特别说明:其中 Status 为函数的抽象数据类型、ElemType 为数据元素的抽象数据类型,在程序具体实现时用户可根据需要定义为任意的具体数据类型(本书后面同类内容不再加以说明)。本实践将其都定义为整数,其描述语句为:

```
typedef int ElemType;
typedef int Status;
```

2) 函数接口说明

```
Status SqList_Creat(SqList &L, int n);
//创建一个长度为 n 的顺序表 L
Status SqList_Insert(SqList &L, int i, ElemType e);
//在顺序表 L 的第 i 个数据元素之前插入一个值为 e 的数据元素,其中 i 的合法范围为:
//1≤i≤n+1。当 i=1 时,表示在表头插入 e; 当 i= n+1 时,表示在表尾插入 e
Status SqList_Delete(SqList &L, int i, ElemType &e);
//删除顺序表 L 中第 i 个数据元素,并用 e 返回其值,其中 i 的合法范围为:1≤i≤n
int SqList_LocateElem(SqList L, ElemType e);
```

//查找顺序表 L 中值为 e 的数据元素,并返回指定数据元素 e 在顺序表中首次出现时的位序号。若
//线性表中不包含此数据元素,则返回 0
void SqList_Output(SqList L);
//输出顺序表 L 中各个元素值

3)输入输出说明

输入说明:输入信息分 6 行,第 1 行输入顺序表的长度 n;第 2 行输入顺序表中的 n 个数据元素值,即 n 个数据值,数据之间用一个空格隔开;第 3 行输入待插入元素的位置值 $i(1 \leqslant i \leqslant n+1)$;第 4 行输入待插入的元素值 e;第 5 行输入待删除元素的位置 $i(1 \leqslant i \leqslant n)$;第 6 行输入待查找的元素值。

输出说明:输出信息分 5 行,在输入第 2 行的信息并回车后要求以一行输出已创建的顺序表中各元素值,数据值之间用一个空格隔开;在输入第 4 行的信息并回车后如果插入成功则要求在另一行中输出完成插入操作后顺序表中的各元素值,数据值之间用一个空格隔开,否则在另一行中输出"Insertion failed!";在输入第 5 行信息并回车后,如果删除成功,则要求在另一行中输出完成删除后顺序表中的各元素值,数据值之间用一个空格隔开,同时在下一行输出被删除的元素值,否则只在另一行中输出"Deletion failed!";在输入第 6 行信息并回车后,如果查找成功,则要求在另一行中输出查找到的元素位置和"Search succeeded!",之间用一个空格隔开,否则只在另一行中输出"Search failed!"。

4)测试用例

测试用例信息如表 1-1 所示。

表 1-1　测试用例信息

序号	输　入	输　出	说　明
1	5 23 45 12 64 51 6 99 2 64	23 45 12 64 51 23 45 12 64 51 99 23 12 64 51 99 45 3 Search succeeded!	一切输入的参数都在合法范围之内
2	5 23 45 12 64 51 8 99 1 64	23 45 12 64 51 Insertion failed! 45 12 64 51 23 3 Search succeeded!	插入位置大于 $n+1$,其他输入的参数都合法
3	5 23 45 12 64 51 −1 99 5 64	23 45 12 64 51 Insertion failed! 23 45 12 64 51 4 Search succeeded!	插入位置小于 1,其他输入的参数都合法

序号	输　　入	输　　出	说　　明
4	5 23 45 12 64 51 4 99 7 64	23 45 12 64 51 23 45 12 99 64 51 Deletion failed! 5 Search succeeded!	删除位置大于 n，其他输入的参数都合法
5	5 23 45 12 64 51 1 99 −2 64	23 45 12 64 51 99 23 45 12 64 51 Deletion failed! 5 Search succeeded!	删除位置小于1，其他输入的参数都合法
6	5 23 45 12 64 51 3 99 5 64	23 45 12 64 51 23 45 99 12 64 51 23 45 99 12 51 Search failed!	待查找元素在表中不存在，其他输入的参数都合法

4. 解决方案

上述部分接口的实现方法简要说明如下。

(1) 创建顺序表操作 SqList_Creat(&L，n)：先用 malloc 函数分配预定义大小的数组空间(空间的大小遵守"足够应用"的原则)，如果空间分配失败，则结束该操作；否则再输入顺序表中 n 个数据元素值并依次存入数组空间中，最后将线性表的长度置为 n。

(2) 顺序表插入操作 SqList_Insert(&L，i，e)：要在顺序表中的第 i 个数据元素之前插入一个数据元素 e，首先要判断插入位置 i 是否合法，假设线性表的表长为 n，则 i 的合法值范围为 $1 \leqslant i \leqslant n+1$，若是合法位置，则需再判断顺序表是否满，如果满，则增加空间或结束操作；如果不满，则将第 i 个数据元素及其之后的所有数据元素都后移一个位置，此时第 i 个位置已经腾空，再将待插入的数据元素 e 插入到该位置上，最后将线性表的长度增加1。图 1-1 给出了顺序表 $\{a_1, a_2, \cdots, a_n\}$ 插入操作前和后的存储结构状态示意图。

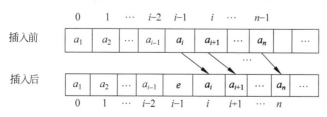

图 1-1　顺序表插入前和后的存储结构状态示意图

(3) 顺序表删除操作 SqList_Delete(&L，i，&e)：要删除顺序表中的第 i 个数据元素，首先仍然要判断 i 的合法性，i 的合法范围是 $1 \leqslant i \leqslant n$，若是合法位置，则首先通过参数 e

返回待删除的元素值，再将第 i 个数据元素之后的所有数据元素都前移一个位置，最后将线性表的长度减 1。图 1-2 给出了顺序表 $\{a_1, a_2, \cdots, a_n\}$ 删除操作前、后的存储结构状态示意图。

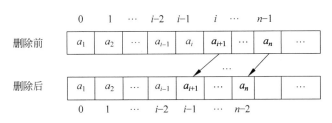

图 1-2　顺序表删除前、后的存储结构状态示意图

（4）顺序表查找操作 SqList_LocateElem(L，e)：要在顺序表中查找一个给定值为 e 的数据元素，则可以采用顺序查找的方法，从顺序表中第 1 个数据元素开始依次将数据元素值与给定值 e 进行比较，若相等则查找成功，函数返回该数据元素在顺序表中的位置；若顺序表中所有元素都与给定值 e 不相同，则查找失败，函数返回 0 值。

5. 程序代码参考

```
# include < stdio. h >
# include < malloc. h >                                //线性表初始分配空间的容量
# define LIST_INIT_SIZE 100
# define LISTINCREMENT 10                              //线性表增加分配空间的量
# define ERROR 0
# define OK 1
# define OVERFLOW  - 2
typedef int ElemType;
typedef int Status;

typedef struct
{    ElemType  * elem;
     int length;
     int listsize;
}SqList;

Status SqList_Create(SqList &L, int n)
//创建一个长度为 n 的顺序表 L
{    L. elem = (ElemType  * )malloc(LIST_INIT_SIZE * sizeof(ElemType)); //分配预定义大小的空间
     if (!L. elem)                                     //如果空间分配失败
           return OVERFLOW;
     L. listsize = LIST_INIT_SIZE;
     L. length = n;
     for ( int i = 0;i < L. length;i++)                //输入顺序表中各个元素
           scanf(" % d",&L. elem[i]);
     return OK;
}
Status SqList_Insert(SqList &L, int i,ElemType e)
//在顺序表 L 中第 i 个元素前插入新元素 e,其中 i 的合法值是 1≤i≤n + 1
```

```
{       if (i < 1||i > L.length + 1)                    //插入位置不正确
            return ERROR;
        if (L.length > = L.listsize)                    //顺序表 L 空间已满
            return OVERFLOW;
        for(int j = L.length - 1;j > = i - 1;j -- )
            L.elem[j + 1] = L.elem[j];                  //将第 i 个元素及后续元素位置向后移一位
        L.elem[i - 1] = e;                              //在第 i 个元素位置处插入新元素 e
        L.length++;                                     //顺序表 L 的长度加 1
        return OK;
}

Status SqList_Delete(SqList &L, int i, ElemType &e)
 //在顺序表 L 中删除第 i 个元素,并用 e 返回值,其中 i 的合法值是 1≤i≤n
{       if (i < 1||i > L.length)                        //删除位置不正确
            return ERROR;
        e = L.elem[i - 1];
        for(int j = i;j < = L.length - 1;j++)
            L.elem[j - 1] = L.elem[j];                  //将第 i + 1 个元素及后继元素位置向前移一位
        L.length -- ;                                   //顺序表 L 的长度减 1
        return OK;
}

int SqList_Search(SqList L, ElemType e)
//在顺序表中查找值为 e 的元素,如果找到,则函数返回该元素在顺序表中的位置,否则返回 0
{       int i;
        for ( i = 1;i < = L.length&&L.elem[i - 1]!= e;i++); //从第一个元素起依次将每个元素值与
                                                          //给定值 e 比较
        if (i < = L.length)
                return i;
        else
                return 0;
}
void SqList_Output(SqList L)
//输出顺序表 L 中各个元素值
{       for (int i = 0;i < L.length;i++)
            printf(" % d ",L.elem[i]);
        printf("\n");
}

int main()
{       SqList L;
        int i,n;
        ElemType e;

        scanf(" % d",&n);                               //输入顺序表的长度
        SqList_Create(L,n);
        SqList_Output(L);                               //输出顺序表中各元素值
        scanf(" % d", &i);                              //输入插入位置
        scanf(" % d", &e);                              //输入待插入元素值
```

```
    if (SqList_Insert(L, i, e) == 1)
        SqList_Output(L);                    //输出插入后的顺序表
    else
        printf("Insertion failed!\n");

    scanf("%d", &i);                         //输入删除位置
    if (SqList_Delete(L, i, e) == 1)
    {   SqList_Output(L);                    //输出删除后的顺序表
        printf("%d\n", e);
    }
    else
        printf("Deletion failed!\n");

    scanf("%d", &e);                         //输入待查找元素值
    if ( SqList_Search(L, e))
        printf("%d Search succeeded!\n", SqList_Search(L, e));
                                             //输出查找到的元素所在的位置"Search succeeded!"
    else
        printf("Search failed!\n");          //输出"Search failed!"
    return 0;
}
```

6. 运行结果参考

程序部分测试用例的运行结果如图 1-3 所示。

(a) 测试用例1的运行结果　　　(b) 测试用例3的运行结果　　　(c) 其他测试用例的运行结果

图 1-3　程序部分测试用例的运行结果

7. 延伸思考

（1）将创建顺序表的函数接口改为 Status SqList_Creat(SqList &L)；它要求创建一个顺序表 L，最后以输入一个指定数据（假设为 0）时结束创建操作。则此函数的代码该做何修改？

（2）在顺序表的插入操作 SqList_Insert 函数代码中有语句：

```
if (L. length >= L. listsize)
    return OVERFLOW;
```

其含义是：如果当前顺序存储空间已满，则结束操作，并返回 OVERFLOW（自定义的符号常量）。这种处理与线性表的顺序存储结构描述为动态的顺序存储用意不符。所谓动态顺序存储，就是存储空间是在程序运行时可以根据需要动态分配，并且在程序运行过程中当顺序存储空间"不足够"应用时，也可以进行动态增加，以扩充空间来满足应用。如果要达

到这一用意,当 L. length＞＝ L. listsize 条件成立时,该做何处理? 此函数的代码又该如何修改?

1.1.2　单链表的基本操作

1. 实践目的

(1) 能够正确描述线性表的链式存储结构在计算机中的表示。

(2) 能够正确编写在单链表上基本操作的实现算法。

(3) 能够编写程序验证在单链表上实现基本操作算法的正确性。

2. 实践内容

创建一个单链表,并在此单链表上实现插入、删除和查找操作。

3. 实践要求

1) 数据结构

链表由若干个结点链接而成,如果链表中每个结点只含有一个指针域,则称此为单链表。单链表的存储结构描述如下:

```
typedef struct LNode
{    ElemType    data;              // 数据域
     struct LNode   * next;          // 指针域
 } LNode, * LinkList;               //其中 LNode 为结点类型名,Linklist 为指向结点的指针类型名
```

2) 函数接口说明

```
Status LinkList_Creat(LinkList &L);
//创建一个带头结点的单链表 L,最后以输入数为 0 结束创建操作
Status LinkList_Insert(LinkList &L, int i,Elemtype e);
//在带头结点的单链表 L 的第 i 个数据元素之前插入一个值为 e 的数据元素,其中 i 的合法范围为
//1≤i≤n+1,n 为表长。当 i=1 时,表示在表头插入 e; 当 i= n+1 时,表示在表尾插入 e
Status LinkList_Delete(LinkList &L, int i,Elemtype &e);
//删除带头结点的单链表 L 中第 i 个数据元素,并通过 e 返回其值,其中 i 的合法范围为 1≤i≤n,
//n 为表长
status LinkList_LocateElem(LinkList L, int i,Elemtype &e);
//按位序号查找:查找带头结点的单链表 L 中的第 i 个数据元素,其中 i 的合法范围为 1≤i≤n,n 为
//表长。如果查找成功,则通过 e 返回该元素值
void LinkList_Output(LinkList L);
//输出带头结点的单链表 L 中各个元素值
```

3) 输入输出说明

输入说明:输入信息分 5 行,第 1 行输入单链表中各元素值(假设为非 0 的整数),最后以 0 结束,数据之间用一个空格隔开;第 2 行输入待插入元素的位置值 $i(1 \leqslant i \leqslant n+1)$;第 3 行输入待插入的元素值 e;第 4 行输入待删除元素的位置 $i(1 \leqslant i \leqslant n)$;第 5 行输入待查找元素在表中的位置 $i(1 \leqslant i \leqslant n)$。

输出说明:在输入第 1 行的信息并回车后要求在一行中输出已创建的单链表中各元素值,数据值之间用一个空格隔开;在输入第 3 行的信息并回车后,如果插入成功,则要求在另一行中输出完成插入操作后单链表中的各元素值,数据值之间用一个空格隔开,否则在另一行中输出"Insertion failed!";在输入第 4 行信息并回车后,如果删除成功,则要求在另一行

中输出完成删除后单链表中的各元素值,数据值之间用一个空格隔开,同时在下一行输出被删除的元素值,否则只在另一行中输出"Deletion failed!";在输入第 5 行信息并回车后,如果查找成功,则要求在另一行中输出查找到的元素值和"Search succeeded!",之间用一个空格隔开,否则只在另一行中输出"Search failed!"。

4)测试用例

测试用例信息如表 1-2 所示。

表 1-2 测试用例信息

序号	输　　入	输　　出	说　　明
1	23 45 12 64 51 0 6 99 2 3	23 45 12 64 51 23 45 12 64 51 99 23 12 64 51 99 45 64 Search succeeded!	一切输入的参数都在合法范围之内
2	23 45 12 64 51 0 8 99 1 3	23 45 12 64 51 Insertion failed! 45 12 64 51 23 64 Search succeeded!	插入位置大于 $n+1$,其他输入的参数都合法
3	23 45 12 64 51 0 −1 99 5 3	23 45 12 64 51 Insertion failed! 23 45 12 64 51 12 Search succeeded!	插入位置小于 1,其他输入的参数都合法
4	23 45 12 64 51 0 4 99 7 5	23 45 12 64 51 23 45 12 99 64 51 Deletion failed! 64 Search succeeded!	删除位置大于 n,其他输入的参数都合法
5	23 45 12 64 51 0 1 99 −2 5	23 45 12 64 51 99 23 45 12 64 51 Deletion failed! 64 Search succeeded!	删除位置小于 1,其他输入的参数都合法
6	23 45 12 64 51 0 3 99 5 −3	23 45 12 64 51 23 45 99 12 64 51 23 45 99 12 51 Search failed!	待查找元素的位序号小于 1,其他输入的参数都合法
7	23 45 12 64 51 3 99 5 6	23 45 12 64 51 23 45 99 12 64 51 23 45 99 12 51 Search failed!	待查找元素的位序号大于 n,其他输入的参数都合法

4. 解决方案

上述部分接口的实现方法简要说明如下：

（1）创建单链表操作 LinkList_Creat(&L)：链表是一个动态的存储结构,它不需要预先分配空间,建立链表的过程是一个结点"逐个插入"的过程。可以先建立一个只含头结点的空单链表,然后从键盘依次读取到非零数据,分别生成新结点,再将其逐个插入链表的头部或尾部(分别称其为"头插法"和"尾插法"),直至读取到的数据为 0 为止。

（2）单链表插入操作 LinkList_Insert(&L,i,e)：先确定单链表中待插入位置的前驱结点(即第 i−1 个结点),如果插入位置合法,则再生成新的结点,最后通过修改链,将新结点插入到第 i−1 个结点的后面;否则操作失败。图 1-4 给出了单链表上插入操作前、后的状态变化。

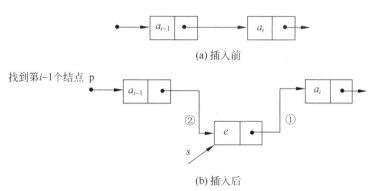

图 1-4　单链表上插入操作前、后的状态变化示意图

图 1-4 中修改链①的实现语句为："s-> next＝p-> next;"。修改链②的实现语句为："p-> next＝s;"。

（3）单链表删除操作 LinkList_Delete(&L,i, &e)：先确定待删除结点的前驱结点(即第 i−1 个结点),如果删除位置合法,则再通过修改链将被删结点从链表中"脱离"出来,最后释放被删结点的空间;否则操作失败。图 1-5 给出了单链表上删除操作前、后的状态变化。

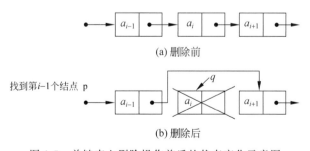

图 1-5　单链表上删除操作前后的状态变化示意图

图 1-5 中修改链的语句为："q＝p-> next; p-> next＝q-> next;"。释放被删结点空间的语句为："free(q);"。

（4）单链表查找操作 LinkList_LocateElem(L,i, &e)：因链表是一种"顺序存取"的结构,则要在带头结点的单链表中查找到第 i 个元素,必须从头结点开始沿着后继指针依次

"点数",直到点到第 *i* 个结点为止,如果查找成功,则通过参数 e 返回第 *i* 个结点的数据元素值,否则返回 0。其中头结点可看成是第 0 个结点。

5. 程序代码参考

```c
#include <stdio.h>
#include <malloc.h>
#define OK 1
#define ERROR 0
typedef int ElemType ;
typedef int Status;

typedef struct LNode {
    ElemType data;                    // 数据域
    struct LNode * next;              // 指针域
} LNode, * LinkList;

Status LinkList_Creat(LinkList &L)
//用尾插法创建一个带头结点的单链表,以输入 0 结束
{   ElemType node;
    L = (LinkList)malloc(sizeof(LNode));    //先创建一个带头结点的空链表
    L->next = NULL;
    scanf("%d",&node);                // 输入链表中第一个结点的数据值
    LinkList r = L;                   // 引进一个尾指针,使其始终指向当前表的表尾
    while(node!= 0)                   //如果输入的数据值为 0,则结束循环
    {   LinkList p = (LinkList)malloc(sizeof(LNode));   //为新结点 p 分配空间
        if (!p)
            return ERROR;
        p->data = node;              // 将输入的数据值存入新结点的数据域
        r->next = p;                 // 修改链,使新结点 p 插入到链表的表尾
        r = p;
        scanf("%d",&node);           // 输入链表中下一个结点的数据值
    }
    r->next = NULL;                  //最后尾结点的后继指针置空
    return OK;
}

Status LinkList_Insert(LinkList &L, int i, ElemType e)
// 在单链表 L 的第 i 个数据元素之前插入新的元素 e,i 的合法值是 1≤i≤n+1
{   LinkList p = L,s;                //p 指针指示链表中的头结点
    int j = 0;                       //j 指示 p 指针所指向的结点在表中的位序号
    while (p&&j < i-1)               //找到第 i 个元素的前驱结点,并用 p 指针指示它
    { p = p->next;
      ++j;
    }
    if (!p||j > i-1)                 // i 不合法(找不到前驱结点)
        return ERROR;
    s = (LinkList)malloc(sizeof(LNode));   //产生新的结点
    s->data = e;
    s->next = p->next;              //修改链指针,让新结点插入到第 i-1 个元素结点 p 的后面
```

```
        p - > next = s;
        return OK;
    }


Status LinkList_Delete(LinkList &L, int i, ElemType &e)
// 删除单链表 L 中的第 i 个数据元素, 并通过 e 返回其值, i 的合法值是 1≤i≤n
{    LinkList p = L, q;                      //p 指针指示链表中的头结点
     int j = 0;                              //j 指示 p 指针所指向的结点在表中的位序号
     while(p - > next &&j < i - 1)           //找到被删结点的前驱结点
     {   p = p - > next;
         ++j;
     }
     if(!p - > next||j > i - 1)              // i 不合法(找不到前驱结点)
         return ERROR;
     q = p - > next;                         //q 指向待删结点
     p - > next = q - > next;                // 修改链指针让待删结点从链中脱离出来
     e = q - > data;                         //用 e 保存待删结点的数据元素值
     free(q);                                //释放待删结点空间
     return OK;
}


Status LinkList_LocateElem(LinkList L, int i, ElemType &e)
//查找单链表中第 i 个数据元素, 如果查找成功, 则通过 e 返回其数据元素值, i 的合法值是 1≤i≤n
{    LinkList p = L - > next;                //p 指向链表中的首结点
     int j = 1;                              //j 记录 p 结点在表中的位序号
     while (p&& j < i)                       //沿着后继指针一个一个"点数"
     {   p = p - > next;
         j++;
     }
     if (!p|| j > i)                         //i 值不合法
         return ERROR;
     e = p - > data;                         //用 e 返回第 i 个元素的值
     return OK;
}

void LinkList_Output(LinkList L)
//输出单链表 L 中各数据元素值
{    LinkList p = L - > next;                // p 指向链表的首结点
     while(p)
     {   printf(" % d ",p - > data);         //输出 p 指针所指结点的数据值
         p = p - > next;                     // p 指针后移
     }
     printf("\n");
}

int main()
{    LinkList L;
     int i;
     ElemType e;
```

```
    LinkList_Creat(L);                  //用尾插法创建一个带头结点的单链表,以输入 0 结束
    LinkList_Output(L);                 //输出单链表中各元素值

    scanf("%d",&i);                     //输入插入位置
    scanf("%d",&e);                     //输入待插入的元素值
    if (LinkList_Insert(L,i,e))
        LinkList_Output(L);             //输出插入操作后的单链表
    else
        printf("Insert failed!\n");

    scanf("%d",&i);                     //输入删除位置
    if (LinkList_Delete(L,i,e))
    {   LinkList_Output(L);             //输出删除操作后的单链表
        printf("%d\n",e);
     }
    else
        printf("Deletion failed!\n");

    scanf("%d", &i);                    //输入待查找元素所在表中的位置
    if ( LinkList_LocateElem(L,i,e))
        printf("%d Search succeeded!\n", e); //输出查找到的元素值及 "Search succeeded!"
    else
        printf("Search failed!\n");            //输出"Search failed!"

    return 0;
}
```

6. 运行结果参考

程序部分测试用例的运行结果如图 1-6 所示。

(a) 测试用例1的运行结果

(b) 测试用例2的运行结果

(c) 测试用例的运行结果

图 1-6　程序部分测试用例的运行结果

7. 延伸思考

（1）创建单链表的方法有两种,一种是头插法,另一种是尾插法。前面的程序代码中是用了尾插法。如果要求用头插法,创建单链表的函数代码该如何修改？如果改为用头插法建立一个单链表,则创建时输入的数据序列与创建后输出的数据序列有何关系？

（2）在单链表上的查找方法也有两种,一种是按值查找,另一种是按位序号查找。前面的接口说明 int LinkList_LocateElem(LinkList L,int i,Elemtype &e);这表明是按位序号进行查找,即要求查找单链表 L 中第 i 个数据元素,并用 e 返回其值。如果将查找函数的接口说明改为：int LinkList_LocateElem(LinkList L,Elemtype e,int &i);这表明按值查找,

即要求在单链表 L 中查找值为 e 的结点在表中的位序号,并通过参数 i 返回其值。请问按值查找的操作算法该如何设计?

1.2 进 阶 实 践

1.2.1 纸牌游戏

1. 实践目的

(1) 能够正确分析纸牌游戏中要解决的关键问题及其解决思路。

(2) 能够根据纸牌游戏的操作特点选择恰当的存储结构。

(3) 能够运用线性表基本操作的实现方法设计纸版游戏中的关键操作算法。

(4) 能够编写程序模拟纸牌游戏的实现,并验证其正确性。

(5) 能够对实践结果的性能进行辩证分析或优化。

2. 实践内容

纸牌游戏内容的具体描述是:有编号为 1～52 的 52 张纸牌按编号顺序摆放,而且都是正面向上。现从第 2 张开始,以 2 为基数,对编号是 2 的倍数的牌翻一次,直到最后一张牌;然后,又从第 3 张开始,以 3 为基数,对编号是 3 的倍数的牌翻一次,直到最后一张牌;接着,再从第 4 张开始,以 4 为基数,对编号是 4 的倍数的牌翻一次,直到最后一张牌;以此类推,再依次以 5,6,7,…,52 为基数,对相应编号的倍数的牌进行翻牌,最后输出正面向上的那些纸牌。请编程模拟这个游戏过程,并输出最后正面向上的所有纸牌编号和纸牌的张数。

3. 实践要求

(1) 为使上述纸牌游戏具有普适性,要求纸牌的张数由用户自主设定。

(2) 根据纸牌游戏规则及其操作特性,自主分析并选择恰当的数据存储结构。

(3) 抽象出本游戏中所涉及的关键性操作模块,并给出其接口描述及其实现算法。

(4) 输入输出说明:本实践要求输入的内容只有用户自设定的纸牌张数 n。输出的内容包括纸牌游戏结束后正面向上的所有纸牌编号和纸牌的张数。为了能使输入与输出信息更加人性化,可以在输入或输出信息之前适当添加有关提示信息。

4. 解决方案

1) 数据结构

由于纸牌游戏中处理的对象就是 n 张纸牌,而且初始状态的 n 张纸牌都是正面并按编号值($1～n$)从小到大有序排列,这完全具有线性表的结构特性,所以可以将程序要处理的对象看成是一个由 n 张纸牌所构成的线性表。而游戏中的重复操作是以 $k(2 \leqslant k \leqslant n)$ 为基数,对全部编号为 k 的倍数的牌翻牌一次(即由正面翻成反面,或由反面翻成正面),这种操作可抽象为对线性表中指定元素的值进行一次修改,不会涉及线性表中元素的增删。线性表有顺序存储和链式存储两种存储方式,其中顺序存储适合于随机存取,它对不改变表长而只对表中元素进行读取和修改操作时特别适用,所以在模拟本游戏时宜采用顺序存储结构。再考虑到存储空间的容量是由纸牌数决定的,而纸牌数是由用户动态决定的,为此本实践中最后采用动态的顺序存储结构,其描述具体如下:

```
typedef int ElemType;
typedef struct
{   ElemType * elem;       //空间基地址,空间存放纸牌正反面状态值,正/反分别用 1/0 表示
    int length;            //存放纸牌数
    int listsize;          //存放空间的容量
}SqList;                   //顺序表类型
```

如图 1-7 所示即是一个由 n 张正面摆放的纸牌所构成的顺序表存储结构示意图。其中为了使顺序存储空间中的下标值与纸牌的编号一致,则将其中的 0 号存储空间闲置不用。

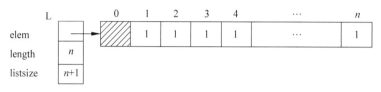

图 1-7　由 n 张正面纸牌构成的初始顺序表的存储结构示意图

2) 关键操作实现要点

本游戏的关键操作包括创建一个如图 1-7 所示的顺序表和重复执行的以 $k(2 \leqslant k \leqslant n)$ 为基数,不断对编号为 k 的倍数的牌进行翻牌操作,这也是纸牌游戏的全过程。以上内容其实现要点简要说明如下:

(1) 创建顺序表

要创建如图 1-7 所示的顺序表,首先需要分配大小为 $n+1$ 的连续存储空间(0 号空间闲置)。如果空间分配成功,则将 $1 \sim n$ 号空间的数据赋值为 1,代表纸牌正面向上。然后再对当前顺序表的长度赋值为 n(纸牌的张数),当前分配的存储空间容量赋值为 $n+1$。

(2) 模拟纸牌游戏

本游戏就是一个不断翻牌的过程,这个翻牌过程可以通过两重循环来完成,外循环控制翻牌的基数,它是从第 2 张牌开始直到最后的第 n 张牌结束,而内循环则是完成以基数开始,依次对编号为基数的倍数的纸牌翻牌,直到最后一张编号为 n 的牌为止。

其中对纸牌翻牌一次的操作只需判断当前纸牌是否为正面,即对应的元素值是否为 1,如果是,则将其元素值改为 0,表示当前纸牌由正面翻成了反面;否则将其元素值改为 1,表示当前纸牌由反面翻了成正面。

3) 关键操作接口描述

```
Status SqList_Creat(SqList &L, int n);
//创建一个由 n 张正面纸牌构成的顺序表 L,元素值为 1,标识牌为正面
void Card_Games(SqList &L);
//在顺序表 L 上模拟纸牌游戏
```

4) 关键操作算法参考

(1) 创建顺序表的算法。

```
Status SqList_Creat(SqList &L, int n)
//创建一个由 n 张正面纸牌构成的顺序表,元素值为 1,标识牌为正面
```

```
{       L. elem = (ElemType * )malloc((n + 1) * sizeof(ElemType));
                                //申请分配大小为 n + 1 的连续存储空间,0 号存储单元闲置
        if (!L.elem)            //如果空间分配失败
            return ERROR;
        for (int i = 1; i <= n; i++)   //将编号 1 - n 的元素赋值为 1,0 号空间闲置
            L. elem[i] = 1;
        L. length = n;          //顺序表的长度置为 n
        L. listsize = n + 1;    //空间的容量置为 n + 1
        return OK;
}
```

（2）模拟纸牌游戏的算法。

```
Status Card_Games(SqList &L)
//在顺序表 L 上模拟纸牌游戏
{       for(int i = 2; i <= L. length; i++)
        {       for(int j = i; j <= L. length; j++)
                {       if(j % i == 0)          //如果编号为 i 的倍数,翻牌一次
                        {       if (L. elem[j] == 1)
                                    L. elem[j] = 0;
                                else
                                    L. elem[j] = 1;
                        }
                }
        }
        return OK;
}
```

5. 程序代码参考

扫码查看：1-2-1. cpp

6. 运行结果参考

程序部分测试用例的运行结果如图 1-8 所示。

(a) 测试用例1的运行结果

(b) 测试用例2的运行结果

图 1-8　程序测试用例的运行结果

7. 延伸思考

（1）无论提出何种问题,不同的读者可能会站在不同的角度进行分析,从而得出不同的解决方案。上述模拟纸牌游戏算法的时间复杂度是 $O(n^2)$,你是否可以设计出时间性能更佳的算法?

（2）从关键操作算法中可以发现：顺序存储结构中的存储容量 listsize 值并没起到作用，那么是否可以将顺序存储结构描述为如下形式？如果可以，相应算法代码该做何修改？

```
typedef int ElemType;
typedef struct
{   ElemType * elem;        //空间基地址,空间存放纸牌正反面状态值,正/反分别用 1/0 表示
    int length;             //存放纸牌数
}SqList;                    //顺序表类型
```

1.2.2 考试报名管理系统

1. 实践目的

（1）能够正确分析考试报名管理系统要解决的关键问题及其解决思路。

（2）能够根据考试报名系统的操作特点选择恰当的存储结构。

（3）能够运用线性表基本操作的实现方法设计考试报名管理系统中关键操作算法。

（4）能够编写程序验证考试报名系统设计的正确性。

（5）能够对实践结果的性能进行辩证分析或优化。

2. 实践内容

编程实现一个考试报名管理系统，模拟对考试报名的相关信息进行管理。考试报名的相关信息包括姓名、准考证号、性别、年龄、考试类别、联系电话等。

3. 实践要求

（1）本系统的功能至少包括录入考生报名信息、输出考生报名的全部信息和增加、删除、查询、修改指定报名考生信息等功能。考生的报名信息可参考表 1-3 的内容，但不局限于这些数据。

表 1-3 学生报名信息表

姓名	准考证号	性别	年龄	考试类别	联系电话
王不二	452201199909210712	男	21	软件技术师	13455667788
李小三	242501200108090212	女	20	网络工程师	13899001122
方小四	342501200011070244	男	22	软件技术师	13544556677
…	…	…	…	…	…

（2）综合分析本系统关键功能的操作特性，自主选择恰当的数据存储结构。

（3）抽象出本系统的关键操作模块，并给出其接口描述及其实现算法。

（4）系统运行操作时要求允许用户通过菜单形式重复选择其中的功能完成多次操作。

（5）输入输出说明：所有需输入的信息必须通过键盘输入。

① 在"录入"功能模块中，输入信息为待录入的考生人数和每个考生的姓名、身份证号、性别、年龄、考试类别和联系电话等，全部信息录入完成后再输出当前全部考生的报名信息。

② 在"输出"功能模块中，无输入，只需将当前的全部考生报名信息输出。

③ 在"增加"功能模块中，输入信息为待增加的考生姓名、准考证号、性别、年龄、考试类别和联系电话等信息；输出信息为增加操作后当前全部考生的报名信息。

④ 在"删除"功能模块中，输入信息为待删除的考生准考证号；输出信息为删除操作后当前全部考生的报名信息。

⑤ 在"查找"功能模块中,输入的信息是待查找的考生准考证号,如果查找成功,则输出查找到的考生报名信息,否则报告"查找失败"。

⑥ 在"修改"功能模块中,输入信息为待修改考生的准考证号,输入后如果表中该考生的信息存在,则输出该考生的当前信息,再显示可以修改的考生数据选择项,当输入相关选项后用户再输入对应的修改值。当该考生需修改的数据项全部修改完成后,则输出该考生修改后的报名信息。

4. 解决方案

1) 数据结构

本实践的处理对象是若干个考生的报名信息,每条报名信息由考生的姓名、准考证号、性别、年龄、考试类别和联系电话等数据项构成。它们具有相同特性,而且若干个考生报名信息可以构成一个有限序列,这表明这些数据具有线性表的逻辑特征,为此,本实践的处理对象可以看成是由若干个数据元素所构成的线性表。

对于线性表的顺序存储和链式存储两种存储方式,顺序存储是随机存取结构,它便于实现存取操作,但不便于实现插入和删除操作,因插入和删除操作时会引起大量元素的移动。而链式存储是顺序存取结构,它便于实现插入和删除操作,却不便于随机存取操作,两者之间有着优劣互补的特征。而本实践主要是完成对考生报名信息的录入、增加、删除、修改、查找和输出等功能。其中修改和查找操作在两种存储结构上其性能基本相同;删除操作在链式存储结构中其性能更佳;但对录入、增加操作其实都是通过插入操作来实现,如果其插入位置是指定的任意位置,则在链式存储结构上性能更佳;如果按照传统手工操作的习惯,一般都是将增加的信息加入到表的尾部,这在顺序存储结构上性能更佳。所以,对于本系统采用何种数据存储结构没有绝对的优劣之分。本实践拟用链式存储结构为例来讨论其设计与实现方法,而且为了使插入和删除操作更为方便,使用了带头结点的单链表。单链表的存储结构类型可描述为:

```
//考生信息类型
typedef struct {
    char name[10];              //姓名
    char no[20];                //准考证号
    char sex[3];                //性别(男/女)
    int age;                    //年龄
    char examtype[20];          //考试类别
    char tele[12];              //联系电话
}ElemType;
//链表的结点类型
typedef struct LNode{
    ElemType data;              //数据域,存放考生信息
    struct LNode * next;        //指针域
}LNode, * LinkList;             //结点类型名和指向结点的指针类型名
```

图 1-9 为链表中一个结点的结构示意图。图 1-10 是含 n 个结点的非空单链表和只含头结点的空单链表的存储结构示意图。由于在考生报名信息的实际处理过程中往往是将新录入或插入的信息加入到表的尾部,所以为了操作方便,单链表中除了设置一个表头指针,而且设置了一个表尾指针来标识这个单链表,它们分别指向当前链表的头结点和尾结点。

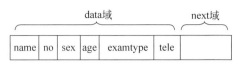

图 1-9　单链表结点的结构示意图

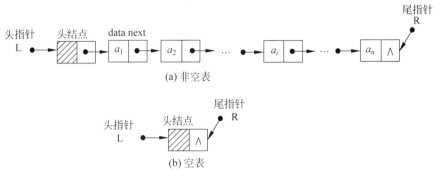

图 1-10　带头结点的单链表的存储结构示意图

2）关键操作实现要点

本实践的关键操作包括对考生报名信息进行录入、增、删、查、改和输出等操作。考虑到单链表是带头结点的，为了操作的方便可以先创建一个如图 1-10(b)所示的一个空表，而后的"录入"操作则可通过在空表上将考生报名信息逐个插入来实现。上述操作其实现要点简单说明如下。

（1）创建一个带头结点的空链表。

主要步骤是先为头结点动态分配一个结点空间，并使头指针和尾指针都指向它，再将头结点的后继指针置空。

（2）增加（插入）与录入操作。

由于单链表中设置了一个尾指针是指向当前链的尾结点，再者在实际操作中增加一个考生的报名信息一般也是将其信息加入到信息表的尾部，所以插入操作的主要步骤就是先产生一个新结点，存放输入的考生信息，然后再通过修改链将新结点插入到链表的尾部。录入操作要求将 n 个存放考生信息的结点一次性逐个加入到链表中，为此只要通过重复执行 n 次插入操作即可完成。

（3）删除操作。

此操作要求删除指定准考证号的考生信息，根据单链表上删除操作的一般步骤：先找到待删结点的前驱，然后通过修改链将待删结点从链中"脱离"出来，最后释放空间。实现方法与实践 2.1.2 中的删除操作相同。

（4）查找操作。

考虑到考生信息只有准考证号是唯一标识考生记录的数据项，所以此操作要求是按准考证号查找。查找的方法是从单链表的第一个数据元素结点开始，沿着 next 指针依次对每个结点进行访问，访问时将其数据域的准考证号信息与给定的准考证号信息进行比较，直到比较到相同的为止（查找成功），或者比较到表尾都没找到为止（查找失败）。如果查找成功则返回找到的结点指针，否则返回空指针。

注意：准考证号为字符串类型,而字符串与字符串之间的比较需要通过调用串的比较函数 strcmp 来实现。

（5）修改操作。

修改操作要求对指定准考证号的考生信息进行修改,而且可能要对同一考生的多个数据项进行修改。为此,需先按准考证号去查找该考生的数据结点,如果查找成功,则再设定数据修改的选择项：1—姓名;2—准考证号;3—性别;4—年龄;5—考试类别;6—电话号码;7—退出修改,由用户选择修改哪一项。为了满足可能需要修改考生的多个数据项的要求,必须允许用户能够重复选择执行相应数据项的修改,只有当选择了 7 之后才结束修改操作。修改某个数据项无非就是将数据域中的某个数据项的值重新赋值,但考生信息中的数据项既有字符串类型的,也有整型数据类型。对于整型数据可以通过赋值语句直接赋予新值的方法完成修改,但对于字符串类型的数据却不能直接通过赋值语句来赋予新值,它需要通过调用串的复制函数 strcpy 来实现。

3）关键操作接口描述

```
Status ExamList_Init(LinkList &L,LinkList &R);
//创建一个由头尾指针 L 和 R 标识的带头结点的空单链表
Status ExamList_Insert(LinkList &L,LinkList &R,ElemType e);
//在单链表 L 的表尾插入考生信息为 e 的新结点
Status ExamList_Delete(LinkList &L,LinkList &R, char no[], ElemType &e);
//删除单链表 L 中准考证号为 no 的考生信息记录,并通过 e 返回被删的考生信息
Status ExamList_Search(LinkList L,char no[], LinkList &p);
//按准考证号 no 在表 L 中查找,若查找成功,则由 p 返回指向该考生结点的指针,否则返回空指针
Status ExamList_Modify(LinkList &L,char no[],LinkList &p);
// 修改指定准考证号为 no 的考生信息,并由参数 p 返回被修改的结点位置
```

4）关键操作算法参考

（1）创建一个带头结点的空链表算法。

```
Status ExamList_Init(LinkList &L,LinkList &R)
//创建一个由头尾指针 L 和 R 标识的带头结点的空单链表
{   ElemType node;
    L = R = (LinkList)malloc(sizeof(LNode));      //先创建一个带头结点的空链表
    if (!L)                                        //分配空间失败
        return ERROR;
    L -> next = NULL;
    return OK;
}
```

（2）增加一个考生报名信息的算法。

```
Status ExamList_Insert(LinkList &L,LinkList &R,ElemType e)
// 在单链表 L 的表尾插入考生信息为 e 的新结点
{   LinkList s = (LinkList)malloc(sizeof(LNode));      //分配新结点空间
    if (!s)                                            //分配空间失败
        return ERROR;
    s -> next = NULL;
```

```
        s - > data = e;                 //考生信息存入结点的数据域
        R - > next = s;                 //修改链指针,让新结点插入链表的尾部,即 R 的后面
        R = s;                          //尾指针指向新的尾结点
        return OK;
    }
```

（3）删除一个考生报名信息的算法。

```
Status ExamList_Delete(LinkList &L,LinkList &R, char no[ ], ElemType &e)
// 删除单链表 L 中准考证号为 no 的考生信息记录,并通过 e 返回被删的考生信息
{    LinkList p = L,q;                   //p 指针指示链表中的头结点
    while(p - > next&&strcmp(p - > next - > data.no,no)!= 0)       //找到待删结点的前驱结点
    p = p - > next;
    if(!p - > next)                       //没找到身份证号为 no 的结点
        return ERROR;
    q = p - > next;                       //q 指向待删结点
    p - > next = q - > next;               // 修改链指针让待删结点从链中脱离出来
    e = q - > data;                       //用 e 保存被删结点的考生信息
    free(q);                             //释放被删结点空间
    if (q == R)                          //如果被删结点是尾结点,则使尾指针指向被删结点的前驱
    R = p;
    return OK;
}
```

（4）查找一个考生报名信息的算法。

```
Status ExamList_Search(LinkList L,char no[ ], LinkList &p)
//在表 L 中按准考证号 no 查找,若查找成功,则由 p 返回指向该考生结点的指针,否则返回空指针
{    p = L - > next;                      //p 指向链表中的首结点
    while (p&&strcmp(p - > data.no,no)!= 0)      //沿着后继指针一个一个"点数"
        p = p - > next;
    if (!p)
        return ERROR;                    //查找失败
    return OK;                           //查找成功
}
```

（5）修改指定考生报名信息的算法。

```
Status ExamList_Modify(LinkList &L,char no[ ],LinkList &p)
// 修改指定准考证号为 no 的考生信息,并由参数 p 返回指向已修改结点的指针
{    int age,k;
    char yes;
    char name[10],no1[18],tele[11],sex[2],examtype[20];

    if (!ExamList_Search(L,no,p))        //此考生信息在表中不存在,返回 ERROR
        return ERROR;
    else
```

```c
    {   printf("当前该考生的信息如下：\n");
        printf(" 姓名 \t\t 身份证号\t 性别\t 年龄\t 考试类别\t 联系电话 \n");
        printf("%s\t%s\t%s\t%d\t%s\t%s\n",p->data.name,p->data.no,p->data.sex,
p->data.age,p->data.examtype,p->data.tele);
        printf("请选择需修改的信息项(1~6):\n");
        while(1)
        {   printf("\t1 - 姓名\n\t2 - 身份证号\n\t3 - 性别\t4 - 年龄\n");
            printf("\t5 - 考试类别\n\t6 - 电话号码\n\t0 - 退出修改\n");
            scanf("%d",&k);
            switch(k)
            {   case 1:
                    printf("请输入修改后的姓名:");
                    scanf("%s",name);
                    strcpy(p->data.name,name);
                    break;
                case 2:
                    printf("请输入修改后的身份证号:");
                    scanf("%s",no1);
                    strcpy(p->data.no,no1);
                    break;
                case 3:
                    printf("请输入修改后的性别(男/女):");
                    scanf("%s",sex);
                    strcpy(p->data.sex,sex);
                    break;
                case 4:
                    printf("请输入修改后的年龄:");
                    scanf("%d",&age);
                    p->data.age = age;
                    break;
                case 5:
                    printf("请输入修改后的考试类别:");
                    scanf("%s",examtype);
                    strcpy(p->data.examtype,examtype);
                    break;
                case 6:
                    printf("请输入修改后的电话号码:");
                    scanf("%s",tele);
                    strcpy(p->data.tele,tele);
                    break;
                case 0:
                    printf("修改完毕!");
                    return OK;              //修改成功，返回 OK
            }
        printf("请选择需继续修改的其他项(1~6,0 退出)：\n");
        }
    }
}
```

第 1 章

5．程序代码参考

扫码查看：1-2-2.cpp

6．运行结果参考

程序运行的部分结果如图 1-11 至图 1-14 所示。

（1）增加操作。

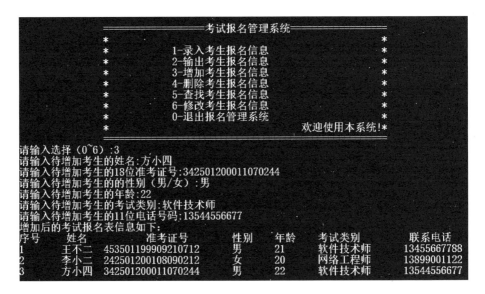

图 1-11 "增加"操作运行结果

（2）删除操作。

图 1-12 "删除"操作运行结果

（3）查找操作。

图 1-13 "查找"操作运行结果

（4）修改操作。

图 1-14 "修改"操作运行结果

7. 延伸思考

（1）如果将单链表的结点类型描述如下：

```
typedef struct LNode{
    char name[10];                    //姓名
    char no[20];                      //准考证号
    char sex[3];                      //性别(男/女)
    int age;                          //年龄
    char examtype[20];                //考试类别
    char tele[12];                    //联系电话
    struct LNode * next;              //指针域
}LNode, * LinkList;
```

其中关键操作算法的代码该如何修改？

（2）如果选用顺序存储结构，其中关键操作算法该如何设计与实现？它们与链式存储结构上的实现算法相比，其时间复杂度孰优孰劣？

1.2.3 猴子双向选王游戏

1. 实践目的

（1）能够正确分析猴子双向选王游戏中要解决的关键问题及其解决思路。

（2）能够根据猴子双向选王游戏的操作特点选择恰当的存储结构。

（3）能够运用线性表基本操作的实现方法设计猴子双向选王游戏中的关键操作算法。

（4）能够编写程序模拟猴子双向选王游戏的实现，并验证其正确性。

（5）能够对实践结果的性能进行辩证分析或优化。

2. 实践内容

猴子双向选王游戏内容具体描述是：一群猴子都有编号，编号是 $1,2,3\cdots,n$ ，这群猴子（n 只）按照 1-n 的顺序围坐一圈，从第 1 只猴子开始，顺时针依次报数，数到第 m 只，该猴子就要离开此圈，然后从这只猴子顺时针的下一只猴子起，逆时针报数到第 k 只，该猴子也要离开此圈。再从这只猴子逆时针的下一只猴子起，顺时针报数到第 m 只，再将该猴子淘汰出圈，如此循环，直到圈中只剩下最后一只猴子，则该猴子为大王。要求编程模拟这个过程。

3. 实践要求

（1）分析猴子双向选王游戏中的关键要素及其操作特性，自主选择恰当的数据存储结构。

（2）抽象出本游戏中的关键操作功能模块，并给出其接口描述及其实现算法。

（3）输入输出说明：本游戏要求输入的内容包括 3 项，分别是猴子的个数、顺时针报数决定淘汰出圈的猴子间的间隔数和逆时针报数决定淘汰出圈的猴子间的间隔数。而输出的内容包括 2 项，分别是淘汰出圈猴子的顺序编号和最后当选为猴王的编号。为了能使输入与输出信息更加人性化，可以在输入或输出信息之前适当添加一些有关输入或输出的提示信息。

4. 解决方案

1）数据结构

根据实践内容中对猴子双向选王游戏的描述，可以将程序要处理的对象看成是由 n 只猴子编号组成的一个线性表,而游戏中将猴子淘汰出圈的操作可以看成是对线性表中数据元素进行删除的操作。我们知道要对线性表经常进行删除操作时宜采用链式存储结构,又由于猴子是围成一圈,而且要求是顺时针和逆时针双向交替进行报数,为便于双向操作,则宜选用不带头结点的双向循环链表作为其存储结构来模拟该游戏过程。其存储结构描述如下:

```
typedef int ElemType;
typedef struct DuLNode
{    ElemType data;                //猴子的编号
     struct DuLNode * prior;       //前驱指针域
     struct DuLNode * next;        //后继指针域
} CDLNode, * CDLinkList;           //双向循环链表的结点类型名和指向结点的指针类型名
```

含 n 个结点的不带头结点的双向循环链表其存储结构示意如图 1-15 所示,每个结点代表一只猴子,猴子的位置信息由结点数据域中的编号值决定。

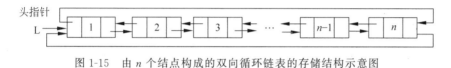

图 1-15   由 n 个结点构成的双向循环链表的存储结构示意图

2) 关键操作实现要点

n 只猴子围成一圈的过程可通过创建一个不带头结点的双向循环链表来模拟。创建链表的方法一般有头插法和尾插法两种,为使其保持表中编号的顺序与习惯性从小到大输入的数据顺序相一致,可采用尾插法。

当如图 1-15 所示的循环链表创建后,假设顺时针报数决定淘汰出圈猴子间的间隔数为 m,而逆时针报数决定淘汰出圈猴子间的间隔数为 k,则游戏中报数的过程可以看成从链表的第 1 个结点(头结点)开始,沿着结点的后继指针 next 顺时针方向依次"点数"的过程,当数到第 m 个结点时则输出该结点的编号并删除该结点,从而完成一次顺时针报数决定淘汰出圈猴子的模拟过程。然后再从被删除结点的后继结点开始,沿着结点的前驱指针 prior 逆时针方向"点数",当数到第 k 个结点时再显示该结点的编号并删除此结点,从而完成一次逆时针的报数决定淘汰出圈猴子的模拟过程;接下来,又从当前被删除结点的前驱结点开始从顺时针方面依次"点数"到 m 时则显示该结点的编号并将此结点删除,然后再从被删结点的后继结点开始进行逆时针方向依次"点数"到 k 时则显示该结点的编号并将此结点删除。如此重复,直到链表中剩下结点数是 1 为止。最后链表中这个结点的编号即是当选为猴王的编号。

根据上述分析可知:本游戏中的关键性操作可以抽象为如下 4 种,其实现要点说明如下。

(1) 创建双向循环链表

由于双向循环链表是不带头结点,所以空表的条件就是头指针 L=NULL;用尾插法创建链表就是逐个将新结点插入到当前链表的尾部的过程,所以在算法设计时需临时引进一个动态指向当前尾结点的指针 r;当第 1 个新结点插入之前,由于当前链表为空,所以插入这个结点后头指针和尾指针都指向它,如图 1-16 所示。而当其他新结点插入时只需直接链接到当前尾指针所指结点的后面即可,所以第 1 个结点的插入与其他结点的插入需分别进

行处理。

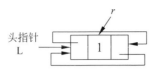

图 1-16　由第 1 个结点构成的双向循环链表示意图

（2）从指定位置开始顺时针报数决定淘汰出圈猴子及下次报数的起始位置。

（3）从指定位置开始逆时针报数决定淘汰出圈猴子及下次报数的起始位置。

按游戏规则，上述两种操作可抽象为在双向循环链表上中删除从某个结点开始与其有指定间隔数的一个结点，并返回被删结点的后继或前驱作为下一次的开始结点。而在双向链表中要删除一个指定结点，只需修改相关指针即可，如图 1-17 所示表达了删除指定的第 i 个结点 q 时指针状态变化的情况。其中，图 1-17(a)用①标明了用指针 p 记下待删除结点的后继，其实现的语句为 p＝q-> next；用②③标明了在双向链表中删除 q 结点时需要完成的两个指针的修改，其实现的语句分别是：②q-> prior-> next＝p；③p-> prior＝q-> prior；图 1-17(b)中则用①标明了用指针 p 记下待删除结点的前驱，其实现的语句为 p＝q-> prior；用②③标明了在双向链表中删除 q 结点时需要完成的两个指针的修改，其实现的语句分别是：②p-> next＝q-> next；③q-> next-> prior＝p；。

特别说明：因为解决这个问题采用的链表是不带头结点，如果被删的结点恰好是第 1 个结点时，仍然按上述操作只修改相应的指针，则会使标识链的头指针丢失。为避免这种情况，则在修改上述相关指针后，还需进一步判断被删结点是否为首结点，如果是，则应将头指针修改为指向被删结点的后继结点，这样才能保证链表的头指针不丢失，且指向了新的链表首结点。

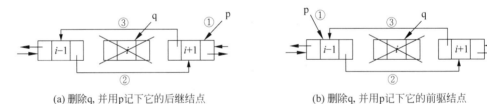

(a) 删除q, 并用p记下它的后继结点　　　　　　(b) 删除q, 并用p记下它的前驱结点

图 1-17　向循环链表上删除第 i 个结点时指针状态变化示意图

（4）模拟猴子双向选王游戏。

猴子双向选王的过程就是重复执行(2)和(3)的过程，直到链表所剩结点数是 1 为止，所以可以用 while 循环来控制这个重复操作，循环可执行的控制条件就是链表所剩的结点数大于 1。

特别注意：由于每一次循环都会进行(2)和(3)两种操作，这样就可能出现操作(2)完成后，链表所剩的结点数就已经等于 1，所以在每次完成操作(2)之后，也需要对当前链表中所含结点的个数进行判断，如果是大于 1，方可进行操作(3)，否则也终止循环。

3) 关键操作接口描述

```
void CDLinkList_create(CDLinkList &L, int n);
//用尾插法创建一个不带头结点的长度为 n 的双向循环链表 L(L 为链表头指针)
```

Void Pking_m (CDLinkList &L,CDLinkList &start,int m,CDLinkList &p);
//从 L 中的 start 位置开始顺时针报数,将报到 m 的结点删除,并通过 p 返回被删结点的后继
void Pking_k(CDLinkList &L,CDLinkList &start,int k,CDLinkList &p);
//从 L 中的 start 位置开始逆时针报数,将报到 k 的结点删除,并通过 p 返回被删结点的前驱
void Pking_Double(CDLinkList &L,int length,int m,int k);
//模拟猴子双向选王游戏,参数 L 为双向循环链表,length 为猴子数,m、k 分别为顺时针和逆时针报
//到要淘汰出圈的数

4）关键操作算法参考

（1）创建双向循环链表的算法。

```
void CDLinkList_create(CDLinkList &L, int n)
//用尾插法创建一个不带头结点的长度为 n 的双向循环链表 L(L 为链表头指针)
{   CDLinkList p, r;
    L = r = (CDLinkList)malloc(sizeof(CDLNode));
    L->data = 1;                    //创建了链表中的第 1 个结点
    n--;                            //需创建的结点数减 1
    int i = 2;                      //接下来是从编号为 2 的结点开始,依次将其加入链表中
    while(n--)
    {   p = (CDLinkList)malloc(sizeof(CDLNode));
        p->data = i;
        r->next = p;
        p->prior = r;
        r = p;
        i++;
    }
    r->next = L;                    //链表的首尾相连
    L->prior = r;
}
```

（2）顺时针报数决定淘汰出圈的猴子及下次报数起始位置的算法。

```
void Pking_m(CDLinkList &L,CDLinkList &start,int m,CDLinkList &p)
//从 L 中的 start 位置开始顺时针报数,将报到 m 的结点删除,并通过 p 返回被删结点的后继
{   CDLinkList q = start;           //q 指示当前报到数的结点,从 start 所指结点开始
    int num = 1;
    while(num!= m)                  //顺时针报数
    {   q = q->next;                //指针顺时针方向移动
        num++;
    }
    printf(" % 2d 号猴子 出圈\\n",q->data);
    p = q->next;                    //通过 p 返回待删除结点的后继
    q->prior->next = p;             //修改指针,删除 q 所指示的结点
    p->prior = q->prior;
    if (q == L)                     //如果被删结点是头结点
        L = q->next;                //将头指针移动到被删结点的后继
    free(q);
}
```

（3）逆时针报数决定淘汰出圈的猴子及下次报数起始位置的算法。

```
void Pkill_k(CDLinkList &L,CDLinkList &start,int k,CDLinkList &p)
//从 L 中的 start 位置开始逆时针报数,将报到 k 的结点删除,并通过 p 返回被删结点的前驱
{    CDLinkList q = start;            //q 指示当前报到数的结点,从 start 所指结点开始
    int num = 1;
     while(num!= k)                  //逆时针报数
     {    q = q -> prior;            //指针逆时针方向移动
          num++;
     }
     printf(" % 2d 号猴子出圈\n",q -> data);
     p = q -> prior;                 //通过 p 返回待删除结点 q 的前驱
     p -> next = q -> next;          //修改指针,删除 q 所指示的结点
     q -> next -> prior = p;
     if (q == L)                     //如果被删结点是头结点
         L = q -> next;              //将头指针移动到被删结点的后继
}
```

（4）模拟猴子双向选王游戏的算法。

```
void Pking_Double(CDLinkList &L, int length, int m, int k)
//模拟猴子双向选王游戏,参数 L 为双向循环链表,length 为猴子总数,m、k 为顺时针和逆时针报到
//要淘汰出圈的数
{    CDLinkList p,start = L;
    while(length > 1)               //重复双向报数,直到链表中结点只剩下 1 个结点为止
    {    Pking_m(L,start,m,p);      //顺时针报数
         length -- ;
         if (length > re)           //判断当前链表中剩下的结点数是否大于 1
         {    start = p;
              Pking_k(L,start,k,p); //逆时针报数
              start = p;
              length -- ;
         }
    }
}
```

5. 程序代码参考

扫码查看：1-2-3.cpp

6. 运行结果参考

当 $n=11, m=7, k=4$ 时,程序的运行结果如图 1-18 所示。

7. 延伸思考

（1）模拟猴子双向选王游戏的算法时间复杂度是多少?

（2）如果用循环顺序存储结构来模拟此游戏的过程，而且要求与用双向循环链表模拟具有相同的时间复杂度，则相关算法该如何设计？

（3）玩任何游戏都有其游戏规则，生活上也一样，做任何事都需遵守一定的办事规则。只有遵守这些规则才能使事情有条不紊地推进。但规则是人定的，绝对不要将其看成是固化的，一定要因事而变，推陈出新。本游戏就是在原来猴子选王问题基础上改变而来的，它使游戏在计算机中模拟实现的方法变得更为有兴趣，更具有挑战度。此时此刻，你对本游戏还有更好的设想或解决方案吗？

图 1-18　程序运行结果

1.2.4　"碳中和"时间表上的操作

1. 实践目的

（1）能够帮助学生了解"碳中和"的由来和实现"碳达峰""碳中和"的深远意义，引导学生自觉融入推进"碳中和"的行动中，塑造为中华民族永续发展和构建人类命运共同体的社会责任意识和历史担当。

（2）能够正确分析"碳中和"时间表上的操作特性及其解决思路。

（3）能够根据"碳中和"时间表上的操作要求选择恰当的存储结构。

（4）能够运用线性表基本操作的实现方法设计"碳中和"时间表上的操作算法。

（5）能够编写程序测试"碳中和"时间表上的操作算法设计的正确性。

（6）能够对实践结果的性能进行辩证分析和优化提升。

2. 实践背景

气候变化是当今人类面临的重大的全球性挑战。为积极应对气候变化，2015 年《巴黎协定》设定了 21 世纪后半叶实现净零排放的目标。2020 年 9 月 22 日，习近平总书记在第七十五届联合国大会上郑重宣布，中国将提高国家自主贡献力度，采取更加有力的政策和措施，二氧化碳排放力争在 2030 年前达到峰值，努力争取 2060 年前实现碳中和[①]。

"碳达峰"是指二氧化碳排放量达到历史最高值，达峰之后进入逐步下降阶段。绝大多数发达国家已经实现碳达峰，碳排放进入下降通道。我国目前碳排放虽然比 2000 至 2010 年的快速增长期增速放缓，但仍呈增长态势，尚未达峰。"碳中和"是指二氧化碳的净零排放，就是二氧化碳的排放量与二氧化碳的去除量相互抵消。实现"碳中和"，不仅要求各部门的碳排放水平下降，还要采取植树造林、负碳排放技术和碳补偿等措施抵消碳排放。"碳达峰"是碳中和的前置条件，只有实现"碳达峰"，才能实现"碳中和"，"碳达峰"是手段，"碳中和"是最终目的[②]。我国提出"碳达峰""碳中和"目标，一方面是实现可持续发展的内在要求，是加强生态文明建设、实现美丽中国目标的重要抓手；另一方面也是彰显构建人类命运共同体的大国担当。

①　巢清尘.碳达峰和碳中和的由来.学习强国，2021 年 8 月 30 日。

②　张志强，王克，王珂英，等.碳达峰、碳中和的经济学解读.人民日报，2021 年 6 月 22 日 11 版。

日前,已经有越来越多的国家积极参与"碳中和"等气候变化强化行动中,并且越来越多的国家政府正在将其转化为国家战略,提出了无碳未来的愿景。当前,主要的发达国家和部分发展中国家已经实现了"碳达峰",部分发达经济体已经提出了实现"碳中和"的预计年份,如表 1-4 所示是 20 个国家(含主要的发达国家)的"碳达峰"和"碳中和"的完成或预计最迟完成时间。

表 1-4　部分国家"碳达峰"和"碳中和"的完成或预计完成时间表[1,2]

序　　号	国　　家	碳达峰时间	碳中和时间
1	中国	2030 年	2060 年
2	美国	2007 年	2050 年
3	俄罗斯	1990 年	2060 年
4	加拿大	2007 年	2050 年
5	韩国	2020 年	2050 年
6	日本	2020 年	2050 年
7	德国	1990 年	2045 年
8	芬兰	1994 年	2035 年
9	法国	1991 年	2050 年
10	西班牙	2007 年	2050 年
11	瑞典	1993 年	2045 年
12	瑞士	2000 年	2050 年
13	英国	1991 年	2050 年
14	爱尔兰	2001 年	2050 年
15	奥地利	2003 年	2040 年
16	新加坡	2030 年	2060 年
17	冰岛	2008 年	2040 年
18	巴西	2004 年	2060 年
19	丹麦	1996 年	2050 年
20	匈牙利	1990 年	2050 年

说明:下文有些地方将表 1-4 简称为"时间表"。

3. 实践内容

根据表 1-4 中的时间表信息,设计算法找出从"碳达峰"到"碳中和"用时最短的国家,并编程验证其正确性。

4. 实践要求

(1)根据表 1-4 中的数据逻辑结构特征以及要完成的实践操作,自主设计恰当的数据存储结构。

(2)抽象出本实践内容中的关键操作功能模块,并给出其接口描述及其实现算法。

(3)输入输出说明:本实践的输入内容是表 1-4 中的信息,由于信息量比较大,在此要

---

① 数据来源:https://en.wikipedia.org/wiki/Carbon_neutrality,2021-12-19.

② 数据来源:https://www.wri.org/insights/turning-point-which-countries-ghg-emissions-have-peaked-which-will-future,2021-12-19.

求直接从磁盘文件一次性读取表 1-4 中所需要的信息。输出的内容包括从磁盘文件中读取到的所有信息和表 1-4 中从"碳达峰"到"碳中和"用时最短的所有国家名。

5. 解决方案

1）数据结构

表 1-4 中的信息按行构成一个有限序列，可以选用线性表来表示。由于本实践要求完成的操作并不会改变表的长度，所以可以采用顺序存储结构，即在计算机中可采用顺序表来表示表 1-4 中的数据。存储结构具体描述如下：

```
typedef struct
{    char countryname[20];          //国家名
     int peakyear;                  //碳达峰时间
     int neutralizationyear;        //碳中和时间
     int duration;                  //从"碳达峰"到"碳中和"的用时
}ElemType;
typedef struct
{    ElemType elem[MAXSIZE];        //时间表的存储空间
     int length;                    //时间表的长度
}SqList;                            //顺序表类型
```

说明：由于表 1-4 中的序号值对本实践内容的实现没有影响，所以不将其存入顺序表的存储结构中。

2）关键操作实现要点

本实践的关键操作可细分为 3 个独立功能模块，一是从磁盘文件读取表 1-2 中的所有信息存入顺序表中，并输出顺序表中所有信息；二是计算出顺序表中所有国家从"碳达峰"到"碳中和"所需用时，并求出其中用时最短的数据值；三是输出顺序表中所有从"碳达峰"到"碳中和"用时最短的国家名。它们的实现要点简要说明如下。

（1）从磁盘文件读取信息到顺序表并显示全部内容。

本实践要求通过读取磁盘文件来获取表 1-4 中的信息，则可以首先将此表中后 3 列的信息复制到 .txt 文件中，然后以 ANSI 编码格式存盘。此文件也可通过扫右边的二维码下载。

磁盘文件产生后，可使用 fopen 函数以只读的方式打开 .txt 文件，再使用 fscanf 函数将读取到的每行信息写到顺序表中。主要实现语句如下：

扫码下载
1_2_4_
inputdata.txt

```
FILE * fp = fopen("1_2_4_inputdata.txt", "r"); //打开 .txt 文件
fscanf(fp," %s %d %d", L.elem[i].countryname, &L.elem[i].peakyear,
     &L.elem[i].neutralizationyear );          //从文件中读取一行信息存入顺序表中的第 i 行
```

（2）求顺序表中从"碳达峰"到"碳中和"用时最短的数据值。

通过（1）的操作，已经建立了如图 1-19 所示的顺序表 L，而"碳达峰"到"碳中和"的用时，即是顺序表中 neutralizationyear（碳中和时间）域 与 peakyear（碳达峰时间）域中数据值之差，为此，要求出从"碳达峰"到"碳中和"用时最短的数据值，可以先计算出顺序表中每个国家从"碳达峰"到"碳中和"的用时，并存入顺序表的 duration 域中，再找出这个域中的最小值即可。

（3）输出顺序表中所有从"碳达峰"到"碳中和"用时最短的国家名。

通过（2）的操作，已经求出了顺序表中 duration 域的最小值，所以要实现此操作只需在

图 1-19　用于存放表 1-4 中内容的顺序表结构示意图

整个顺序表中搜索到 duration 域的数据值等于最小值的所有数据元素，然后分别将其对应的国家名输出即可。

3）关键操作接口描述

```
Status ReadFileAndOutList(SqList &L);
//读取.txt文件信息到顺序表L中，并显示全部内容
int FindMinDuration(SqList &L);
//在顺序表L中求从"碳达峰"到"碳中和"的最短用时，并返回这个数据值
void OutMin(SqList L, int minduration);
//输出顺序表L中所有从"碳达峰"到"碳中和"用时最短的国家名
```

4）关键操作算法参考

（1）从磁盘文件读取信息到顺序表并显示全部内容的算法。

```
Status ReadFileAndOutList(SqList &L)
//读取.txt文件信息到顺序表L中，并显示全部内容
{    FILE * fp = fopen("1_2_4_inputdata.txt", "r");    //要打开的文件
     if (fp == NULL)
     {   printf("open file errl!\n");
         return ERROR;
     }
     int i = 0;
     printf("国家名\t\t碳达峰时间\t碳中和时间\n");
     while (!feof(fp))                                  //判断是否完成读文件的操作
     {    int count = fscanf(fp, "%s %d %d", L.elem[i].countryname, &L.elem[i].peakyear,
                 &L.elem[i].neutralizationyear); //从文件中一行一行地读取信息到L这个
                                                 //顺序表中
```

```
            if (count == -1)
                break;                    //如果 fscanf 返回的值为-1则说明读取失败
            printf("% -20s % -10d % 10d\n", L.elem[i].countryname, L.elem[i].peakyear, L.
    elem[i].neutralizationyear);          //输出读到的内容
            i++;
        }
        L.length = i;                     //表的长度为当前的 i 值
        fclose(fp);                       //关闭读取文件
        return OK;
    }
```

（2）求顺序表中从"碳达峰"到"碳中和"用时最短的数据值的算法。

```
int FindMinDuration(SqList &L)
//在顺序表 L 中求从"碳达峰"到"碳中和"的最短用时,并返回这个数据值
{    int i,min;
     for(i = 0;i < L.length;i++)          //求"碳中和"与 "碳达峰"时间的差值
         L.elem[i].duration = L.elem[i].neutralizationyear - L.elem[i].peakyear;
     min = 0;                             //假设第一个国家用时最短
     for(i = 1;i < L.length;i++)
         if (L.elem[min].duration > L.elem[i].duration)
             min = i;
     return L.elem[min].duration;         //返回最短用时的数据值
}
```

（3）输出顺序表中所有从"碳达峰"到"碳中和"用时最短的国家名的算法。

```
void OutMin(SqList L,int minduration)
//输出顺序表 L 中所有从"碳达峰"到"碳中和"用时最短的国家名
{    for(int i = 0;i < L.length;i++)
         if (L.elem[i].duration == minduration)
             printf("% -10s",L.elem[i].countryname);
     printf("\n\n");
}
```

6. 程序代码参考

扫码查看：1-2-4.cpp

7. 运行结果参考

程序运行的结果如图 1-20 所示。

8. 延伸思考

（1）上述实践过程中,将表 1-4 的信息存入磁盘的.txt 文件时,并未将表中第一行和第一列的信息存入。如果要求将表 1-4 中的所有信息都存入磁盘的.txt 文件,那么,从磁盘文件读取信息到顺序表的算法该如何改写?

图 1-20　程序部分测试用例的运行结果

(2) 将表 1-4 的信息存入.txt 文件时,为什么要选择 ANSI 编码方式?

9. 结束语

我国承诺用全球最短的时间——30 年——实现从"碳达峰"到"碳中和",完成全球最高的碳强度降幅,充分展现中国的自觉担当,体现了我国推动完善全球气候治理的决心,是对构建人类命运共同体的重要贡献。

实现"碳达峰"和"碳中和"目标的根本前提是加强生态文明建设。如果全国减少 10% 的一次性筷子使用量,每年可减排二氧化碳 10.3 万吨;如果用手帕代替纸巾每人每年可减少耗纸 0.17 千克,相应减排二氧化碳 0.57 千克;如果全国减少 10% 的塑料袋使用量,可相应减排二氧化碳 3.1 万吨;如果少过度包装,每减少使用 1 千克过度包装纸,相应减排二氧化碳 3.5 千克;如果全国 1/3 的纸质信函用电子邮件代替,每年可减少纸耗 3.9 万吨,相应减排二氧化碳 12.9 万吨;如果全国 10% 的打印机、复印机做到双面打印、复印,每年可减少纸耗 5.1 万吨,相应减排二氧化碳 16.4 万吨;如果合理回收城市垃圾,仅废纸和玻璃回收利用达到 20%,全国每年可减排二氧化碳 690 万吨等[①]。

上述数据表明:建设生态文明,应对气候变化,不仅仅是政府和企业的行为,也需要我们每个人能在"衣、食、住、行、用"等日常生活的各个环节行动起来,挖掘自己的减排潜力。让我们携起手来,在生活中不断践行绿色低碳的环保理念,为"碳达峰""碳中和"目标的实现贡献自己的力量。

1.3　拓　展　实　践

1.3.1　一元多项式的求导

1. 实践目的

(1) 能够正确分析一元多项式的组成要素及其逻辑特征。

---

① 循环再生利用 https://slt.heman.govo.cn/2019/12-28/115486/.html,2018-4-18.

（2）能够根据一元多项式求导的运算规则选择恰当的数据结构。

（3）能够运用线性表基本操作的实现方法设计一元多项式求导过程中的关键操作算法。

（4）能够编写程序测试一元多项式求导算法的正确性。

（5）能够对实践结果的性能进行辩证分析和优化提升。

2．实践内容

设计算法求一元多项式的导数，并编程测试其正确性。

3．实践要求

（1）输入要求：以任意顺序输入一元多项式中非零项的系数和指数，数字之间以空格隔开，最后可以用一对 0 0 表示输入结束，但不局限于此。

（2）输出要求：创建原一元多项式和对原一元多项式求导之后要求分别输出两者进行比较分析，输出形式尽量与一元多项式的数学表示形式相同，如对于多项式 $23x^{101}-31x^{65}+8x^9-6x^7-800$，其输出形式要求为 $23x^{\wedge}101-31x^{\wedge}65+8x^{\wedge}9-6x^{\wedge}7-800$，其中每项是按指数递减的顺序排放。

（3）测试样例（只供参考，但不局限于此）。

下面假设一元多项式的输入以 0 0 结束，表 1-5 测试样例给出 4 种不同情况的输入输出样例，如表 1-5 所示。

表 1-5　测试样例

序号	输入/输出		说　明
1	输入	5 2 −3 4 8 1 −2 3 −7 0 0 0	多项式中含常数项
	输出	求导前的多项式为：$-3.00\ x^{\wedge}4-2.00\ x^{\wedge}3+5.00\ x^{\wedge}2+8.00x-7.00$ 求导后的多项式为：$-12.00\ x^{\wedge}3-6.00\ x^{\wedge}2+10.00x+8.00$	
2	输入	−4 18 5 20 3 1 −7 4 0 0	多项式中不含常数项
	输出	求导前的多项式为：$5.00\ x^{\wedge}20-4.00\ x^{\wedge}18-7\ x^{\wedge}4+3.00\ x$ 求导后的多项式为：$100.00\ x^{\wedge}19-72\ x^{\wedge}17-28.00\ x^{\wedge}3+3.00$	
3	输入	999 0 0 0	多项式中只含常数项
	输出	求导前的多项式为：999 求导后的多项式为：0	
4	输入	0 0	多项式中不含任何项
	输出	求导前的多项式为：0 求导后的多项式为：0	

4．解决思路

1）数据存储结构的设计要点提示

在一般情况下，一元多项式可写为

$$P_n(x)=p_m x^{e_m}+p_{m-1}x^{e_{m-1}}+\cdots+p_2 x^{e_2}+p_1 x^{e_1}$$

其中：p_i 是指数为 e_i 的项的非零系数，且满足条件 $0\leqslant e_1<e_2<\cdots<e_m=n$。从而可以看出，一元多项式中是由若干项所组成，而每一项又是由其非零系数和指数决定。所以一元多项式可用形如 $(p_1,e_1),(p_2,e_2),\cdots,(p_m,e_m)$ 的线性表来表述。

根据求导的运算规则,对于一元多项式:

$$P_n(x) = p_m x^{e_m} + p_{m-1} x^{e_{m-1}} + \cdots + p_2 x^{e_2} + p_1 x^{e_1}$$

其导函数则为:$P'_n(x) = p_m * e_m x^{e_m - 1} + p_{m-1} * e_{m-1} x^{e_{m-1} - 1} + \cdots + p_2 * e_2 x^{e_2 - 1} + p_1 * e_1 x^{e_1 - 1}$。根据以上规则,求导过程只要将原多项式中每项的非零系数与指数所构成的序对(p_i, e_i)修改为$(p_i * e_i, e_i - 1)$。由于实践不要求保留原多项式,则可以直接在原多项式中修改相应的值,不需要额外申请空间。但需注意的是,对于原多项式中如果存在常数项,求导时则需将该项删除。又由于常数项都是多项式中的最后一项,所以无论采用顺序存储还是采用链式存储表示一元多项式都是适宜的。但是,由于输入要求中强调多项式不一定是按指数降序顺序输入,而输出要求中又强调多项式一定是按指数降序顺序输出,要满足这些要求最好的办法是在创建一元多项式时保证其结果按指数降序排列,而创建一元多项式的过程是将多项式项逐一插入的过程。为此,在创建多项式时,需要将输入的多项式的项逐一插入到当前多项式的适当位置上。由于链式存储便于实施插入操作,为此,一元多项式宜采用带头结点的单链表来表示,链表中的每一个结点存放多项式中的一个非零项,而每个非零项又是由系数和指数两个数据项所构成。多项式结点的存储结构如图 1-21 所示。其中 coef 为系数域,exp 为指数域,next 为指数域。

图 1-21　多项式链表的结点结构图

2) 关键操作的实现要点提示

本实践的关键操作涉及 3 项内容,分别是:创建原多项式、对多项式求导、按指数降序输出多项式。它们的实现要点简要说明如下:

(1) 创建原一元多项式

在创建原一元多项式时,可以先产生一个只含头结点的空链表,然后根据输入,每读取一对非零项,则需产生一个新结点用于存放该非零项。然后从链表的表头开始,根据其指数的大小比较,沿着后继指针依次去搜索并确定该非零项的插入位置,再通过修改链将其新结点插入到确定的位置上。

注意:由于在单链表上实现插入操作时,为修改链的方便,在查找插入位置时,往往要找到的是待插入位置的前驱结点。

(2) 对一元多项式求导

求导的过程就是从链表的首结点依据求导规则去修改每个结点的系数和指数值的过程,也可以看成是对单链表的一次遍历过程。除此之外,由于常数项的导数为零,则当原多项式中存在常数项时,需要将相应的结点删除,这样才能保证输出时不显示此项;又由于创建的一元多项式是保证每项按指数降序顺序排列,则常数项一定在链表的尾部,但要删除一个结点,无论它在哪个位置上都需要找到被删结点的前驱结点,为此,在遍历单链表时,可以引用两个指针,一个是遍历指针,另一个是记载遍历指针的前驱结点的指针,它们一前一后,当遍历指针指向最后一个常数项结点时,它的前驱指针就指向链表的倒数第二个结点,因此要删除最后一个结点就非常方便。

（3）输出一元多项式

从测试样例的输出结果可以看出，在输出时要注意考虑以下几种特殊情况：

一是对于多项式的第一项，输出时如果系数是正数，其前面的正号"＋"不能输出，如果是负数时，其前面的负号"－"则需输出；

二是对于多项式的其他项，无论其系数是正数，还是负数，其前面的正号"＋"或负号"－"都需输出；

三是对于多项式的每一项，如果系数是 1 或 -1，按多项式的数学表示形式，则这个系数无须输出，如对于项 $-x^7$，则输出形式是 $-x\wedge 7$，而不是 $-1x\wedge 7$；同样，对于指数是 1 的项，其 "x" 后面的幂指数也无须输出，如对于项 $-5x$ 时，则输出形式也是 $-5x$，而不是 $-5x\wedge 1$；

四是对于一个空的多项式，可以用输出 0 来表示；

五是对于指数为 0 的多项式项（常数项），输出时系数后面不用输出 x，如对于常数项 -30，则输出的形式也是 -30，而不是 $-30x\wedge 0$。

5. 程序代码参考

扫码查看：1-3-1.cpp

6. 延伸思考

（1）如果在输入多项式时，是严格按照指数降序的顺序输入，这种情况下，多项式宜采用何种存储结构其处理效率会更佳？关键操作算法该如何设计？

（2）如果在输入多项式时，除了可以不按指数降序的顺序输入外，假设还可以多次输入指数相同的项。当这种情况发生时，创建多项式时除了要做按指数降序存放处理外，还应该做合并同类项处理。如输入的多项式为：$-5\ 18\ 39\ 20\ 3\ 18\ -7\ 4\ 5\ 10\ 7\ 4\ 8\ 1\ -100\ 0\ 0$，即输入的多项式是：$-5x^{18}+39x^{20}+3x^{18}-7x^4+5x^{10}+7x^4+8x-100$，则需要变成多项式 $39x^{20}-2x^{18}+5x^{10}+8x-100$ 后再求导。为此，相关算法该做何修改？

（3）设计"求两个一元多项式的乘法运算"的算法，并编程验证其正确性。

1.3.2　职工工资管理系统

1. 实践目的

（1）能够正确分析职工工资管理系统中要解决的关键问题及其解决思路。

（2）能够根据职工工资管理系统需实现的功能要求选择恰当的存储结构。

（3）能够运用线性表基本操作的实现方法设计职工工资管理系统中关键操作算法。

（4）能够编写程序测试职工工资管理系统设计的正确性。

（5）能够对实践结果的性能进行辩证分析和优化提升。

2. 实践内容

编程实现一个职工工资管理系统，模拟对职工工资的相关信息进行管理。职工工资相关信息包括职工工号、姓名、基本工资、扣税和实发工资等。职工人数小于 100 000。

3. 实践要求

1）自行设计恰当的数据结构

2）自行设计功能菜单

系统运行时用户可以通过菜单多次选择完成相应的功能执行。如图 1-22 所示是功能菜单设计的参考样例，但不限于此。其中各功能的具体要求说明如下。

图 1-22　系统的菜单设计参考样例

（1）录入职工基本信息：第 1 次使用该系统时通过此功能来录入职工工资信息的初始状态数据，要求当用户输入基本工资和津贴后，由系统自动计算出该职工的扣税和实发工资，并存入表中。其中扣税规则按表 1-6 所示的税率进行计算，即扣税款＝(基本工资＋津贴)×所处级数的税率－速算扣除数。

表 1-6　个人所得税税率表

级数	全月应纳税所得额(含税级级距)	税率/%	速算扣除数
1	≤3000	3	0
2	3 000.01～12 000	10	210
3	12 000.01～25 000	20	1410
4	25 000.01～35 000	25	2660
5	35 000.01～55 000	30	4410
6	55 000.01～80 000	35	7160
7	≥80 000.01	45	15 160

（2）查找职工工资信息：要求按工号查找职工工资信息，如果查找成功则返回其在表中的位置。

（3）增加职工工资信息：要求一次性能在表中按需求添加多个职工的工资信息，而且其中津贴和实发工资由系统自动计算而得。

（4）删除职工工资信息：要求删除指定工号的职工工资信息。

（5）修改职工工资信息：要求修改指定工号的工资信息，并能够有选择性地对其中基本工资和津贴数据进行修改，修改后津贴和实发工资也能随之而改变其对应值。

（6）职工工资信息的统计分析：要求统计实发工资分别在 0～3000、3001～12 000、12 001～25 000、25 001～35 000、35 001～55 000、55 001～80 000、80 000 以上这些区间的总人数及总占比，输出效果参考图 1-23。

图 1-23　统计分析结果输出参考样例

（7）显示所有工资明细：要求允许选择是"按工号从小到大"，还是"按实发工资从高到低"输出所有职工的全部工资明细表。

2）解决思路

（1）数据存储结构的设计提示

职工工资信息可用线性表实现，整个系统涉及的关键操作就是对线性表的增、删、查、改和统计分析的功能。由于增加操作可以仍然按照操作习惯将添加的数据加入到工资表的尾部，则对于这种操作在顺序存储结构上实现会更为方便。而对于查、改及统计操作，它们并不会改变数据的逻辑结构，同时操作过程中都是顺序读取相关数据，所以无论是采用顺序存储还是链式存储，这些操作其时间性能相同，但空间的存储密度顺序存储更高。对于其中的删除操作我们知道它在链式存储上实现其时间性能更好。基于以上分析，你认为采用何种存储结构更为合适呢？

（2）关键操作的实现要点提示

整个系统的功能划分及其之间的调用关系如图 1-24 所示。编写程序时可以将每个功能模块以函数形式封装成各个功能的实现方法，然后在主函数中以循环形式读取用户输入的指令，再根据用户的指令选择不同的函数入口地址，从而执行不同的操作。

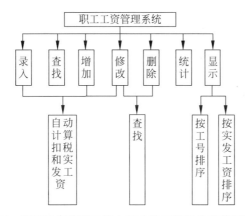

图 1-24　职工工资管理系统中的功能函数划分及其调用关系

如果采用链式存储，其关键操作的操作原理与 1.2.2 节中的相应内容类似。

如果采用顺序存储，其增、删、查的操作原理与 1.1.1 节中的相应内容类似；修改操作则要按工号先查找到待修改的数据记录，然后录入新的基本工资和津贴值，再写入该记录的对应数据域中，最后通过调用计算扣税和实发工资函数，完成对该记录的扣税和实发工资数据域中值的更新。本实践中还有一个"显示所有工资明细"的操作，按要求，如果是按工号从小到大的顺序显示输出，则需先将工资表中的记录按工号从小到大排好序，再将工资表中所有明细信息依次输出，否则需先将工资表中的记录按实发工资从小到大排好序后再输出工资表中所有明细信息。其中的排序方法可选用自己熟悉的任何一种方法，如冒泡排序、选择排序等。

4. 程序代码参考

扫码查看：1-3-2.cpp

5. 延伸思考

(1) 分析本系统中关键操作算法的时间复杂度,并调研分析现实中真实"工资管理系统"的功能和实现效果,找出本系统存在的不足。

(2) 比较分析采用顺序存储和链式存储实现该系统其时间和空间复杂度的差异。

1.3.3 共同富裕示范区的典范城市目标指标管理系统

1. 实践目的

(1) 能够帮助学生深刻理解"共同富裕"的科学内涵,增强"四个自信",引导学生自觉融入扎实推进共同富裕的伟大实践,提高自觉肩负民族复兴的社会责任意识。

(2) 能够正确分析共同富裕示范区的典范城市目标指标管理系统中要解决的关键问题及其解决思路。

(3) 能够根据共同富裕示范区的典范城市目标指标管理系统需实现的功能要求选择恰当的存储结构。

(4) 能够运用线性表基本操作的实现方法设计共同富裕示范区的典范城市目标指标管理系统中关键操作算法。

(5) 能够编写程序测试共同富裕示范区的典范城市目标指标管理系统设计的正确性。

(6) 能够对实践结果的性能进行辩证分析和优化提升。

2. 实践背景

共同富裕是社会主义的本质要求,是人民群众的共同期盼。党的十九届五中全会对扎实推动共同富裕做出重大战略部署,党中央、国务院做出了支持浙江高质量发展建设共同富裕示范区的决定。嘉兴作为中国革命红船起航地和浙江"三个地"的典型代表,作为习近平总书记殷切期望"成为全省乃至全国统筹城乡发展的典范"的地方,必须以高度的政治站位和政治担当,全面贯彻落实《中共中央国务院关于支持浙江高质量发展建设共同富裕示范区的意见》和《浙江高质量发展建设共同富裕示范区实施方案(2021—2025 年)》,在全省高质量发展建设共同富裕示范区中担起重要使命,建设共同富裕示范区的典范城市。[①] 为此,嘉兴市政府制定了《嘉兴深化城乡统筹推动高质量发展建设共同富裕示范区的典范城市行动方案(2021—2025 年)》(下文简称:《行动方案》),并于 2021 年 8 月 6 日经过嘉兴市委八届十二次会议审议通过。《行动方案》中系统研究部署了嘉兴深化城乡统筹、推动高质量发展,建设共同富裕示范区的典范城市的思路举措,进一步凝聚起全市上下的磅礴力量,忠实践行"八八战略",奋力打造"重要窗口"中最精彩板块,努力以高质量发展高水平共同富裕的美好社会新图景,在红色根脉之地展现美好中国的未来、未来中国的美好[②]。

3. 实践内容

建设共同富裕示范区的典范城市,离不开具体的目标指标作为支撑。为此,《行动方案》明确了到 2025 年要实现的 60 个目标指标,让共同富裕典范城市建设更加生动具体。表 1-7 给出了其中部分目标指标内容。

---

① 嘉兴深化城乡统筹推动高质量发展建设共同富裕示范区的典范城市行动方案(2021—2025 年).

② 人民网·浙江频道. 嘉兴:奋力推动高质量发展建设共同富裕示范区的典范城市:http://zj.people.com.cn/n2/2021/0809/c186327-34859121.html. 2021 年 08 月 09 日.

编程完成对"共同富裕目标指标管理系统"的设计与实现,模拟对嘉兴市共同富裕示范区的典范城市目标指标进行管理。系统的功能模块如图1-25所示。

表 1-7 建设共同富裕示范区的典范城市目标指标(部分)

序号	指 标 名 称	浙江省		嘉兴市	
		2022 年	2025 年	2022 年	2025 年
1	人均生产总值(万元)	11.3	13	11.9	15
2	全员劳动生产率(万元/人)	18.7	22	18.8	23
3	单位 GDP 建设用地使用面积(平方米/万元)	20.16	17.74	20	17
4	规上工业亩均税收(万元)	31	37	27	19
5	高技术制造业增加值(%)	17	19	17	19
6	居民人均可支配收入(元)	60 000	75 000	62 600	78 000
7	居民人均消费支出(元)	34 700	40 000	35 000	41 000
8	城乡居民收入倍差	1.95	1.9	1.6	1.58
9	常住人口城镇化率(%)	73	75	73	75
10	劳动报酬占 GDP 比重(%)	50.7	51	49.8	51
11	居民人均可支配收入与人均 GDP 之比	0.525	0.535	0.534	0.536
12	家庭可支配收入(按三口之家计算)10~50 万元群体比例(%)	72	80	73	81
13	家庭可支配收入(按三口之家计算)20~60 万元群体比例(%)	35	45	35.5	45.5
14	技能人才占从业人员比例(%)	30.5	35	30.7	35.7
15	人均预期寿命(岁)	79.6	80	82.9	83
16	最低生活保障标准(元)	10 500	13 000	11 820	15 000
17	高峰时段公共汽电车平均运营时速(千米/小时)	18	20	18	20
18	每万人拥有公共文化设施面积(平方米)	3930	4350	4970	5150
19	居民综合阅读率(%)	91.3	92.5	91.3	92.5
20	社会诚信度(%)	94.9	96	95	96.2
21	生活垃圾分类覆盖率(%)	100	100	100	100
22	县级以上城市公园绿地服务半径覆盖率(%)	86.5	90	87	90.5
23	亿元生产总值生产安全事故死亡率(人/亿元)	0.014	0.01	0.014	0.009
24	律师万人比(人/万人)	4.8	5.2	4	5.2

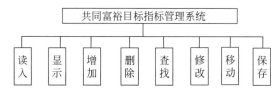

图 1-25 共同富裕目标指标管理系统的功能模块图

4. 实践要求

(1) 综合分析本系统的关键功能的操作特性,自主设计恰当的数据存储结构。

(2) 如图 1-25 所示的相应功能具体要求说明如下。

① 读入:通过读取磁盘文件的方式一次性读取到表 1-7 中的所有指标信息,以满足用

户第一次使用该系统时可以通过此功能来读取到表中的初始数据。初始数据的磁盘文件可通过扫右边的二维码下载。

② 显示:按表中序号顺序显示所有指标信息。

③ 增加:输入待增加的指标信息内容(序号、指标名称、浙江省 2022 年和 2025 年的目标值、嘉兴市 2022 年和 2025 年目标值),并将其插入到表 1-6 中指定序号的位置,同时要求插入位置之后的所有指标序号值要随之发生变化,即要始终保证各指标序号值的顺序连续性。最后输出增加操作之后表中的所有指标信息,以验证其操作的正确性。测试用例:假设增加的指标信息为{10,地区人均可支配收入最高最低倍差,1.6,1.55,1.1,1.08}。图 1-26 为增加操作后的显示结果。

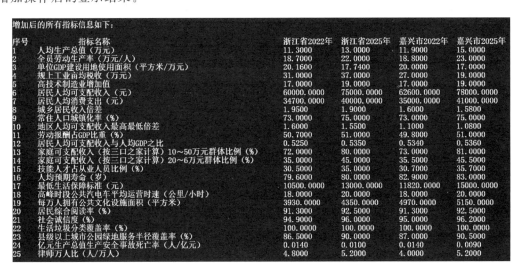

图 1-26　增加操作后的显示结果

④ 删除:删除表中指定序号的指标信息,再输出删除操作后表中的所有指标内容,以验证其操作的正确性。要求输入信息仅是待删除的指标信息在表中的序号值,而且删除操作之后要保证各指标序号值的顺序连续性。

⑤ 修改:当输入待修改的指标名称后,要求先显示原指标信息,修改操作后再显示修改后的指标信息。测试用例:将"社会诚信度(%)"指标信息改为{社会诚信度(%),94.9,96,95,96.2}。

⑥ 查找:要求按指定的"序号"或"指标名称"查找相关指标信息。要求输入的信息是待查找的"序号"或"指标名",输出信息是:如果查找成功,则显示该指标的所有信息,否则报告"查找失败"。

⑦ 移动:将指定的某个指标信息移动到指定的位置上。其输入信息是待移动的"序号"值以及移动到的目标位置"序号"值,输出信息是移动操作后表中的所有指标内容。同时要求移动操作后,表中的指标序号值仍然保持其连续性。

⑧ 保存:将内存中当前形成的指标信息以外部文件的形式写入磁盘进行保存。

5. 解决思路

1) 数据存储结构的设计要点提示

本实践的处理对象是如表 1-6 所示的数据,其指标信息按行构成有限序列,仍然可以选用线性表来实现。线性表中的数据元素对应表中的一行信息,它由指标序号、指标名称、浙江省 2022 年和 2025 年预计的目标值和嘉兴市 2022 年和 2025 年预计的目标值构成。为此,线性表中的数据元素类型可描述为:

```
typedef struct
{    int id;                    //指标序号
     char indexname[100];       //指标名称
     int zhejiang[2];           //浙江省 2022 年和 2025 年的预计目标值
     int jiaxing[2];            //嘉兴市 2022 年和 2025 年的预计目标值
}ElemType;
```

整个系统涉及的关键操作有线性表的增、删、查、改、移动、保存和读入等,并且实践要求的插入和删除操作的位置是指定的任意位置,依顺序存储便于随机存取,而链式存储便于在任意位置进行插入和删除操作的特性,为此,本实践的处理对象线性表的存储结构宜选用带头结点的单链表。

2)关键操作的实现要点提示

本实践的"增、删、查、改"功能的实现均可运用链表上相应的基本操作原理和实现方法完成。下面仅针对"移动""读入"和"保存"功能的实现要点给予简要提示:

(1)对于"移动"操作,类似于在链表上做插入和删除操作。根据输入的待移动指标的序号值,先找到链表中对应的待移动的结点,再产生一个新结点,其数据域的值赋予待移动结点的数据值,并将此新产生的结点插入到目标位置上,最后将待移动的结点从表中删除。上述过程中涉及的查找、插入和删除操作都可通过调用前面已经定义的相关操作来实现。

注意:移动后表中指标的序号还需重新编号。

(2)对于"读入"和"保存"这两种操作涉及的知识点是对外部文件读写操作指令的使用。

(3)功能层次较多时,建议采用多级菜单的形式。

6. 程序代码参考

扫码查看:1-3-3.cpp

7. 延伸思考

(1)共同富裕的目标指标往往会根据实际分类设置。例如,《嘉兴深化城乡统筹推动高质量发展建设共同富裕示范区的典范城市行动方案(2021—2025 年)》就将目标指标分为"经济高质量发展、城乡区域协调发展、收入分配格局优化、公共服务优质共享、精神文明建设、全域美丽建设、社会和谐和睦"七大类。为此,可将表 1-7 所示的内容结构改为如表 1-8 所示的形式,则本实践的存储结构描述该做何修改?

(2)数据输入时要求进行有效性检验,即指每当数据输入时,要对输入的数据的合法性进行验证,只有数据合法了才能存入表中,以免非法数据的存入。如指标的序号、指标的数据值中不能出现非法字符,本实践的相关操作算法该做何修改?

(3)要求本系统提供对指标的分类管理的相关功能,如分类显示、分类录入、按类查询、增加和删除某一类的指标信息，本实践的相关操作算法该做何修改？

表 1-8　建设共同富裕示范区的典范城市目标指标（部分）

类别	序号	指　标　名　称	浙江省		嘉兴市	
			2022 年	2025 年	2022 年	2025 年
经济高质量发展	1	人均生产总值（万元）	11.3	13	11.9	15
	2	全员劳动生产率（万元/人）	18.7	22	18.8	23
	3	单位 GDP 建设用地使用面积（平方米/万元）	20.16	17.74	20	17
	4	规上工业亩均税收（万元）	31	37	27	19
	5	高技术制造业增加值（%）	17	19	17	19
	6	居民人均可支配收入（元）	60 000	75 000	62 600	78 000
	7	居民人均消费支出（元）	34 700	40 000	35 000	41 000
城乡区域协调发展	8	城乡居民收入倍差	1.95	1.9	1.6	1.58
	9	常住人口城镇化率（%）	73	75	73	75
收入分配格局优化	10	劳动报酬占 GDP 比重（%）	50.7	51	49.8	51
	11	居民人均可支配收入与人均 GDP 之比	0.525	0.535	0.534	0.536
	12	家庭可支配收入（按三口之家计算）10～50 万元群体比例（%）	72	80	73	81
	13	家庭可支配收入（按三口之家计算）20～60 万元群体比例（%）	35	45	35.5	45.5
公共服务优质共享	14	技能人才占从业人员比例（%）	30.5	35	30.7	35.7
	15	人均预期寿命（岁）	79.6	80	82.9	83
	16	最低生活保障标准（元）	10 500	13 000	11 820	15 000
	17	高峰时段公共汽电车平均运营时速（千米/小时）	18	20	18	20
精神文明建设	18	每万人拥有公共文化设施面积（平方米）	3930	4350	4970	5150
	19	居民综合阅读率（%）	91.3	92.5	91.3	92.5
	20	社会诚信度（%）	94.9	96	95	96.2
全域美丽建设	21	生活垃圾分类覆盖率（%）	100	100	100	100
	22	县级以上城市公园绿地服务半径覆盖率（%）	86.5	90	87	90.5
社会和谐和睦	23	亿元生产总值生产安全事故死亡率（人/亿元）	0.014	0.01	0.014	0.009
	24	律师万人比（人/万人）	4.8	5.2	4	5.2

8. 结束语

青年是全社会最富有活力、最具有创造性的群体，是建设共同富裕示范区的主体力量，也是共同富裕发展成果的重要受益者。今天的美好生活正是百年来无数共产党人呕心沥血，持续奋斗换来的。作为一名大学生，要始终在社会实践中涵养自身经世济民的家国情怀，丰富学识，增长见识，并以一往无前的奋斗姿态，肩负起使命担当，争做新时代的建设者和开拓者，一同将梦想凝聚在共同富裕的道路上。

第2章 | 栈 与 队 列

2.1 基 础 实 践

2.1.1 顺序栈的基本操作

1. 实践目的

（1）能够正确描述栈的顺序存储结构在计算机中的表示。

（2）能够正确编写顺序栈上基本操作的实现算法。

（3）能够编写程序验证在顺序栈上实现基本操作算法的正确性。

2. 实践内容

创建顺序栈，并在顺序栈上实现入栈、出栈、取栈顶元素的值、判栈空等基本操作。

3. 实践要求

1）数据结构

顺序栈的存储结构描述如下：

```
#define STACK_INIT_SIZE 100    //顺序栈初始预分配空间大小(遵守"足够应用"的原则定义)
typedef struct
{   SElemType * base;          //栈的存储空间基地址(栈底指针)
    SElemType * top;           //指示栈顶元素的下一存储单元的位置(栈顶指针)
    int stacksize;             //栈当前的存储空间容量
}SqStack;
```

特别说明：SElemType 为数据元素的抽象数据类型，本实践中如果未加特别说明均定义为字符型，其描述语句：

```
typedef char SElemType;
```

2）函数接口说明

```
Status InitStack(SqStack &S);
//创建一个空的顺序栈 S
Status Push(SqStack &S,SElemType e);
//入栈：在顺序栈 S 中插入新的元素 e,使其成为新的栈顶元素
Status Pop(SqStack &S,SElemType &e);
//出栈：删除顺序栈 S 中的栈顶数据元素,并用 e 返回其值
Status GetTop(SqStack S,SElemType &e);
//取顺序栈 S 中栈顶元素的值,并用 e 返回其值
Status StackEmpty(SqStack S);
```

//判断顺序栈 S 是否为空,如果为空栈,则返回 TRUE,否则返回 FALSE

Status DestroyStack(SqStack &S);

//销毁顺序栈 S

Status ClearStack(SqStack &S);

//清空顺序栈 S

Status Display(SqStack S));

//从栈底到栈顶,依次输出顺序栈 S 中各个元素值

3) 输入输出说明

输入说明:输入信息分 2 行,第 1 行输入当前顺序栈长度 n;第 2 行输入 n 个数据元素,因为本实践中基本数据类型为字符型,所以各个元素之间不要用空格隔开。

输出说明:输出信息分 7 行,在输入第 2 行的信息并回车后要求以一行输出已创建的顺序栈中各元素值(从栈底到栈顶依次输出),数据值之间用一个空格隔开;第 2 行输出当前出栈元素的值;第 3 行将出栈后的当前栈内元素再依次输出,数据值之间用一个空格隔开;第 4 行输出当前栈顶元素的值;第 5 行输出当前栈是否为空栈的判断结果;第 6 行在执行完清空栈操作后,输出"当前栈为空栈"。第 7 行在执行完销毁栈操作后,输出"栈已销毁"。为了能使输出信息更加人性化,可以在输出信息之前适当添加有关输出的提示信息。具体见测试用例。

4) 测试用例

测试用例信息如表 2-1 所示。

表 2-1 测试用例

输　　入	输　　出
请输入顺序栈长度:6 请输入顺序栈中各元素值:abcdef	栈底到栈顶:a b c d e f f 出栈 栈底到栈顶:a b c d e 当前栈顶元素的值为:e 当前栈非空 清空操作后:当前栈为空栈 栈已销毁

4. 解决方案

对声明为 SqStack 类型的栈 S,在解决核心操作之前,需要明确以下几个关键问题。

(1) 顺序栈判空的条件是 S.top==S.base。

(2) 顺序栈判满的条件是 S.top-S.base>=S.stacksize。

(3) 栈的当前实际长度为 S.top-S.base。

(4) 栈顶指针 S.top 指向栈顶元素存储单元的下一个存储单元位置,所以取栈顶元素的值的语句为 *(S.top-1)。

在理解上述问题后,上述部分接口的实现方法分析如下。

(1) 创建空的顺序栈操作 InitStack(&S):先用 malloc 函数分配常量 STACK_INIT_SIZE 预定义值大小的数组空间,如果空间分配失败,则结束该操作;如果空间分配成功,再将 S.top 和 S.stacksize 置上相应值,使其形成一个空栈。

（2）顺序栈的入栈（插入）操作 Push(&S,e)：根据栈的操作特性，入栈操作只能在栈顶位置进行。其操作的要求是将数据元素 e 插入顺序栈 S 中，使其成为新的栈顶元素。实现步骤主要归纳如下。

① 判断顺序栈是否已满，若不满，则转②；若已满，则用 realloc 函数对栈空间进行扩充，扩充成功后再转②。

注意：存储空间扩充成功后，S. base 要指向新的存储空间首地址，S. top 和 S. stacksize 值也需要同步修改。

② 将新的数据元素 e 存入 S. top 所指向的存储单元。

③ 栈顶指针后移一位。

（3）顺序栈的出栈（删除）操作 Pop(&S,&e)：出栈操作的要求是将栈顶元素从栈 S 中移出，并用 e 返回被移出的栈顶元素值。实现步骤主要归纳如下。

① 判断顺序栈是否为空，若为空，则结束算法；否则转②。

② 将 S. top 前移一位，使其指向当前栈顶元素。

③ 用 e 返回 S. top 当前指向的栈顶元素的值。

5. 程序代码参考

```
# include < stdio. h >
# include < malloc. h >
# define STACK_INIT_SIZE 100          //栈初始分配空间的容量
# define STACKINCREMENT 10            //栈增加分配空间的容量
# define OK 1
# define TRUE 1
# define ERROR 0
# define FALSE 0
typedef char SElemType;
typedef int Status;
typedef struct
{  SElemType * base;
   SElemType * top;
   int stacksize;
}SqStack;
Status InitStack(SqStack &S)
//创建一个空的顺序栈 S
{  S. base = (SElemType * )malloc(STACK_INIT_SIZE * sizeof(SElemType ));
                                     //分配预定义大小的空间
   if(!S. base)                      //如果存储空间分配失败
   {   printf("OVERFLOW\n");
       return ERROR;
   }
   S. top = S. base;                 //置当前栈顶指针指向栈底位置
   S. stacksize = STACK_INIT_SIZE;   //置当前分配的存储空间容量为 STACK_INIT_SIZE 的值
   return OK;
  }

Status Push(SqStack &S,SElemType e)
```

```
//入栈：在顺序栈 S 中插入新的元素 e,使其成为新的栈顶元素
{  if(S.top - S.base >= S.stacksize)              //当前存储空间满,则扩充空间
   {  S.base = (SElemType * )malloc((S.stacksize + STACKINCREMENT) * sizeof(SElemType));
      if(!S.base)                                 //如果存储空间分配失败
      {  printf("OVERFLOW\n");
         return ERROR;
      }
      S.top = S.base + S.stacksize;               //栈顶指针重新指向当前栈顶元素的下一位置
      S.stacksize += STACKINCREMENT;              //修改增加空间后的存储空间容量
   }
   * (S.top)++ = e;                               //e 进栈后,栈顶指针后移一位
   return OK;
}


Status Pop(SqStack &S, SElemType &e)
//出栈：删除顺序栈 S 中的栈顶数据元素,并用 e 返回其值
{  if(S.base == S.top)                            //如果栈空
   {  printf("The Stack is NULL\n");
      return ERROR;
   }
   e = * -- S.top;                                //删除栈顶元素并用 e 返回其值
   return OK;
}


Status GetTop(SqStack S, SElemType &e)
//取顺序栈 S 的栈顶元素,并用 e 返回其值
{  if(S.base == S.top)                            //如果栈空
   {  printf("The Stack is NULL\n");
      return ERROR;
   }
   e = * (S.top - 1);                             //取栈顶元素的值并用 e 返回
   return OK;
}


Status StackEmpty(SqStack S)
//判断顺序栈 S 是否为空栈,如果为空栈,返回 TRUE; 否则返回 FALSE
{  if(S.base == S.top)
         return TRUE;
   else
         return FALSE;
}


Status Display(SqStack S)
//输出顺序栈 S 中所有元素的值,顺序为从栈底到栈顶
{  SElemType * p;
   if(S.base == S.top)                            //如果栈空
   {  printf("The Stack is NULL\n");
      return ERROR;
   }
```

```
    printf("栈底到栈顶:");
    for(p = S.base;p < S.top;p++)
        printf(" % 2c", * p);
    printf("\n");
    return OK;
}

Status DestroyStack(SqStack &S)
//将顺序栈 S 销毁
{   free(S.base);                    //释放已分配的存储空间
    S.base = NULL;
    S.top = NULL;
    S.stacksize = 0;
    return OK;
}

Status ClearStack(SqStack &S)
//将顺序栈 S 清空为空栈
{   SElemType e;
    while(!StackEmpty(S))
        Pop(S,e);                    //若当前栈非空,则执行出栈操作
    return OK;
}

int main()
{   SqStack S;
    int i,n;
    SElemType e,ch;
    InitStack(S);                    //初始化空栈 S
    printf("请输入顺序栈长度:");
    scanf(" % d",&n);                //输入当前顺序栈 S 长度 n
    getchar();
    printf("请输入顺序栈中各元素值:");
    for(i = 1;i <= n;i++)            //输入 n 个元素的值,并分别压入一个初始为空的顺序栈
    {   scanf(" % c",&ch);
        Push(S,ch);
    }
    printf("\n");
    Display(S);
    Pop(S,e);
    printf(" % c 出栈\n",e);
    Display(S);
    GetTop(S,e);
    printf("当前栈顶元素的值为: % c\n",e);
    if(!StackEmpty(S))
        printf("当前栈非空\n");
    else
        printf("当前栈为空栈\n");
    ClearStack(S);
```

```
        printf("清空操作后:");
        if(!StackEmpty(S))
            printf("当前栈非空\n");
        else
            printf("当前栈为空栈\n");
        DestroyStack(S);
        printf("栈已销毁\n");
        return 0;
    }
```

6. 运行结果参考

程序测试用例的运行结果如图 2-1 所示。

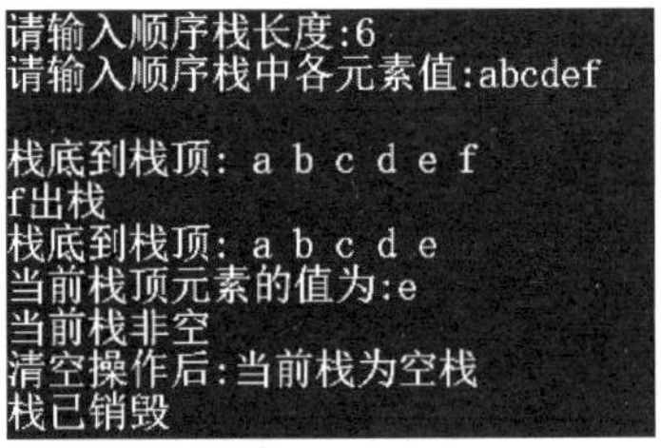

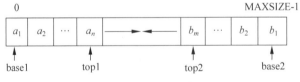

请输入顺序栈长度:6
请输入顺序栈中各元素值:abcdef

栈底到栈顶: a b c d e f
f出栈
栈底到栈顶: a b c d e
当前栈顶元素的值为:e
当前栈非空
清空操作后:当前栈为空栈
栈已销毁

图 2-1　程序测试用例的运行结果

7. 延伸思考

(1) 将创建空的顺序栈的函数接口改为 Status InitStack(SqStack &S,int n);它要求空栈初始分配的存储空间的大小由参数 n 的值来确定,则此函数的代码该如何修改?

(2) 本实践中栈顶指针指向的是栈顶元素的下一个位置,如果将其设置为指向栈顶元素的位置,顺序栈判空、判满的条件是什么?入栈和出栈操作算法又该如何修改?

(3) 为了更为合理地利用存储空间,采用共享栈的形式,即通过两个栈共享一个一维数组,每个栈都有一个栈顶指针,采用以迎面增长的方式来实现一维数组的空间共享,如图 2-2 所示。在共享栈中,各个栈判空、判满的条件是什么?入栈、出栈操作算法又如何?

$$
\begin{array}{c}
0 \qquad\qquad\qquad\qquad\qquad\qquad\qquad\qquad \text{MAXSIZE-1}
\end{array}
$$

| a_1 | a_2 | $\cdots$ | a_n | $\longrightarrow\quad\longleftarrow$ | | b_m | $\cdots$ | b_2 | b_1 |

base1　　　　　top1　　　　　top2　　　　　base2

图 2-2　共享栈示意图

提示:

(1) 双向栈的存储结构描述(但不限于此)。

```
#define MAXSIZE 1000              //共享栈的预定义空间大小
typedef struct
{   SelemType * base1, * base2;   //两个栈底指针
    SelemType * top1, * top2;     //两个栈顶指针,分别指示栈顶元素
}BDStacktype;
```

（2）入栈与出栈的接口描述。

```
Status Push (BDStacktype &tws, int i, SElemtype e);
//e 入栈,i＝1 表示低端栈,i＝2 表示高端栈
Status Pop(BDStacktype &tws, int i, SElemtype &e);
//e 出栈,i＝1 表示低端栈,i＝2 表示高端栈
```

（3）栈空条件。

低端栈的判空条件：tws.top1＝＝－1。

高端栈的判空条件：tws.top2＝＝MAXSIZE。

（4）栈满条件。

tws.top1＋1＝＝tws.top2。

2.1.2　链栈的基本操作

1. 实践目的

（1）能够正确描述栈的链式存储结构在计算机中的表示。

（2）能够正确编写链栈上基本操作的实现算法。

（3）能够编写程序验证在链栈存储结构上实现基本操作算法的正确性。

2. 实践内容

创建链栈,并在链栈上实现出栈、入栈、取栈顶元素的值、判空等相关操作。

3. 实践要求

1）数据结构

在本实践中采用不带表头结点的单链表作为栈的链式存储结构,而且直接将栈顶元素放在单链表的头部成为首结点。图 2-3 给出了序列$\{a_1,a_2,a_3,\cdots,a_n\}$的链栈存储结构示意图。

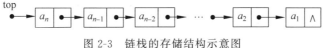

图 2-3　链栈的存储结构示意图

链栈的存储结构描述如下：

```
typedef struct SNode
{     SElemType     data;          // 数据域
      struct SNode  * next;        // 指针域
 } SNode, * LinkStack;             //其中 LNode 为结点类型名,Linklist 为指向结点的指针类型名
```

2）函数接口说明

```
Status Push(LinkStack &S,SElemType e);
//入栈: 在链栈 S 中插入新的元素 e,使其成为新的栈顶元素
Status Pop(LinkStack &S,SElemType &e);
//出栈: 删除链栈 S 中的栈顶元素,并用 e 返回其值
Status StackEmpty(LinkStack S);
//判断链栈 S 是否为空栈,如果为空栈,则返回 TRUE; 否则返回 FALSE
Status Display(LinkStack S);
//输出链栈 S 中所有元素的值,顺序为从栈顶到栈底
```

```
Status ClearStack(LinkStack &S);
//将已存在的链栈 S 清空
Status DestroyStack(LinkStack &S);
//将已存在的链栈 S 销毁
```

3) 输入输出说明

输入说明:输入信息分 2 行,第 1 行输入当前链栈长度 n;第 2 行输入 n 个数据元素,因为本实践中基本数据类型为字符型,所以各个元素之间不要用空格隔开。

输出说明:输出信息分 7 行,在输入第 2 行的信息并回车后要求以一行输出已创建的链栈中各元素值(从栈顶到栈底依次输出),数据值之间用一个空格隔开;第 2 行中输出当前出栈元素的值;第 3 行将出栈后的当前栈内元素再依次输出,数据值之间用一个空格隔开;第 4 行输出当前栈顶元素值;第 5 行输出当前栈是否为空栈的判断结果;第 6 行执行清空栈操作后,输出"清空操作后:当前栈为空栈";第 7 行执行销毁操作后,输出"栈已销毁"。为了能使输出信息更加人性化,可以在输出信息之前适当添加有关输出的提示信息。具体见测试用例。

4) 测试用例

测试用例信息如表 2-2 所示。

表 2-2　测试用例

输　　　入	输　　　出
请输入链栈长度:6 请输入链栈中各结点值:abcdef	栈顶到栈底:f e d c b a f 出栈 栈顶到栈底:e d c b a 当前栈顶元素的值为:e 当前栈非空 清空操作后:当前栈为空栈 栈已销毁

4. 解决方案

上述部分接口的实现方法分析如下。

(1) 链栈入栈操作 Push(&S,e):因为链栈的入栈操作只能在栈顶(也就是链表的首部)进行,所以插入位置限定在链表的表头进行。其操作步骤主要归纳如下。

① 生成新结点,指针 p 指向新生成的结点,并将 e 的值存入结点数据域中。

② 将新结点 p 链接到链栈的首部,使其成为新的栈顶结点(首结点)。

(2) 链栈出栈操作 Pop(&S,&e):链栈的出栈操作也是限定在链表的表头进行。其操作步骤主要归纳如下。

① 判断链栈是否为空,若为空,则结束算法;若不为空,则转②。

② 引进工作指针 p,使其指向被删的栈顶结点。

③ 用 e 保存并返回待删的栈顶结点的数据值,然后修改相关指针域的值,使栈顶结点从链栈中移出。

(3) 链栈清空操作 ClearStack(&S):链栈的清空操作实际上就是一个从栈顶结点开始依次将链栈中的所有结点逐个动态删除的过程,删除每个结点的实现方法与出栈操作相同。

5. 程序代码参考

```c
#include <stdio.h>
#include <malloc.h>
#define OK 1
#define TRUE 1
#define ERROR 0
#define FALSE 0
typedef char SElemType;
typedef int Status;
typedef struct SNode
{   SElemType data;                     //数据域
    struct SNode * next;                //指针域
}SNode, * LinkStack;

Status Push(LinkStack &S,SElemType e)
//入栈:在链栈 S 中插入新的元素 e,使其成为新的栈顶元素
{   LinkStack p = (LinkStack)malloc(sizeof(SNode)); //为新结点 p 分配空间
    if(!p)                              //空间分配失败
        return ERROR;
    p->data = e;
    p->next = S;                        //修改链,让新结点插入链栈的栈顶
    S = p;                              //使新结点成为新的栈顶结点
    return OK;
}

Status Pop(LinkStack &S,SElemType &e)
//出栈:删除链栈 S 中的栈顶元素,并用 e 返回其值
{   LinkStack p = S;                    //p 指针指示链栈的栈顶元素结点
    if(S == NULL)                       //如果栈空
    {   printf("The Stack is NULL\n");
        return ERROR;
    }
    e = p->data;                        //用 e 保存待删结点的数据元素值
    S = p->next;                        //栈顶指针 S 指向原栈顶元素的下一个元素结点
    free(p);                            //释放待删结点空间
    return OK;
}

Status StackEmpty(LinkStack S)
//判断链栈 S 是否为空栈,如果为空栈,则返回 TRUE; 否则返回 FALSE
{   if(S == NULL)
        return TRUE;
    else
        return FALSE;
}

Status Display(LinkStack S)
//输出链栈 S 中所有元素的值,顺序为从栈顶到栈底
```

```
{   LinkStack p = S;
    if(S == NULL)                    //如果栈空
    {   printf("The Stack is NULL\n");
        return ERROR;
    }
    printf("栈顶到栈底:");
    while(p)
    {   printf(" % 2c",p - > data);
        p = p - > next;
    }
    printf("\n");
    return OK;
}


Status ClearStack(LinkStack &S)
//链栈 S 清空
{   LinkStack p = S;                //指针 p 指向当前栈顶结点
    while(S)
    {   S = S - > next;             //栈顶指针指向当前栈顶元素的下一个结点
        free(p);                    //释放指针 p 指向的结点
        p = S;                      //指针 p 指向当前栈顶结点
    }
    free(p);                        //指针 p 指向最后一个结点,释放其空间
    return OK;
}


Status DestroyStack(LinkStack &S)
//将链栈 S 销毁
{   ClearStack(S);                  //清空链栈
    free(S);                        //释放栈顶指针 S
    return OK;
}


int main()
{   LinkStack S = NULL;             // 定义一个空栈 S
    int i,n;
    SElemType e,ch;
    printf("请输入链栈长度:");
    scanf(" % d",&n);               //输入当前顺序栈 S 长度 n
    getchar();
    printf("请输入链栈中各结点值:");
    for(i = 1;i < = n;i++)          //输入 n 个元素的值, 并分别压入一个初始为空的链栈
    {   scanf(" % c",&ch);
        Push(S,ch);
     }
     printf("\n");
     Display(S);
     Pop(S,e);
     printf(" % c 出栈\n",e);
```

```
        Display(S);
        GetTop(S,e);
        printf("当前栈顶元素的值为:%c\n",e);
        if(!StackEmpty(S))
            printf("当前栈非空\n");
        else
            printf("当前栈为空栈\n");
        ClearStack(S);
        printf("清空操作后:");
        if(!StackEmpty(S))
            printf("当前栈非空\n");
        else
            printf("当前栈为空栈\n");
        DestroyStack(S);
        printf("栈已销毁\n");
        return 0;
    }
```

6. 运行结果参考

程序测试用例的运行结果如图 2-4 所示。

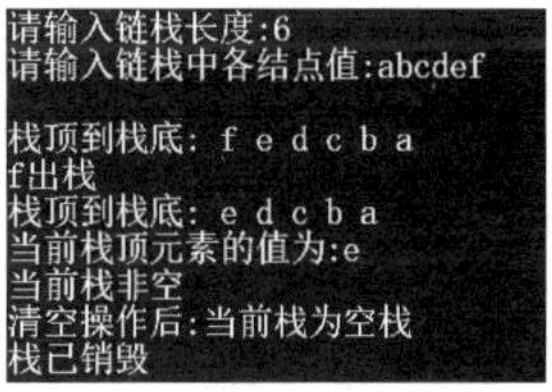

7. 延伸思考

（1）在本实践中,链栈是采用了不带头结点的单链表来实现,且栈顶元素为链表中的首结点,试根据栈的操作特性,理解其背后的原因。

（2）如果用带头结点的单链表来实现,相关算法应如何修改?

图 2-4　程序测试用例的
　　　　运行结果

（3）在实际应用中还会有一种特殊的栈——单调栈。单调栈要求栈中的元素是按值有序单调递增或者单调递减。如果从栈底到栈顶元素值是从大到小排序,则称为单调递增栈;如果从栈底到栈顶元素值是从小到大,则称为单调递减栈。它适合于求解下一个大于某个数或者下一个小于某个数的问题。请思考如何创建一个单调链栈,它的出栈和入栈算法又该如何编写?

提示:对于单调递增栈,入栈时,如果当前栈为空或入栈元素值小于栈顶元素值,则直接入栈;否则直接入栈则会破坏栈的单调性,为此,需要把比入栈元素小的元素全部出栈后,再入栈。单调递减栈则反之。

2.1.3　循环顺序队列的基本操作

1. 实践目的

（1）能够正确描述循环队列的顺序存储结构在计算机中的表示。

（2）能够正确编写循环顺序队列上基本操作的实现算法。

（3）能够编写程序验证在循环顺序队列上实现基本操作算法的正确性。

2. 实践内容

创建循环顺序队列,并在循环顺序队列上实现入队、出队、判空等基本操作。

3. 实践要求

1）数据结构

循环顺序队列的存储结构描述如下：

```
#define MAXQSIZE 100                  //队列最大存储容量
typedef struct
{   QElemType * base;                 //队列存储空间基地址
    int front;                        //指示队首元素存储单元的位置(队首指针)
    int rear;                         //指示队尾元素存储单元的下一个位置(队尾指针)
}SqQueue;
```

特别说明：QElemType 为数据元素的抽象数据类型，本实践中如果未加特别说明均定义为整型，其描述语句：

```
typedef int QElemType;
```

2）函数的接口说明

```
Status InitQueue(SqQueue &Q);
//创建一个空的循环顺序队列 Q
Status EnQueue(SqQueue &Q,QElemType e);
//入队：在循环顺序队列 Q 中插入新的元素 e,使其成为新的队尾元素
Status DeQueue(SqQueue &Q,QElemType &e);
//出队：在循环顺序队列 Q 中删除队首元素,并用 e 返回其值
int QueueLength(SqQueue Q);
//求循环顺序队列中数据元素的个数并返回其值
void DestroyQueue(SqQueue &Q);
//销毁已经存在的循环顺序队列 Q
void ClearQueue(SqQueue &Q);
//清空已经存在的循环顺序队列 Q
Status EmptyQueue(SqQueue Q);
//判断循环顺序队列 Q 是否为空,若空返回 TRUE,否则返回 FALSE
void Display(SqQueue Q);
//从队首到队尾,依次输出循环顺序队列中各数据元素的值
```

3）输入输出说明

输入说明：输入信息分 3 行，第 1 行输入当前循环顺序队列长度 n；第 2 行输入 n 个整型数据元素，各个元素之间要用空格或者回车隔开；第 3 行输入需要入队的元素值。

输出说明：输出信息分 7 行，在输入第 2 行的信息并回车后要求以一行输出已创建的循环顺序队列中各元素值（从队首到队尾依次输出），数据值之间用一个空格隔开；第 2 行中输出当前出队元素的值；第 3 行输出当前队列长度；第 4 行输出当前队列是否为空的判断结果；第 5 行输出入队操作后当前队列中各元素的值；第 6 行在执行完清空队列操作后，输出"当前队列为空"。第 7 行执行销毁操作后，输出"队列已销毁"。为了能使输出信息更加人性化，可以在输出信息之前适当添加有关输出的提示信息。具体见测试用例。

4）测试用例

测试用例信息如表 2-3 所示。

表 2-3　测试用例

输　入	输　出
请输入循环顺序队列的长度：6 请输入循环顺序队列中各元素的值：1 2 3 4 5 6 请输入需要入队的值：7	当前队列中各元素值为：1 2 3 4 5 6 1 出队 当前队列长度为：5 当前队列非空 新值入队后：2 3 4 5 6 7 清空操作后：当前队列为空 队列已销毁

4. 解决方案

对声明为 SqQueue 类型的循环顺序队列 Q,为了解决区分循环顺序队列队空和队满的判断问题,在本实践中采用少用一个存储单元的方法,如图 2-5 所示。

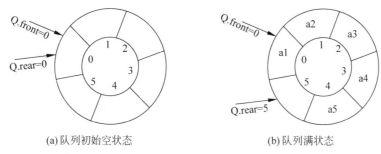

(a)队列初始空状态　　　　　　　(b)队列满状态

图 2-5　少用一个存储单元时循环顺序队列 Q 的两种状态图

在解决核心操作之前,需要明确以下几个关键问题。

(1) 循环顺序队列判空的条件是 Q.front＝＝Q.rear。

(2) 循环顺序队列判满的条件是 Q.front＝＝(Q.rear＋1)％MAXQSIZE。

(3) 队列的当前实际长度为(Q.rear－Q.front ＋MAXQSIZE)％MAXQSIZE。

(4) 在入队和出队操作中,Q.front 和 Q.rear 指针后移不是简单的加一。因为逻辑上首尾相连,所以加一后要进行取余运算。例如 Q.front＝(Q.front＋1)％ MAXQSIZE。

(5) 在循环顺序队列的输出中,引入临时变量 i,并赋值为 Q.front,在输出队首元素后,i 向后移动,加一后也需要进行取余运算,语句为 i＝(i＋1)％ MAXQSIZE。

在明确了这些问题后,现将上述部分接口的实现方法分析如下。

(1) 创建空的循环顺序队列操作 InitQueue(&Q):先用 malloc 函数分配常量 MAXQSIZE 指定大小的数组空间,如果空间分配失败,则结束该操作;如果空间分配成功,再将 Q.front 和 Q.rear 分别赋值为 0,使其形成一个空队列。

(2) 循环顺序队列入队(插入)操作 EnQueue(&Q,e):根据队列的操作特性,入队操作只能在队尾进行。入队操作的要求是将数据元素 e 插入到循环顺序队列的队尾,使其成为新的队尾元素。它的实现步骤主要归纳如下。

① 判断循环顺序队列是否已满,若不满,则转②;若已满,则结束算法。

② 将新的数据元素 e 存入 Q.rear 所指向的存储单元,使其成为新的队尾元素。

③ Q.rear 值加一后进行取余运算,使其始终指向队尾元素的下一个存储位置。

（3）循环顺序队列出队（删除）操作 DeQueue(&Q,&e)：根据队列的操作特性，队列的出队操作只能限制在队首进行。出队操作的要求是将队首元素从队列 Q 中移出，并用 e 返回被移出的队首元素值。它的实现步骤主要归纳如下。

① 判断循环顺序队列是否为空，若为空，则结束算法；否则转②。

② 读取 Q.front 所指示的队首元素，并用 e 返回其值。

③ Q.front 值加一后进行取余运算，使其指向新的队首元素。

5. 程序代码参考

```
#include<stdio.h>
#include<malloc.h>
#include<stdlib.h>
#define OK 1
#define TRUE 1
#define ERROR 0
#define FALSE 0
#define OVERFLOW -2
#define MAXQSIZE 100                    //队列最大存储容量
typedef int Status;
typedef int QElemType;
typedef struct
{    QElemType * base;                  //队列存储空间基地址
     int front;                        //指示队首元素存储单元的位置(队首指针)
     int rear;                         //指示队尾元素存储单元的位置(队尾指针)
}SqQueue;

Status InitQueue(SqQueue &Q)
//创建一个空的循环队列 Q
{    Q.base = (QElemType * )malloc(MAXQSIZE * sizeof(QElemType));
     if(!Q.base)
          exit(OVERFLOW);              //如果空间分配失败
     Q.front = Q.rear = 0;
     return OK;
}

Status EnQueue(SqQueue &Q,QElemType e)
//入队: 在循环队列 Q 中插入新的元素 e,使其成为新的队尾元素
{    if((Q.rear + 1) % MAXQSIZE == Q.front)
        return ERROR;
     Q.base[Q.rear] = e;
     Q.rear = (Q.rear + 1) % MAXQSIZE;
     return OK;
}

Status DeQueue(SqQueue &Q,QElemType &e)
//出队: 在循环队列 Q 中删除队首元素,并用 e 返回其值
{    if(Q.rear == Q.front)
          return ERROR;
```

```
        e = Q. base[Q. front];
        Q. front = (Q. front + 1) % MAXQSIZE;
        return OK;
}


int QueueLength(SqQueue Q)
//求循环队列中数据元素的个数并返回其值
{
        return (Q. rear - Q. front + MAXQSIZE) % MAXQSIZE;
}


void DestroyQueue(SqQueue &Q)
//销毁已经存在的循环队列 Q
{       if(Q. base)
            free(Q. base);
        Q. base = NULL;
        Q. front = Q. rear = 0;
}


void ClearQueue(SqQueue &Q)
//清空已经存在的循环队列 Q
{
        Q. front = Q. rear = 0;
}



Status EmptyQueue(SqQueue Q)
//判断循环队列是否为空,若空返回 TRUE;否则返回 FALSE
{       if(Q. front == Q. rear )
            return TRUE;
        else
            return FALSE;
}
void DisplayQueue(SqQueue Q)
//从队首到队尾,依次输出循环队列中各数据元素的值
{       int i;
        for(i = Q. front;i!= Q. rear;i = (i + 1) % MAXQSIZE)
            printf(" %3d",Q. base [i]);
        printf("\n");
}


int main()
{       SqQueue Q;
        QElemType e,k;
        int i,n;
        InitQueue(Q);           //初始化空的循环队列
        printf("请输入循环顺序队列的长度:");
        scanf(" %d",&n);
        printf("请输入循环顺序队列中各元素的值:");
```

```
for(i = 1;i <= n;i++)
{   scanf(" % d",&e);
    EnQueue(Q,e);
}
printf("请输入需要入队的值:");
scanf(" % d",&k);
printf("\n");
printf("当前队列中各元素值为:");
DisplayQueue(Q);
DeQueue(Q,e);
printf(" % d 出队\n",e);
printf("当前队列长度为: % d\n",QueueLength(Q));
if(!EmptyQueue(Q))
    printf("当前队列非空\n");
else
    printf("当前队列为空\n");
EnQueue(Q,k);
printf("新值入队后:");
DisplayQueue(Q);
ClearQueue(Q);
printf("清空操作后:");
if(!EmptyQueue(Q))
    printf("当前队列非空\n");
else
    printf("当前队列为空\n");
DestroyQueue(Q);
printf("队列已销毁\n");
return 0;
}
```

6. 运行结果参考

程序测试用例的运行结果如图 2-6 所示。

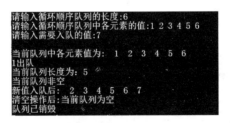

图 2-6   程序部分测试用例的运行结果

7. 延伸思考

(1) 解决区分循环顺序队列的队空和队满的判断问题通常采用以下 3 种方法。

① 少用一个存储单元。

② 增设一个标志变量或域变量 flag,初始值为 0。每当入队成功后就置为 1;每当出队成功后就置为 0。

③ 增设一个计算器变量或域变量 num,初始值为 0,每当入队成功后加 1;每当出队成

功后减 1。

本实践中采用的是方法①，如果采用后两种方法，各自的判空和判满条件是什么？相应的入队和出队操作算法该如何修改？

（2）若假设将循环顺序队列定义为：以域变量 rear 和 length 分别指示循环顺序队列中队尾元素的位置和内含元素的个数，请写出相应的入队和出队操作的算法。

提示：满足上述条件的循环顺序队列 Q 的存储结构描述及队空和队满条件说明如下。

① 存储结构描述。

```
#define MAXQSIZE 100
typedef struct
{   QElemType * base;          //连续存储空间基地址
    int rear;                  //队尾指针,指向队尾元素的位置
    int length;                //队列的长度
}CyQueue;
```

② 队空条件。

Q. length==0。

③ 队满条件

Q. length==MAXQSIZE。

2.1.4 链队列的基本操作

1. 实践目的

（1）能够正确描述队列的链式存储结构在计算机中的表示。

（2）能够正确编写链队列上基本操作的实现算法。

（3）能够编写程序验证在链队列上实现基本操作算法的正确性。

2. 实践内容

创建链队列，并在链队列上实现出队、入队、判空等基本操作。

3. 实践要求

1）数据结构

链队列的存储结构描述如下：

```
typedef struct QNode                   // 结点类型
  {   QElemType data;
      struct QNode * next;
  } QNode, * QueuePtr;
typedef struct                         // 链队列类型
{   QueuePtr front;                    // 队首指针
    QueuePtr rear;                     // 队尾指针
} LinkQueue;
```

2）函数的接口说明

```
Status InitQueue(LinkQueue &Q);
//创建一个空的链队列 Q
Status EnQueue(LinkQueue &Q,QElemType e);
//入队：在链队列 Q 中插入新的元素 e,使其成为新的队尾元素
```

```
Status DeQueue(LinkQueue &Q,QElemType &e);
//出队：在链队列 Q 中删除队首元素,并用 e 返回其值
int QueueLength(LinkQueue Q);
//求链队列 Q 中数据元素的个数并返回其值
void DestroyQueue(LinkQueue &Q);
//销毁已经存在的链队列 Q
void ClearQueue(LinkQueue &Q);
//清空已经存在的链队列 Q
Status EmptyQueue(LinkQueue Q);
//判断链队列 Q 是否为空,若空返回 TRUE; 否则返回 FALSE
Status Display(LinkQueue Q);
//从队首到队尾,依次输出链队列 Q 中各数据元素的值
```

3）输入输出说明

输入说明：输入信息分 3 行,第 1 行输入当前链队列长度 n；第 2 行输入 n 个整型数据元素,各个元素之间要用空格或者回车隔开；第 3 行输入需要入队的元素值。

输出说明：输出信息分 7 行,在输入第 2 行的信息并回车后要求以一行输出已创建的链队列中各元素值（从队首到队尾依次输出）,数据值之间用一个空格隔开；第 2 行中输出当前出队元素的值；第 3 行输出当前队列的长度；第 4 行输出当前队列是否为空的判断结果；第 5 行输出入队操作后当前队列中各元素的值；第 6 行在执行完清空队列操作后,输出"当前队列为空"。第 7 行执行销毁操作后,输出"队列已销毁"。

4）测试用例

测试用例信息如表 2-4 所示。

表 2-4　测试用例

输　　　入	输　　　出
请输入链队列的长度：6	当前队列中各元素值为：1 2 3 4 5 6
请输入链队列中各结点的值：1 2 3 4 5 6	1 出队
请输入需要入队的值：7	当前队列长度为：5
	当前队列非空
	新值入队后：2 3 4 5 6 7
	清空操作后：当前队列为空
	队列已销毁

4. 解决方案

现将链队列设计成一个带头结点的单链表,当链队列为空时,链中只有一个头结点,且队首指针和队尾指针均指向头结点,因此,链队列判空的条件为 Q. front ＝＝Q. rear。链队列的存储结构示意图如图 2-7 所示。

上述部分接口的实现方法分析如下。

（1）创建空的链队列操作 InitQueue(&Q)：先用 malloc 函数分配一个结点（即头结点）大小的存储空间,并使队首指针和队尾指针均指向该结点,同时将该结点的指针域置为空。

（2）链队列入队（插入）操作 EnQueue(&Q,e)：根据入队操作要求,其实现的主要步骤归纳如下。

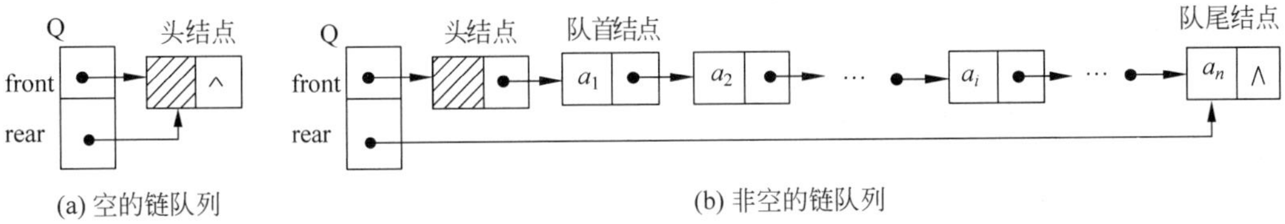

图 2-7 链队列的存储结构示意图

① 创建数据域值为 e 的新结点,用指针 p 指向该结点并使其指针域置空。

② 将新结点链接到当前队尾结点的后面,使其成为新的队尾结点。

③ 修改 Q. rear 的值,使其始终指向队尾结点。

(3) 链队列出队(删除)操作 DeQueue(&Q, &e):根据出队操作要求,其实现的主要步骤如下。

① 判断链队列是否为空,若为空,则结束算法;否则转②。

② 用指针 p 指向待删除的队首结点,并用 e 保留其数据元素的值。

③ 修改相关链指针,使队首结点从链队列中脱离出来。

④ 若待删除结点是当前链队列中的最后一个结点,则需修改队尾指针,使其指向队头结点。

⑤ 释放被删结点空间。

说明:在一般情况下,出队仅需修改队首指针,但当队列中最后一个结点被删除后,队列尾指针也会丢失,因此需对队尾指针重新赋值(指向头结点)。

(4) 链队列的清空和销毁操作 ClearQueue(&Q)和 DestroyQueue(&Q):清空和销毁操作都是一个从队首结点开始依次将链队列中的所有结点逐个动态删除的过程。但两者的区别在于,清空链队列后,链队列中仅剩头结点,队首指针和队尾指针均指向头结点;而销毁链队列,链队列中所有结点空间全部释放,队首指针和队尾指针均为空值。

5. 程序代码参考

```
# include < stdio. h >
# include < malloc. h >
# include < stdlib. h >
# define OK 1
# define TRUE 1
# define ERROR 0
# define FALSE 0
# define OVERFLOW - 2
typedef int Status;
typedef int QElemType;
typedef struct QNode
{   QElemType data;                        // 结点类型
    struct QNode  * next;
  } QNode,  * QueuePtr;
typedef struct                             // 链队列类型
{   QueuePtr front;                        // 队首指针
    QueuePtr rear;                         // 队尾指针
```

```
  } LinkQueue;

  Status InitQueue(LinkQueue &Q)
  //创建一个空的链队列 Q
  {   Q.front = (QueuePtr)malloc(sizeof(QNode));       //为链队列的头结点分配空间
      if(!Q.front)
          return OVERFLOW;                             //分配空间失败
      Q.front -> next = NULL;
      Q.rear = Q.front;                                //队尾指针也指向头结点
      return OK;
  }

  Status EnQueue(LinkQueue &Q,QElemType e)
  //入队: 在链队列 Q 中插入新的元素 e,使其成为新的队尾元素
  {   QueuePtr p;
      p = (QueuePtr)malloc(sizeof(QNode));             //为新结点分配存储空间
      if(!p)
          return ERROR;                                //分配空间失败
      p -> data = e;                                   //e 存入新结点的数据域
      p -> next = NULL;                                //新结点指针域赋值为 NULL
      Q.rear -> next = p;                              //链接到当前队尾结点之后
      Q.rear = p;                                      //尾指针指向新的队尾结点
      return OK;
  }

  Status DeQueue(LinkQueue &Q,QElemType &e)
  //出队: 在链队列 Q 中删除队首元素,并用 e 返回其值
  {   QueuePtr p;
      if(Q.rear == Q.front)                            //队空
          return ERROR;
      p = Q.front -> next;                             //指针 p 指向待删除的队首结点
      e = p -> data;                                   //用 e 保存队首结点的数据元素值
      Q.front -> next = p -> next;                     //修改链指针使队首结点从链中脱离
      if(p == Q.rear)                                  //如果被删结点是队尾结点
          Q.rear = Q.front;                            //修正队尾指针
      free(p);                                         //释放待删结点空间
      return OK;
  }

  int QueueLength(LinkQueue Q)
  //求链队列 Q 中数据元素的个数并返回其值
  {   QueuePtr p = Q.front -> next;                     //指针 p 指向队首元素
      int i = 0;
      while(p)
      {   i++;
          p = p -> next;
      }
      return i;
  }
```

```
void DestroyQueue(LinkQueue &Q)
//销毁已经存在的链队列 Q
{   while(Q.front)                    //包括头结点在内的所有结点空间全部释放,头尾指针均为 NULL
    {   Q.rear = Q.front -> next;
        free(Q.front);
        Q.front = Q.rear;
    }
}


void ClearQueue(LinkQueue &Q)
//清空已经存在的链队列 Q
{   QueuePtr p;
    while(Q.front -> next)            //队列中仅有头结点,头尾指针均指向头结点
    {   p = Q.front -> next;
        Q.front -> next = p -> next;
        free(p);
    }
    Q.rear = Q.front;
}


Status EmptyQueue(LinkQueue Q)
//判断链队列 Q 是否为空,若为空返回 TRUE; 否则返回 FALSE
{   if(Q.front == Q.rear)
        return TRUE;
    else
        return FALSE;
}


Status DisplayQueue (LinkQueue Q)
//从队首到队尾,依次输出循环队列 Q 中各数据元素的值
{   QueuePtr p;
    if(Q.rear == Q.front)
        return ERROR;
    p = Q.front -> next;
    while(p)
    {   printf(" % d ",p -> data);
        p = p -> next;
    }
    printf("\n");
    return OK;
}


int main()
{   LinkQueue Q;
    QElemType e,k;
    int i,n;
    InitQueue(Q);
    printf("请输入链队列的长度:");
```

```
scanf("%d",&n);
printf("请输入链队列中各结点的值:");
for(i=1;i<=n;i++)
{   scanf("%d",&e);
    EnQueue(Q,e);
}
printf("请输入需要入队的值:");
scanf("%d",&k);
printf("\n");
printf("当前队列中各元素值为:");
DisplayQueue(Q);
DeQueue(Q,e);
printf("%d 出队\n",e);
printf("当前队列长度为: %d\n",QueueLength(Q));
if(!EmptyQueue(Q))
    printf("当前队列非空\n");
else
    printf("当前队列为空\n");
EnQueue(Q,k);
printf("新值入队后:");
DisplayQueue(Q);
ClearQueue(Q);
printf("清空操作后:");
if(!EmptyQueue(Q))
    printf("当前队列非空\n");
else
    printf("当前队列为空\n");
DestroyQueue(Q);
printf("队列已销毁\n");
return 0;
}
```

6. 运行结果参考

程序测试用例的运行结果如图 2-8 所示。

图 2-8　程序测试用例的运行结果

7. 延伸思考

(1) 假设采用带头结点的循环单链表来表示队列,并且只设一个指向队尾结点的指针(不设队首指针),存储结构示意图如图 2-9 所示。试给出此存储结构描述,并写出相应的队列初始化(创建空队列)、入队、出队等相关操作算法。

(2) 现有一游戏,游戏规则如下:6 个孩子围成一个圈,排列顺序孩子们自己定。第一个孩子手里有一个烫手的山芋,需要在计时器计时 1 秒钟后将山芋传递给下一个孩子,依次类推。计时器每计时 7 秒钟时,手里有山芋的孩子退出游戏。该游戏直到剩下一个孩子时结束,最后剩下的孩子获胜。请使用上述链队列模拟该游戏,并输出最终获胜的孩子是排在第几的位置上。

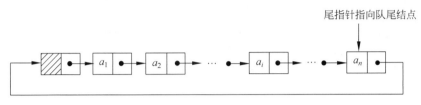

图 2-9　循环单链表表示队列存储结构示意图

2.2　进阶实践

2.2.1　商品展示架的整理

1. 实践目的

(1) 能够正确分析商品展示架整理要解决的关键问题及其解决思路。

(2) 能够根据商品展示架整理的操作特点选择适当的存储结构。

(3) 能够运用栈基本操作的实现方法设计商品展示架整理的关键操作算法。

(4) 能够编写程序模拟商品展示架整理的实现,并验证其正确性。

(5) 能够对实践结果的性能进行辩证分析或优化提升。

2. 实践内容

超市内商品的信息包括商品编号和生产日期。用于商品展示的货架,是一个半封闭的货架,客人拿取商品,工作人员上架新的商品,都只能固定在开放的一端进行。当工作人员上架新商品时,需要整理展示架上的商品,使生产日期较早的商品放在靠近固定开放的一端。请编程模拟对商品展示架中已有商品按生产日期进行整理的过程。

3. 实践要求

(1) 为使上述商品展示架整理过程具有普适性,要求货贺中已有的商品数量及其商品信息由用户自主设定。

(2) 综合分析本实践处理对象及其操作特性,自主选择恰当的数据存储结构。

(3) 抽象出本实践中所涉及的关键性操作模块,并给出其接口描述及其实现算法。

(4) 输入输出说明。

① 输入:先输入商品的数量,再分别输入商品编号和生产日期。其中生产日期的输入格式为"2021-12-24"。

② 输出:先输出未整理前展示架上的所有商品的相关信息(无序),再输出经过整理后展示架上的所有商品的相关信息(按生产日期排序后)。

4. 解决方案

1) 数据结构

因为商品展示架是一个半封闭的货架,商品放置到展示架以及从展示架中取货物都只能在固定开放的一端进行，其操作满足"后进先出"的操作特性，因此本实践中将商品展示架看成是一个栈，在整理展示架时，需将生产日期最早的放到栈顶位置，实际上就是根据生产日期的早晚，对栈内的各元素进行排序。而栈在计算机中的表示有顺序栈和链栈两种，在本实践中拟采用顺序栈实现，其存储结构描述如下：

```
typedef struct
{    SElemType * base;              //商品信息的存储空间基地址(栈底指针)
     SElemType * top;              //指示栈顶元素的下一存储单元的位置(栈顶指针)
     int stacksize;               //栈当前的存储空间容量
}SqStack;
```

其中，由于商品信息包括商品编号和商品生产日期两部分，生产日期又由年、月和日组成，因此商品信息的结构体类型可定义如下：

```
typedef struct                     //声明结构体 Production 用于表示生产日期
{    int year;
     int month;
     int day;
}Production;
typedef struct
{    int number;                   //商品编号
     Production date;              //商品生产日期
}SelemType;
```

2）关键操作实现要点

工作人员整理商品展示架的过程，就是根据生产日期的早晚对展示架上的商品进行排序的过程。而生产日期是一个由年、月、日构成的结构体，不能直接进行两个生产日期数值间的比较。因此，本实践抽象出的关键操作是生产日期早晚的比较和根据生产日期早晚对栈内商品进行排序这两种操作。它们可以分别通过对应的两个功能函数来实现，其实现要点说明如下：

（1）两个生产日期早晚的比较。

由于生产日期是由年、月、日构成，要比较其早晚，则需要分别对其年份值、月份值和日期值的大小进行比较。当两个商品的生产日期的年份值不同，可以直接根据年份值的大小得到最后比较的结果；若年份值相同，则需进一步比较其月份值，如果月份值不同，则根据月份值的大小得到最后比较的结果；若月份值也相同，则需继续比较其日期值，最终根据日期值的大小得到最后比较的结果。

（2）根据生产日期的早晚对栈内商品进行排序。

假设用栈 S 存放商品展示架上的商品，整理商品展示架的操作实际上就是对栈 S 内的各商品按生产日期进行排序。这里需要借助一个额外的栈，假设声明为 temp 来存放排序过程中从 S 栈中临时取出的商品，排序过程的实现要点归纳如下。

① 当前栈 S 非空时，将栈 S 中当前栈顶商品出栈，并赋值给 e。

② 若临时栈 temp 当前为空，直接将 e 进 temp 栈。

③ 若临时栈 temp 非空，取 temp 栈顶商品并赋值给 f，然后对两个栈顶商品的日期值即 f. date 和 e. date 进行比较，若 f. date 的值大于 e. date，代表商品 f 的生产日期比商品 e 的

生产日期晚,则 f 从临时栈 temp 中出栈,重新入栈 S 中。重复这一过程直到 temp 栈顶商品的生产日期值小于 S 栈顶商品的生产日期值,或者 temp 栈已为空为止,结束后将当前商品 e 入 temp 栈。

④ 当前栈 S 为空时,将临时栈 temp 中的所有商品出栈并依次压入栈 S 中。

下面用如图 2-10 所示的示意图来描述排序中的某一个时刻进栈和出栈的过程,为了表述简洁,栈内元素用一个整数表示。

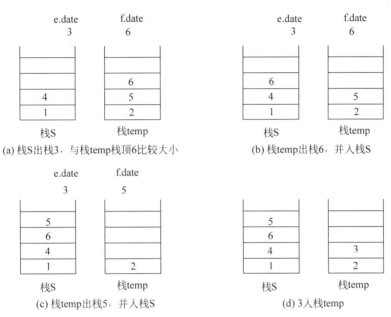

图 2-10　处理栈 S 的栈顶元素 3 的过程

3) 关键操作接口描述

int Compare(Production A,Production B);
//比较两个生产日期 A 与 B 的早晚,若 A 比 B 早则函数返回 1;否则函数返回 0
Status StackSort(SqStack &S);
//对栈 S 进行排序,生产日期较早的商品在栈顶

4) 关键操作算法参考

（1）两个生产日期早晚的比较算法。

```
int Compare(Production A,Production B)
//比较两个生产日期 A 与 B 的早晚,若 A 比 B 早则函数返回 1;否则函数返回 0
{   if(A. year < B. year)
        return 1;
    if(A. year == B. year && A. month < B. month)
        return 1;
    if(A. year == B. year && A. month == B. month && A. day < B. day)
        return 1;
    return 0;
}
```

（2）根据生产日期的早晚对栈内商品进行排序的算法

```
Status StackSort(SqStack &S)
//对栈 S 进行排序,生产日期较早的商品在栈顶
{   SqStack temp;
    InitStack(temp);
    SElemType e,f;
    while(!StackEmpty(S))          //当前栈 S 非空时
    {  Pop(S,e);                   //当前栈 S 栈顶元素出栈,并用 e 返回
        while(!StackEmpty(temp))   //若临时栈 temp 非空
        {  GetTop(temp,f);         //取临时栈 temp 当前栈顶元素的值,并用 f 返回
            if(Compare(f.date,e.date) == 0)
                                   //若商品 f 的生产日期晚于商品 e 的生产日期(e 比 f 早生产)
            {   Pop(temp,f);       //临时栈 temp 中当前栈顶元素出栈,用 f 返回
                Push(S,f);         //将商品 f 放回到栈 S 中
            }
            else
                break;
        }
        Push(temp,e);             //商品 e 进临时栈 temp
    }
    while(!StackEmpty(temp))      //临时栈 temp 非空时,依次出栈并进栈 S
    {  Pop(temp,e);
        Push(S,e);
    }
    return OK;
}
```

5. 程序代码参考

扫码查看:2-2-1.cpp

6. 运行结果参考

程序部分测试用例的运行结果如图 2-11 所示。

图 2-11　程序部分测试用例的运行结果

7. 延伸思考

(1) 增加一个算法,用于生产日期输入时的合法性判断。

(2) 在本实践中借用了一个额外的栈存放临时商品信息,是否还有其他更好的方法?

(3) 如果要在模拟商品展示架的栈内增加新商品,而且当前栈内商品已按生产日期排好序,即是一个单调栈,要求新商品加入栈后,栈内信息仍保持其单调性,则相关算法应如何设计?

2.2.2 符号匹配

1. 实践目的

(1) 能够正确分析符号匹配要解决的关键问题及其解决思路。

(2) 能够根据符号匹配的操作特点选择适当的存储结构。

(3) 能够运用栈的基本操作实现方法设计符号匹配中关键操作算法。

(4) 能够编写程序验证符号匹配中算法设计的正确性。

(5) 能够对实践结果的性能进行辩证分析或优化提升。

2. 实践内容

编写程序检查 C 语言源程序中下列符号是否配对:"("与")"、"["与"]"、"{"与"}"、"/ * "与" * /"。

3. 实践要求

(1) 综合分析本实践处理对象及其操作特性,选择恰当的数据存储结构。

(2) 抽象出本实践中所涉及的关键性操作模块,并给出其接口描述及其实现算法。

(3) 输入输出说明及测试用例如下。

① 输入说明:输入一个 C 语言源程序代码。允许多行输入,当读到某一行中有一个"♯"和一个回车时,标志着输入结束,并将输入的代码(不包括最后输入的"♯")写入文件中。

② 输出说明:检查文件里的 C 语言源程序代码,如果所有符号配对成功,则在第一行输出"经检查:匹配"。如果不成功,则在第一行输出"经检查:不匹配",并在第二行中指出第一个不匹配的符号;如果缺少左符号,则输出"右符号缺左半符";如果缺少右符号,则输出"左符号缺右半符"。

特别说明:在检查所有符号配对是否成功的过程中,当检查到文件结束,代表全部匹配成功,返回 0 并输出"经检查:匹配"。若在检查的过程中,有不配对的情况出现,则直接结束整个检查过程,同时记录出错的类型(1 表示右半符不匹配,2 代表左半符不匹配),并记录当前不配对的符号类型。最后根据出错类型和不配对的符号类型,输出对应的提示信息。

③ 测试用例

测试用例如表 2-5 所示。

表 2-5　测试用例

序号	输　　入	输　　出	说　　明
1	```void test1()
{
int a[5] = {1,2,3,4,5}; / ** /
}
#```	经检查：匹配	匹配正确
2	```void test2()
{
int a[5] = {1,2,3,4,5}; / * /
}
#```	经检查：不匹配 / * 缺右半符	缺右边 * /
3	```void test3()
{ int a,b,c,d,e,f;
a = (b + c/(d * e) * f;
}
#```	经检查：不匹配 (缺右半符	左圆括号多余
4	```void test4()
{
int a[5] = {1,2,3,4,5}; / ** /
}
}
#```	经检查：不匹配 } 缺左半符	右大括号多余

4. 解决方案

1）数据结构

由于一个符号和它所匹配的符号可以被其他的符号分开，即符号允许嵌套，因此，一个给定的右符号只有在其前面的所有右符号均匹配后才可以进行匹配。可见，最先出现的左符号在最后才能进行匹配，其符合栈的操作特性。在本实践中仍然拟采用顺序栈来实现，其存储结构描述如下：

```
typedef struct
{   SElemType * base;              //栈的存储空间基地址(栈底指针)
    SElemType * top;              //指示栈顶元素的下一存储单元的位置(栈顶指针)
    int stacksize;              //栈当前的存储空间容量
}SqStack;
```

其中的 SElemType，根据采用的算法不同会有不同的定义。本实践中的 SElemType 类型的定义，在后面的关键操作实现要点中给出。

2）关键操作实现要点

首先，本实践中需要将输入的 C 语言的源程序代码写入文件中，再在文件中逐个检查需要做匹配的字符是否匹配。因此，涉及文件的读写操作。在测试用例中表明，C 语言的源程序可分多行输入，当前读入的字符为"♯"且下一个字符为回车时，输入结束，文件写操作也结束。在检查的过程中，当读到文件结束时，表示全部检查结束。

另外,需要从输入的 C 语言源程序中判断出需要做匹配的字符,其他普通字符不做处理。其中,需要匹配的字符又分为左半符、右半符两种情况进行处理,当需匹配的为左半符时则暂存在栈中,而需匹配的为右半符时则需要检查此右半符是否与当前最近的未曾配对的左半符匹配。从上述分析可知,本实践需要解决下面四个关键操作问题,其实现要点说明如下。

(1) 文件的写操作。

读取字符写入指定文件的过程中,需要注意一点:如果当前读取的字符是"♯"时,需再读取当前字符的下一个字符,若下一个字符是回车,则代表读取结束。

本实践采用"w+"的方式为读/写建立一个新的文本文件,即先新建一个文件,再向此文件写数据,然后可以读此文件中的数据。这里需要注意的是,当数据写入结束,文件指针指向文件末尾。若需要从头开始读取文件中的数据时,需调用 rewind() 函数,将文件指针移到文件头。当文件读写操作结束后,需要调用 fclose() 函数,关闭该文件,以防止它再被误用。

(2) 判断当前读取的是哪种类型的字符。

输入的 C 语言源程序中包含必须匹配的符号和其他普通字符。我们在判断符号是否匹配前,需要判断当前读取字符的类型。判断字符类型的方法有很多,为了后面处理的方便,在本实践中通过一个枚举类型 Symbol 来表明不同类型的字符,其定义如下:

```
typedef enum{ret,lc,lbrc,lbrkt,lpr,rc,rbrc,rbrkt,rpr,others}Symbol; //符号类型
```

其中 ret 代表回车;others 代表其他不用配对的字符;以 l 开头的对应左半符,依次是左注释符"/ * ",左大括号"{",左方括号"[",左圆括号"(";以 r 开头的对应右半符,与左半符顺序一一对应。

在读取字符时要特别注意左右注释符的处理,因为它们是由两个字符组成的。当读取的字符是"/"时,需要再读取后一个字符,如果是字符" * ",则处理成左半符 lc,如果不是字符" * ",则说明"/"是不需要处理的普通字符。右注释符的处理方法类似。在本实践中将根据读取的字符将其转换成对应的 Symbol 类型。因此 SElemType 类型需要做如下定义:

```
typedef Symbol SElemType;
```

(3) 判断当前两个符号(左半符和右半符)是否匹配。

先将(1)中读取的字符处理成枚举类型,由于枚举类型中左右半符的顺序是一一对应,则判断左右半符是否配对的算法可简化为判断左右字符的间距是否一样。例如:lc 的值为 1,对应左注释符"/ * "; rc 的值为 5,对应右注释符" * /",两个字符值相差为 4。同样"{"与"}","["与"]","("与")"左右半符的差值均为 4。

(4) 检查 C 语言源程序代码中符号是否匹配。

先初始化一个空栈,从待判断的 C 语言源程序代码中不断读取字符,若读到的是左半符时,则将它压入栈中,若读到的是右半符时,则分以下两种情况处理。

① 若当前栈为空栈,则报错(右半符多余),匹配失败。

② 若当前栈为非空,则取当前栈顶元素的值,若当前栈顶元素的左半符与读入的右半符不匹配,则报错(左右半符不匹配),匹配失败。如果当前栈顶元素的左半符与读入的右半符匹配,则当前栈顶元素出栈,即消去一对正常匹配的符号。

重复上述操作,读到文件结束为止。当读到结束符时,如果栈为空(即所有左右分隔符都已经匹配),则表示匹配成功,否则报错(左半符多余),匹配失败。

在匹配不成功的时候,直接结束整个匹配过程。结束时为了最后输出结果的方便,除了需要知道其返回的错误类型外,还需要知道不匹配的左或右符号是什么。如表 2-4 中测试用例 2,除了输出"经检查:不匹配"外,还需要输出"/ * 缺右半符"。因此需要保留当前匹配不成功时左右半符的相关信息。

3) 关键操作接口描述

```
void WriteFile(FILE * fp);
//将从键盘输入的字符写入文件指针 fp 所指向的文件中,直到读取结束为止
Symbol GetFlag(FILE * fp,char ch);
//返回当前从文件中读取字符 ch 的类型,返回值类型为枚举类型 Symbol
Status IsMatch(Symbol f1,Symbol f2);
//判断当前右半符 f1 和左半符 f2 是否匹配,若匹配返回 TRUE,若不匹配返回 FALSE
int CheckMatch(FILE * fp,Symbol * F1,Symbol * F2);
//从文件指针 fp 所指向的文件中读取 C 语言源程序代码,并检查其中的左右半符是否匹配。若全
//部匹配则返回 0;若不匹配,用 F1 返回当前检测到的符号,用 F2 返回当前最近未配对的左半符,
//同时返回出错类型,返回 1 代表右半符不匹配,返回 2 代表左半符不匹配
```

4) 关键操作算法参考

(1) 文件写操作的算法。

```
void WriteFile(FILE * fp)
//将从键盘输入的字符写入文件指针 fp 所指向的文件中,遇到读取为止
{    printf("输入(以'♯'和回车结束):\n");
    char ch,t;
    ch = getchar();
    while (1)
     {   if(ch == '♯')
        {   t = getchar();                    //当前字符为♯,读取下一个字符
            if(t == '\n')
                break;                         //若下一个字符为回车,代表读取结束
            else
              //若当前字符的下一个字符不是回车,将当前字符和其下一个字符均写入文件中
                {   fputc(ch, fp);
                    fputc(t, fp);
                    ch = getchar();
                }
        }
        else
        {   fputc(ch, fp);
            ch = getchar();
        }
    }
}
```

（2）判断当前读取字符类型的算法。

```
Symbol GetFlag(FILE * fp,char ch)
//判断当前从文件中读取字符 ch 的类型,返回值类型为枚举类型 Symbol
{   switch(ch)
    {   case '\n': return ret;
        case '/':                    //若当前字符为'/',检查其下一个字符是否为'*'
                ch = fgetc(fp);
                if(ch == '*')
                    return lc;
                else
                    return GetFlag(fp,ch);
        case '{': return lbrc;
        case '[': return lbrkt;
        case '(': return lpr;
        case '*':                    //若当前字符为'*',检查其下一个字符是否为'/'
                ch = fgetc(fp);
                if(ch == '/')
                    return rc;
                else
                    return GetFlag(fp,ch);
        case '}': return rbrc;
        case ']': return rbrkt;
        case ')': return rpr;
        default:return others;
    }
```

（3）判断当前左右半符是否匹配的算法。

```
Status IsMatch(Symbol f1,Symbol f2)
//判断当前右半符 f1 和左半符 f2 是否匹配,匹配返回 TRUE,不匹配返回 FALSE
{   if(f1 - f2 == 4)
        return TRUE;        //匹配的左右半符值相差 4
    else
        return FALSE;
}
```

（4）检查 C 语言源程序代码中符号是否匹配的算法。

```
int CheckMatch(FILE * fp,Symbol * F1,Symbol * F2)
//从文件指针 fp 所指向的文件中读取 C 语言源程序代码,并检查其中的左右半符是否匹配.若全部
//匹配则返回 0;若不匹配,用 F1 返回当前检测到的符号,用 F2 返回当前最近未配对的左半符,同
//时返回出错类型,返回 1 代表右半符不匹配,返回 2 代表左半符不匹配
{   SqStack S;
    char ch;
    SElemType e;
    Symbol f;
    int mistaken = 0;                        //初始无错误
```

```
    InitStack(S);
    while(1)
    {   ch = fgetc(fp);
        if(ch == EOF)
            break;                          //读取到文件尾
        else
        {   switch(f = GetFlag(fp,ch))
            {   case lc:
                case lbrc:
                case lbrkt:
                case lpr:
                        Push(S,f);break;        //左半符进栈
                case rc:
                case rbrc:
                case rbrkt:
                case rpr:
                        if(StackEmpty(S))
                            mistaken = 1;
                        else
                        {   GetTop(S,e);
                            if(!IsMatch(f,e))
                            mistaken = 2;
                        else
                            Pop(S,e);
                        }
                    break;
                case ret:break;
                default:break;
            }
            if(mistaken)
                break;
        }
    }
    if(!mistaken &&!StackEmpty(S))mistaken = 2;
    ( * F1) = f;
    GetTop(S,e);
    ( * F2) = e;
    return mistaken;
}
```

5. 程序代码参考

扫码查看：2-2-2.cpp

6. 运行结果参考

程序测试用例的运行结果如图 2-12 所示。

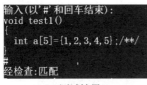
(a) 测试结果1

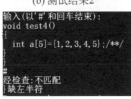
(b) 测试结果2

(c) 测试结果3

(d) 测试结果4

图 2-12　程序测试用例的运行结果

7. 延伸思考

（1）如果还需要检查"＜"和"＞"是否匹配，GetFlag 函数需要做什么修改？（注意区分大于号"＞"、小于号"＜"和指针引用符"-＞"。）

（2）如果在 CheckMatch 函数中只使用出栈函数 Pop，不用 GetTop 函数，则 CheckMatch 函数应做何修改？

（3）在本实践中，判断当前读取的字符是哪种类型和判断两个符号是否匹配，利用的是枚举类型及其值的特点，是否还有其他的方法，或者有更好的改进方法呢？

2.2.3　模拟医院就诊问题

1. 实践目的

（1）能够正确分析模拟医院就诊问题中要解决的关键问题及其解决思路。

（2）能够根据模拟医院就诊问题的操作特点选择恰当的存储结构。

（3）能够运用队列基本操作的实现方法设计模拟医院就诊问题中的关键操作算法。

（4）能够编写程序实现模拟医院就诊问题，并验证其正确性。

（5）能够对实践结果的性能进行辩证分析或优化提升。

2. 实践内容

病人到医院排队看病，在排队过程中，主要重复以下两件事情。

（1）病人到达诊室，将病历本交给护士，在等待队列中候诊。

（2）护士从等待队列中取出一位病人的病历，该病人进入诊室就诊。

要求编程模拟病人等待就诊这一过程。

3. 实践要求

（1）程序采用菜单方式，其选项及功能要求如下：

① 上班：初始化排列队列。

② 排队：输入排队病人的病历号，加入病人排队队列中。

③ 就诊：病人排队队列中最前面的病人就诊，并将其从队列中删除。

④ 查看排队：从队首到队尾列出所有排队病人的病历号。

⑤ 下班：列出当前剩下未就诊病人的病历号，并退出运行。

（2）分析医院模拟就诊程序中的处理对象及其操作特性，自主选择恰当的数据存储结构。

（3）抽象出本实践中所涉及的关键性操作模块，并给出其接口描述及其实现算法。

（4）输入输出说明：所有需要输入的信息均通过键盘输入。

① 在"上班"功能模块中：当第 1 次选择"上班"时，输出"上班，请按序就诊"，后面再次选择时，输出"当前是上班时间"。

② 在"排队"功能模块中：输入排队病人的病历号，加入病人排队队列中。若输入的病历号重复，要求用户重新输入。病历号由 5 位组成，前两位为就诊当日日期，后三位为当前排队序号。如病历号为"12001"，代表 12 日就诊的第 1 位病人。

③ 在"就诊"功能模块中：将当前就诊病人的病历号输出，并将其从病人排队队列中删除。

④ 在"查看排队"功能模块中：按顺序输出当前等待就诊的所有排队病人的病历号。

⑤ 在"下班"功能模块中：输出当前剩下未就诊的病人病历号，提醒就诊时间，并退出运行。

4. 解决方案

1）数据结构

根据实践内容中对医院模拟就诊程序的描述，可以将程序要处理的对象看成是由多位病人组成的一个队列，而就诊过程中的"上班"即为队列的初始化操作；"排队"即为队列的入队操作；"就诊"即为队列的出队操作；"查看排列"即对队列做输出操作；"下班"也是对当前队列做输出操作。根据这些操作特性，队列的存储结构可以采用顺序存储，也可以采用链式存储。在本实践中特意选用了只用一个尾指针标识的，而且带头结点的循环链队列作为其存储结构。这种存储结构相对于既设队首指针又设队尾指针的链式存储来说更简捷，而对队首元素和队尾元素的访问，其时间复杂度都为 $O(1)$。这种存储结构如图 2-13 所示，可将链队列的结点类型定义如下：

```
typedef int QelemType;
typedef struct QNode              // 结点类型
   {    QElemType data;           //存放病历号
      struct QNode * next;
   } CiQNode, * CiLinkQueue;
```

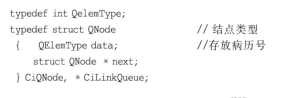

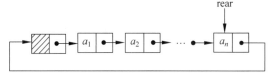

(a) 非空循环链队列的存储结构示意图　　　　(b) 空循环链队列的存储结构示意图

图 2-13　只用尾指针 rear 标识的循环链队列的存储结构示意图

2）关键操作实现要点

本实践中拟采用循环链队列，在此循环链队列上进行入队和出队操作，与本书 2.1.4 节中的在链队列上进行入队和出队操作的主要步骤相同，但需要特别注意以下几点。

（1）此循环链队列是通过一个指向队尾结点的指针 rear 来标识的，则 rear 指向队尾元素结点，rear-> next 指向队列头结点，而 rear-> next-> next 指向队首元素结点。

（2）在循环链队列中，判断当前队列为空的条件是 rear＝＝rear-> next。

（3）在循环链队列中，循环结束的条件是当前工作指针 p!＝rear-> next，且工作指针 p 的初始值应指向当前队首结点，即 p＝ rear-> next-> next。

本实践中的关键性操作是就诊排队的问题，主要是入队和出队操作。而且，在入队前还需要检查当前待入队的病历号是否已存在。入队和出队的实现要点分别说明如下。

（1）循环链队列的入队（插入）操作。

创建数据域值为 e 的新结点，用指针 p 指向该结点；将新结点链接到当前队尾指针的后面，使其成为新的队尾结点；修改 rear 的值，使其始终指向队尾结点。

（2）循环链队列的出队（删除）操作。

先判断链队列是否为空，若为空，则结束；用指针 p 指向待删除的队首结点，并用 e 保存其数据元素的值；再修改链指针，使队首结点从链队列中脱离出来；若待删除结点是当前链队列中的最后一个结点，则需修改队尾指针，使其指向队头结点；最后释放被删除结点的空间。

（3）查找当前输入的病历号在当前等待队列中是否存在。

要完成此操作只要依次对队列中的元素进行遍历，遍历过程中将当前访问到的元素值与当前输入的病历号值进行比较，如果相等，则操作结果返回 TRUE，表示队列中已存在当前输入的病历号；否则，当队列中所有元素都比较完成，也没找到与当前输入的病历号值相等的元素时，则操作结果返回 FALSE，表示队列中没有当前输入的病历号。

3）关键操作接口描述

```
Status EnQueue(CiLinkQueue &rear,QElemType e);
//入队，在链队列 rear 中插入新的元素 e,使其成为新的队尾元素
Status DeQueue(CiLinkQueue &rear,QElemType &e);
//出队，在链队列 rear 中删除队首元素，并用 e 返回其值
Status Position(CiLinkQueue Q,QElemType num);
//查找当前队列 rear 中是否有和 num 值相同的元素，若有返回 TRUE,否则返回 FALSE
```

4）关键操作算法参考

（1）循环链队列的入队（插入）算法。

```
Status EnQueue(CiLinkQueue &rear,QElemType e)
//入队，在链队列 rear 中插入新的元素 e,使其成为新的队尾元素
{   CiLinkQueue p;
    p = (CiLinkQueue)malloc(sizeof(CiQNode));       //为新结点分配存储空间
    if(!p)
        return ERROR;                               //分配空间失败
    p－> data = e;                                   //产生一个新结点
    p－> next = rear－> next;                         //直接把 p 加在 rear 的后面
    rear－> next = p;
    rear = p;                                       //修改尾指针
    return OK;
}
```

（2）循环链队列的出队（删除）算法。

```
Status DeQueue(CiLinkQueue &rear,QElemType &e)
//出队,在链队列 rear 中删除队首元素,并用 e 返回其值
{    CiLinkQueue p;
     if(rear == rear - > next)
        return ERROR;                        //队列已空
     p = rear - > next - > next;
     e = p - > data;
     rear - > next - > next = p - > next;
     if (p == rear)                          //当被删除的结点就是队尾结点时
        rear = rear - > next;                //删除结点后变成了空的链队列
     free(p);
     return OK;
}
```

（3）查找当前输入的病历号在当前等待队列中是否存在的算法。

```
Status Position(CiLinkQueue rear,QElemType num )
//查找当前队列 rear 中是否有和 num 值相同的元素,若有返回 TRUE,否则返回 FALSE
{    int flag = 0;
     CiLinkQueue p;
     p = rear - > next - > next;
     while(p!= rear - > next&&! flag)
     {    if(p - > data  == num)
             flag = 1;
          else
             p = p - > next;
     }
     if(flag)
        return TRUE;
     else
        return FALSE;
}
```

5. 程序代码参考

扫码查看：2-2-3.cpp

6. 运行结果参考

程序部分测试用例的运行结果如图 2-14 所示。

7. 延伸思考

在日常生活中,经常会碰到这些问题。

（1）病人初诊后需要做相应的检查,然后再回到诊室外继续排队等待复诊,初诊病人和

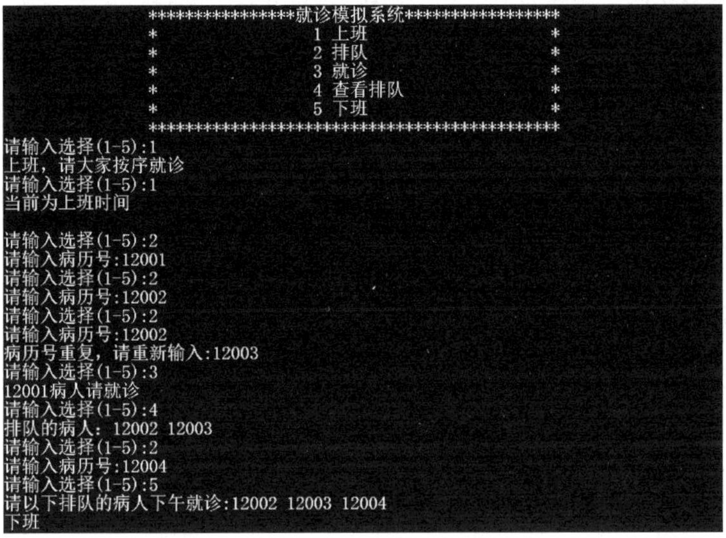

图 2-14 程序部分测试用例的运行结果

复诊病人都参与排队,交替叫号。

(2) 初次叫号若未按时就诊,顺延两个号后重新叫号。

(3) 军人、危急病人等符合条件的人员可以优先就诊。

如果需要按上面三个问题完善就诊系统,相关算法该如何改进?

2.2.4 动物之家

1. 实践目的

(1) 能够正确分析动物之家中要解决的关键问题及其解决思路。

(2) 能够根据动物之家的操作特点选择适当的存储结构。

(3) 能够运用队列基本操作的实现方法设计动物之家中的关键操作算法。

(4) 能够编写程序模拟动物之家的实现,并验证其正确性。

(5) 能够对实践结果的性能进行辩证分析或优化。

2. 实践内容

动物之家可以救助流浪动物,但只收狗与猫,且严格遵守"先进先出"的原则。当收养人想领养动物时,只能收养动物中"最老"(由其进入动物之家的时间长短而定)的动物,或者可以挑选猫或狗(同时必须收养此类动物中"最老"的)。换言之,收养人不能自由挑选想收养的对象,要求编程模拟收养的过程。

3. 实践要求

(1) 程序的功能要求如下:

① 根据用户输入的动物个数、动物编号和类型,分别排入不同的等待队列。

② 根据用户选择收养猫、狗或随机,进行相对应的处理。

③ 当选择退出后,输出剩下的待收养猫和狗的编号,若已全部收养完,则输出"无待收养的动物"。

(2) 分析动物之家中的处理对象及其操作特性,自主选择恰当的数据存储结构。

（3）抽象出本实践中所涉及的关键性操作模块，并给出其接口描述及其实现算法。

（4）输入输出说明：本实践要求输入的内容包括 3 项，分别是：动物的个数、动物的编号和类型（0 为猫，1 为狗）。动物编号由 5 位组成，前两位为动物之家编号，后三位为当前进入动物之家的动物编号（编号唯一）。如编号为"10001"，代表编号为 10 的动物之家中第 1 只进入的动物。输出的内容采用菜单方式，其选项及功能说明如下。

① 收养猫：输出可以收养的猫的编号。

② 收养狗：输出可以收养的狗的编号。

③ 随机收养：可以收养猫或者狗，但必须收养此类动物中"最老"的，输出其编号。

④ 退出：退出运行。若猫等待队列非空，则输出当前队列中所有编号；若为空，输出"无待收养的猫"。若狗等待队列非空，则输出当前队列中所有编号；若为空，输出"无待收养的狗"。

因为动物编号代表动物进入动物之家的时间长短，因此不论动物的种类是猫还是狗，编号是连续非重复的，且编号数值越小代表进入等待队列的时间越长。

4．解决方案

1）数据结构

根据实践内容中对动物收养问题的描述，可以将程序要处理的对象看成是由 n 只动物组成的一个队列，猫进猫的收养队列，狗进狗的收养队列，即可用队列的入队操作来模拟，并且入队时分别按照进入动物之家的先后顺序入队，从而能保证最早进入的动物在队首。而动物收养的过程可以用出队操作来模拟。又因为收容所容量一般是固定的，所以在本实践中拟采用循环顺序队列作为其存储结构来模拟该收养过程，一个动物用它的编号和类别信息来标识，但只需要根据动物的类别信息将其编号排入相应的队即可。存储结构定义如下：

```
typedef int QelemType;
typedef struct
{    QElemType * base;            //队列存储空间基地址
     int front;                   //指示队首元素存储单元的位置（队首指针）
     int rear;                    //指示队尾元素存储单元的位置（队尾指针）
}SqQueue;
```

为了保证程序的简洁性，把动物之家看成一个整体，因此有以下定义：

```
typedef struct
{    SqQueue dog;                 //狗等待队列
     SqQueue cat;                 //猫等待队列
     int dog_length;             //当前狗等待队列长度
     int cat_length;             //当前猫等待队列长度
} AnimalNode, * AnimalShelf;
```

2）关键操作实现要点

本实践要解决的关键问题实际上就是入队和出队的问题，只是在入队和出队中间要区分不同动物的类别。为此，我们要初始化一个空的动物之家，在入队时，因为有两个等待收养的队列，因此需要根据输入的动物类别，将其动物编号加入相应的队列；出队时，根据当前收养人选择的意愿收养队首对应的动物（即此类动物中"最老"的）。其中收养人的意愿有三种情况：或选择收养猫，或选择收养狗，或随机收养。同时为了操作方便，可以引进两个整型数组 animal[2]和 ret[2],animal 数组存放输入时的动物编号和类别,ret 数组存放收养的动物编号和类别。这两个数组中的两个数组元素均分别存放动物的编号和类别(例如,animal[0]存放动物编号,animal[1]存放动物类别,ret 数组同)。

根据以上分析,其关键操作的实现要点说明如下。

(1) 初始化空的动物之家。

给猫等待队列和狗等待队列分配存储空间,同时两个队列的初始长度赋值为 0。

(2) 入队。

根据当前 animal 数组中动物的类别加入对应的等待队列(0 为猫,1 为狗),如果动物类别 animal[1]为 0,则将当前输入的动物编号(animal[0])加入猫等待队列;若动物类别 animal[1]为 1,则将当前输入的动物编号(animal[0])加入狗等待队列。

(3) 收养人选择"收养猫"(猫队列出队)。

若猫等待队列非空,则队首元素出队,并将队首元素的值存放到 ret[0]中,ret[1]赋值为 0,猫等待队列长度 cat_length 减 1;否则 ret[0]和 ret[1]的值均为一1。

(4) 收养人选择"收养狗"(狗队列出队)。

若狗等待队列非空,则队首元素出队,并将队首元素的值存放到 ret[0]中,ret[1]赋值为 1,狗等待队列长度 dog_length 减 1。若队列为空,ret[0]和 ret[1]的值均为一1。

(5) 收养人选择"随机收养"。

在狗等待队列和猫等待队列均非空的情况下,先分别取两个队列中队首元素(动物编号的大小代表进入队列的时间早晚,其值越小代表进入的时间越长)并进行编号值的比较,选择其中较小者出队;若狗等待队列空且猫等待队列非空,则猫等待队列的队首元素出队;若猫等待队列空且狗等待队列非空,则狗等待队列的队首元素出队。若猫狗等待队列均为空,则当前无可以收养的动物,ret 数组元素值均赋值为一1。

3) 关键操作接口描述。

```
Status InitAnimalShelf(AnimalShelf &target);
//初始化动物之家 target
Status AnimalEnqueue(AnimalShelf &target, int animal[ ]);
//根据 animal 数组中的动物类别将待收养动物的编号入相应的等待队列
Status CatDequeue(AnimalShelf &target, int ret[ ]);
//收养猫,根据具体情况给 ret 数组赋值
Status DogDequeue(AnimalShelf &target, int ret[ ]);
//收养狗,根据具体情况给 ret 数组赋值
void AnyDequeue(AnimalShelf &target, int ret[ ]);
//随机收养动物,根据具体情况给 ret 数组赋值
```

4) 关键操作算法参考

(1) 初始化动物之家的算法。

```
Status InitAnimalShelf(AnimalShelf &target)
//初始化动物之家
{   target = (AnimalShelf)malloc(sizeof(AnimalNode));
    InitQueue(target->cat);                    //初始化猫等待队列
    InitQueue(target->dog);                    //初始化狗等待队列
```

```
    target - > cat_length = 0;              //猫等待队列长度为 0
    target - > dog_length = 0;              //狗等待队列长度为 0
    return OK;
}
```

（2）待收养动物分别入队的算法。

```
Status AnimalEnqueue(AnimalShelf &target, int animal[])
//根据 animal 数组中的动物类别将待收养动物的编号入相应的等待队列
{    if (animal[1] == 0)                    //若动物编号为 0,代表待收养的动物为猫
    {    EnQueue(target - > cat, animal[0]);   //将当前猫的编号入队
        target - > cat_length++;           //猫等待队列长度加 1
    }
    else                                   //若动物编号为 1,代表待收养的动物为狗
    {    EnQueue(target - > dog, animal[0]);   //将当前狗的编号入队
        target - > dog_length++;           //狗等待队列长度加 1
     }
     return OK;
}
```

（3）收养猫的算法。

```
Status CatDequeue(AnimalShelf &target, int ret[ ])
//收养猫,根据具体情况给 ret 数组赋值
{    QElemType e;
    if (!EmptyQueue(target - > cat))       //当前猫等待队列非空
    {    DeQueue(target - > cat,e);         //队首猫出队
        ret[0] = e;                        //ret[0]中存放猫的编号
        ret[1] = 0;                        //ret[1]中存放类别,0 为猫
        target - > cat_length -- ;         //猫等待队列长度减 1
     }
    else                                   //当前猫等待队列为空,ret 均为 - 1
     {  ret[0] = - 1;
        ret[1] = - 1;
      }
    return OK;
}
```

（4）收养狗的算法。

```
Status DogDequeue(AnimalShelf &target, int ret[])
//收养狗,根据具体情况给 ret 数组赋值
{    QElemType e;
    if (!EmptyQueue(target - > dog))       //当前狗等待队列非空
    {    DeQueue(target - > dog,e);         //队首狗出队
        ret[0] = e;                        //ret[0]中存放狗的编号
        ret[1] = 1;                        //ret[1]中存放类别,1 为狗
```

```
            target - > dog_length - - ;          //狗等待队列长度减1
        }
        else                                      //当前狗等待队列为空,ret 均为 - 1
        {   ret[0]  =  - 1;
            ret[1]  =  - 1;
        }
        return OK;
    }
```

（5）随机收养的算法。

```
void AnyDequeue(AnimalShelf &target, int ret[])
//随机收养动物,根据具体情况给 ret 数组赋值
{   QElemType e1,e2;
    if (EmptyQueue(target - > dog)&& EmptyQueue(target - > cat)) //当前狗等待队列和猫等待
                                                                 //队列均为空
    {   ret[0]  =  - 1;
        ret[1]  =  - 1;
    }
    else if (target - > dog_length ==  0)  CatDequeue(target, ret);//当前狗等待队列为空,
                                                                   //只能收养猫
    else if (target - > cat_length ==  0)  DogDequeue(target, ret);//当前猫等待队列为空,
                                                                   //只能收养狗
    else
    {   GetHead(target - > dog,e1);            //取狗等待队列中队首元素的值 e1
        GetHead(target - > cat,e2);            //取猫等待队列中队首元素的值 e2
        if (e1 < e2)                           //若 e1 < e2,代表狗入队时间更长
            DogDequeue(target,ret);            //收养的动物为狗,则狗队列出队
        else
            CatDequeue(target,ret);            //收养的动物为猫,则猫队列出队
    }
}
```

5. 程序代码参考

扫码查看:2-2-4.cpp

6. 运行结果参考

程序部分测试用例的运行结果如图 2-15 所示。

7. 延伸思考

（1）如果输入动物编号有重复,相关算法应如何修改?

（2）如果要求动物编号由系统自动生成,相关算法如何改进?

（3）本次实践中"最老"的动物,是由其进入动物之家的时间早晚而定,如果需要结合动

物本身的实际年龄大小,让年龄稍大的动物优先收养。本实践中对应的存储结构和算法应该如何修改?

(4)在存在优先级的队伍中,可以引入优先队列的概念。在优先队列中,元素被赋予优先级。当访问元素时,具有最高优先级的元素最先删除。优先队列具有最高级先出的行为特征。如果本实践采用优先队列实现,相应的算法应该如何修改?

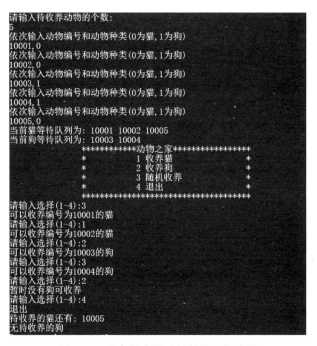

图 2-15　程序部分测试用例的运行结果

2.2.5　对口援疆城市的判断问题

1. 实践目的

(1)能够帮助学生了解"对口援疆"的战略意义,引导学生践行"党有号召、我有行动"的使命担当。

(2)能够正确分析对口援疆城市判断问题中要解决的关键问题及其解决思路。

(3)能够根据对口援疆城市判断问题的操作特点选择恰当的存储结构。

(4)能够运用栈基本操作的实现方法设计对口援疆城市判断问题中关键操作算法。

(5)能够编写程序模拟对口援疆城市的判定问题的实现,并验证其正确性。

(6)能够对实践结果的性能进行辩证分析和优化提升。

2. 实践背景

2010 年 3 月 30 日,全国对口支援新疆工作会议在北京闭幕,会议传递出中央通过推进新一轮对口援疆工作,加快新疆跨越式发展的信号,会议确定北京、天津、上海、广东、辽宁、深圳等 19 个省市承担对口支援新疆的任务。这 19 个省市承担对口支援新疆 12 个地州的 82 个县(市)以及新疆生产建设兵团的 12 个师,具体对应地区如表 2-6 所示。根据会议精神,19 个援疆省市将建立起人才、技术、管理、资金等全方位援疆的有效机制,把保障和改善民生置于优先位置,着力帮助各族群众解决就业、教育、住房等基本民生问题,支持新疆特色优势产业发展。

表 2-6　19 个省市对口援疆地区一览表

编号	省市	援疆对口地区
1	北京	和田地区的和田市、和田县、墨玉县、洛浦县及新疆生产建设兵团第十四师团场
2	上海	喀什地区巴楚县、莎车县、泽普县、叶城县
3	广东省	喀什地区疏附县、伽师县、兵团第三师图木舒克市
4	深圳市	喀什市、塔什库尔干塔吉克自治县
5	天津市	和田地区的民丰县、策勒县、于田县
6	辽宁省	塔城地区、兵团第八师、第九师
7	浙江省	阿克苏地区的 1 市 8 县和新疆生产建设兵团第一师的阿拉尔市
8	吉林省	阿勒泰地区阿勒泰市、哈巴河县、布尔津县和吉木乃县
9	江西省	克孜勒苏柯尔克孜自治州阿克陶县
10	黑龙江省	阿勒泰地区福海县、富蕴县、青河县和新疆生产建设兵团第十师
11	安徽省	和田地区皮山县
12	河北省	巴音郭楞蒙古自治州、兵团第二师
13	山西省	兵团第六师五家渠市、昌吉回族自治州阜康市
14	河南省	哈密地区、兵团第十三师
15	江苏省	克孜勒苏柯尔克孜自治州阿图什市、乌恰县,伊犁哈萨克自治州霍城县、兵团第四师 66 团、伊宁县、察布查尔锡伯自治县
16	福建省	昌吉回族自治州的昌吉市、玛纳斯县、呼图壁县、奇台县、吉木萨尔县、木垒县
17	山东省	喀什地区疏勒县、英吉沙县、麦盖提县、岳普湖县
18	湖北省	博尔塔拉蒙古自治州博乐市、精河县、温泉县与兵团第五师
19	湖南省	吐鲁番市

习近平总书记指出,对口援疆是国家战略,必须长期坚持,把对口援疆工作打造成加强民族团结的工程[①]。近几年来,在党中央坚强领导下,承担对口支援任务的各有关方面克服新冠肺炎疫情等不利影响,准确把握新时代对口援疆工作方向和重点,聚焦新疆各族群众急难愁盼问题精准发力,有效支持了新疆经济社会发展,助力了脱贫攻坚全面胜利和民生持续改善,促进了中华民族大团结,充分彰显了中国共产党领导的政治优势和中国特色社会主义的制度优势[②]。

3. 实践内容

如果输入一行信息,其中前面包含表 2-6 第 2 列中的若干省市名,后面包含表 2-6 第 3 列中的若干援助地区名。编写程序判断输入的字符串中省市与援助地区是否是表 2-6 中正确的对口援助关系。

扫码下载
2_2_5_
inputdata.txt

4. 实践要求

(1) 表 2-6 中的数据表明了 19 个省市与其援助地区的对应关系。现将每个省市和其援助地区的对应关系存放在"2_2_5_inputdata.txt"文件中(该文件可通过扫描二维码下载),

①　新华网.新华社评论员:长期坚持新时代党的治疆方略——学习贯彻习近平总书记在第三次中央新疆工作座谈会重要讲话,2020-09-28.

②　光明网——《光明日报》2021 年 07 月 22 日 03 版.

本实践要求通过读取文件的方式来获取到各省与援助地区对应关系的所有信息。

（2）综合分析本实践的处理对象及其操作特性,选择恰当的数据存储结构。

（3）抽象出本实践中所涉及的关键性操作模块,并给出其接口描述及其实现算法。

（4）输入输出说明及测试用例如下。

① 输入:在一行中,先输入若干省市名称,之间用一个空格隔开,并以"♯"结束;再输入若干援助地区名称,之间用一个空格隔开,并以回车结束。

② 输出:若各省市及其援助地区全部是正确的对口援助关系,则输出"全部对接成功",否则输出"对接不成功",同时输出相应的对接不成功的提示信息。

特别说明:从表 2-6 中已知,上海的对口援疆地区有莎车县,山东省的对口援疆地区有岳普湖县。如果输入"上海 山东省♯岳普湖县 莎车县"时,全部对接成功;当输入"上海 山东省♯莎车县 岳普湖县"时,对接不成功。所以,判断省市及其援助地区的对应关系是将输入的第一个援助地区和输入的最后一个省市做比对,后面的以此类推。比对顺序如图 2-16 所示。

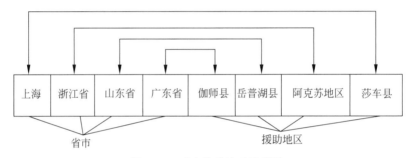

图 2-16 对应关系比对示意图

③ 测试用例信息如表 2-7 所示。

表 2-7 测试用例

序号	输 入	输 出	说 明
1	上海 浙江省 山东省 广东省♯伽师县 岳普湖县 阿克苏地区 莎车县	全部对接成功	全部为正确的对口援助关系
2	上海 浙江省 山东省 广东省♯伽师县 岳普湖县 阿克苏地区	对接不成功 上海缺少对口援助地区	省市个数多于对口援助地区数
3	上海 浙江省 广东省♯伽师县 岳普湖县 阿克苏地区	对接不成功 岳普湖县不是浙江省的对口地区,岳普湖县的对接省市应为山东省 对接不成功 阿克苏地区不是上海的对口地区,阿克苏地区的对接省市应为浙江省	省市个数与援助地区个数相同,但部分对口援助关系错误
4	上海 浙江省 广东省♯伽师县 阿克陶县	对接不成功 阿克陶县不是浙江省的对口地区,阿克陶县的对接省市应为江西省 对接不成功 上海缺少对口援助地区	省市个数多于对口援助地区数,且部分对口援助关系错误

序号	输　　入	输　　出	说　　明
5	♯阿克苏地区	对接不成功 阿克苏地区缺少对口省市	省市名称未输入
6	上海 浙江省♯	对接不成功 浙江省缺少对口援助地区 对接不成功 上海缺少对口援助地区	对口援助地区未输入

5. 解决方案

1）数据结构

本实践在输入说明中写明，在一行中先输入若干个省市名称，再输入若干个援助地区名称。而判断省市及其援助地区的对口援助关系是将输入的第一个援助地区和输入的最后一个省市做比对，为此，可以借助栈的"后进先出"操作特性来求解此问题。栈有顺序栈和链栈之分，在本实践中拟采用链栈实现，其存储结构描述如下：

```
typedef struct SNode
{    SElemType   data;            // 数据域
     struct SNode * next;         // 指针域
 } SNode, * LinkStack;            //其中 SNode 为结点类型名，LinkStack 为指向结点的指针类型名
```

因在本实践中处理的对象是省市名和援助地区名，可以分别看成是一个字符串，所以其中的数据元素类型定义为字符数组类型，其定义如下：

```
typedef char SElemType [50];     //省市名或援助地区名不超过 25 个汉字
```

2）关键操作实现要点

在本实践中，可以先将输入的省市名称依次进栈。然后再根据输入的援助地区名称，去检查其与栈顶的省市名两者是否对应。而比较各省市与援助地区是否对应，则需要从文件中读入对应关系并进行比较。为此，要解决下面三个关键问题，并对其实现要点说明如下：

（1）从文件中读取到表 2-1 中的各省市与援助地区的对应关系。

各省市与援助地区对应关系存放在"2_2_5_inputdata.txt"文件中，其文件的部分内容如图 2-17 所示。

```
北京 和田市
北京 和田县
北京 墨玉县
北京 洛浦县
北京 新疆生产建设兵团农十四师团场
上海 巴楚县
上海 莎车县
上海 泽普县
上海 叶城县
广东省 疏附县
广东省 伽师县
```

图 2-17 部分省市与援助地区的对应关系

从图 2-17 中可以得知，从文件中读取数据，需要用数组来存放对应关系中的省市名称和援助地区名称，因此需要定义一个结构体类型的数组：

```
typedef struct
{   char provincer[20];          //省市名
    char assistance[50];         //援助地区名
}Friends;                        //对应关系数据
Friends group[100];              //存放对应关系的结构体数组，全局变量
int index = 0;                   //记录结构体数组 group 的实际数组长度，全局变量
```

从"2_2_5_inputdata.txt"文件中逐行读取数据,给 group 数组相应的数组元素的两个成员分别赋值。

(2)根据当前援助地区的名称,查找并返回其对应的省市名称。

根据当前援助地区的名称,在 group 数组中,查找并返回其对应的省市名称。

(3)从输入的一行字符串中提取名称,并进行对口援助城市的判断问题。

在比较省市和援助地区的对应关系中,为了操作的方便,引进一个标志变量 t,初始值为 1(1 代表全部对接成功,0 代表有对接不成功情况)。

在用户输入的过程中,先输入省市名称,以"♯"标志省市名称输入结束;再输入援助地区名称,以回车结束。各个名称之间均用一个空格隔开。因此,先处理省市名称,从左到右依次读取字符,若当前字符不是空格,则存入临时字符数组中;若当前字符为空格或"♯",代表一个省市名称全部读取结束,在临时字符数组的最后添加"\0",并进行入栈操作。

当省市名称全部入栈完毕后,开始处理援助地区名称。读取援助地区名称的方法和读取省市名称的方法类似。但读取一个援助地区名称后的处理方法不同。当前读取字符为空格时,代表一个援助地区名称读取结束,如果当前栈为空栈,输出"××缺少对口省市",标志变量 t 赋 0 值,结束操作。如果当前栈非空,则取当前栈的栈顶元素(即省市名称),同时到 group 数组中,查找当前对口援助地区所对应的省市名称。如果两者名称相同,当前栈顶元素出栈,读取下一个对口援助地区名称;否则输出"××不是××的对口地区,××的对口省市应为××。"同时标志变量 t 赋值为 0。做完上述操作后将当前栈顶元素出栈,读取下一个对口援助地区名称,重复以上操作直到读取到回车为止。此时,如果当前栈为空栈且标志量 t 的值为 1,则表示全部对接成功;如果栈非空,代表省市个数多于对口援助地区个数,输出"××缺少对口援助地区"。

3)关键操作接口描述

```
Status ReadFile()
//从文件中读取数据给全局变量结构体数组 group 赋值
Status SearchInGroup(Selemtype e,char a[]);
//在 group 数组中查找当前 e 对应的省市名称,用数组 a 返回
Status Handle_str1(char s[]);
//根据当前输入的字符串 s,进行比对
```

4)关键操作算法参考

(1)从文件中读取到表 2-6 中的各省市与援助地区的对应关系。

```
Status ReadFile()
//从文件中读取数据给全局变量结构体数组 group 赋值
{    FILE * fp;
     fp = fopen("d:\\ 2_2_5_inputdata.txt ","r");              //只读的方式打开
     int i = 0;
     while(!feof(fp))
     {  fscanf(fp," % s % s",group[i].provincer,group[i].assistance);  //给 group 各成员赋值
        i++;
        if(getc(fp) == EOF)
            break;
```

```
        }
    index = i;                          //记录 group 数组的实际长度
    fclose(fp);
    return OK;
}
```

（2）根据当前援助地区的名称，查找并返回其对应的省市名称。

```
Status SearchInGroup(SElemType e,char a[])
//在 group 数组中查找当前 e 对应的省市名称,用数组 a 返回
{   for(int i = 0;i <= index;i++)              //查找
    if(strcmp(group[i].assistance,e) == 0)    //如果当前数组中援助地区的名称与 e 相同
    {   strcpy(a,group[i].provincer);         //将其对应的省市名称返回
        break;
    }
    return OK;
}
```

（3）从输入的一行字符串中提取名称，并进行对口援助城市的判断问题。

```
Status Handle_str1(char s[])
//根据当前输入的字符串 s 进行比对
{   char t1[20],t2[20],z[20],str[20];
    SElemType e1,e2,e;
    int i = 0,j = 0,t = 1;
    LinkStack top = NULL;                      //初始化一个空链栈
    for(i = 0;s[i]!= '#';i++)                  //从左自右读取字符
    if(s[i]!= ' ')                            //某一个省市名称的中间
    {   t1[j] = s[i];                          //赋值给临时数组 t1
        j = j + 1;
    }
    else if(s[i] == ' ')                      //某一个省市名称读取结束
    {   t1[j] = '\0';                          //t1 数组尾部添加'\0'
        strcpy(e1,t1);
        Push(top,e1);                          //入栈
        j = 0;                                 //j 重新赋值为 0,准备读入下一个名称
    }
    if(s[i] == '#')                           //最后一个省市名称读取结束
    {   if(i!= 0)                              //当省市名称无缺省
        {   t1[j] = '\0';
            strcpy(e1,t1);
            Push(top,e1);
            j = 0;
        }
    }
    for(i++;i <= strlen(s);i++)               //读取对口援助地区名称
    {   if(s[i]!= ' '&&s[i]!= '\0')            //某一个对口援助地区名称的中间
        {   t2[j] = s[i];
```

```
                j = j + 1;
            }
            else                                    //某一个对口援助地区名称读取结束
            {   if(j!= 0)
                {   t2[j] = '\0';
                    strcpy(e2,t2);
                    if(EmptyStack(top))             //若当前栈空
                    {   printf("对接不成功\n");
                        printf("%s 缺少对口省市\n",e2);
                        t = 0;
                        break;
                    }
                    GetTop(top,e);                  //取当前栈顶元素的值
                    SearchInGroup(e2,str);          //查找其对口省市的名称,赋值给 str
                    if(strcmp(str,e)!= 0)           //若当前栈顶元素的值与其对口省市名称不同
                    {   printf("对接不成功\n");
                        printf("%s 不是 %s 的对口地区, %s 的对接省市应为 %s\n",e2,e,e2,str);
                        t = 0;          //t 为 0 表示有匹配不成功的情况,1 表示匹配成功,其初始值为 1
                    }
                    Pop(top,e);         //出栈
                    j = 0;
                }
                else
                {   GetTop(top,e);
                    printf("对接不成功\n");
                    printf("%s 缺少对口援助地区\n",e);
                    Pop(top,e);
                    t = 0;
                }
            }
        }
    if(EmptyStack(top)&&t)                          //t 为 1 且栈空
        printf("全部对接成功\n");
    else if(!EmptyStack(top))                       //栈不空(省市有多余)
    {   GetTop(top,e);
        printf("对接不成功\n");
        printf("%s 缺少对口援助地区\n",e);
    }
    return OK;
}
```

6. 程序代码参考

扫码查看: 2-2-5.cpp

7. 运行结果参考

程序部分测试用例的运行结果如图 2-18 所示。

(a) 测试结果1

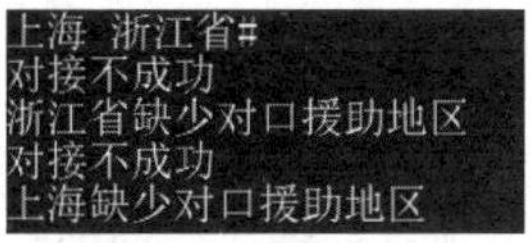

(b) 测试结果2

(c) 测试结果3

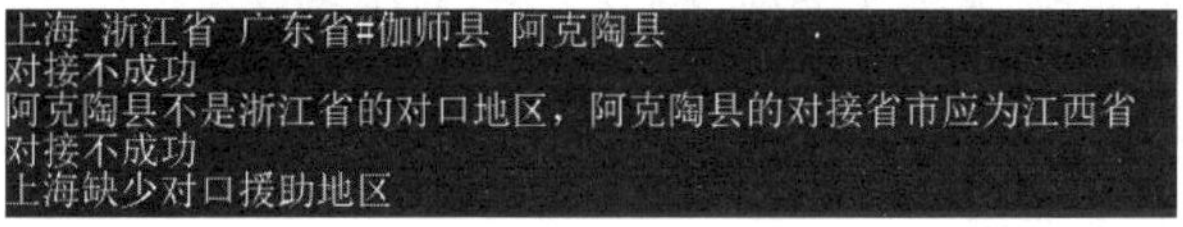

(d) 测试结果4

图 2-18　程序部分测试用例的运行结果

8. 延伸思考

(1)"2_2_5_inputdata.txt"中创建的对应关系是一对一的关系,如果采用一对多的对应关系(即一个省市对应多个对口援助地区),相应的搜索算法应该如何修改?是否有更好的存储对应关系的方法?

(2)输入时各个名称中间只用一个空格隔开,如果输入时各个名称之间有多个空格或者用回车分隔,算法中如何设计,才能去除所有的无效字符,正确地识别地区名称。

(3)在 SearchInGroup 函数中根据当前援助地区的名称,查找并返回其对应的省市名称时,用的是顺序查找,是否能用其他更快的查找算法来实现?

9. 结束语

习近平总书记指出,当前和今后一个时期,做好新疆工作,要完整准确贯彻新时代党的治疆方略,牢牢扭住新疆工作总目标,依法治疆、团结稳疆、文化润疆、富民兴疆、长期建疆,以推进治理体系和治理能力现代化为保障,多谋长远之策,多行固本之举,努力建设团结和谐、繁荣富裕、文明进步、安居乐业、生态良好的新时代中国特色社会主义新疆[①]。

当代大学生是建设祖国的栋梁之材,应积极响应国家"到西部去、到基层去、到祖国最需要的地方去"的号召,通过丰富的社会实践,磨炼人生、丰富知识、增强本领,践行"党有号召、我有行动"的使命自觉。

2.3　拓展实践

2.3.1　小猫钓鱼游戏

1. 实践目的

(1)能够正确分析小猫钓鱼游戏中要解决的关键问题及其解决思路。

(2)能够根据小猫钓鱼游戏需实现的功能要求选择恰当的存储结构。

93

---

① 　新华社.习近平在第三次中央新疆工作座谈会上发表重要讲话.2020-09-26.

（3）能够运用栈和队列基本操作的实现方法设计小猫钓鱼游戏中关键操作算法。

（4）能够编写程序模拟小猫钓鱼游戏的实现，并验证其正确性。

（5）能够对实践结果的性能进行辩证分析和优化提升。

2．实践内容

"小猫钓鱼"的游戏规则是：将一副扑克牌平均分成两份，每人拿一份。玩家甲先拿出手中的第一张扑克牌放在桌上，然后玩家乙也拿出手中的第一张扑克牌，并放在玩家甲刚打出的扑克牌的上面，就像这样两个玩家交替出牌。出牌时，如果某人打出的牌与桌上某张牌的牌面相同，即可将两张相同的牌及其中间所夹的牌全部取走，并依次放到自己手中牌的末尾。当任意一个人手中的牌全部出完时，游戏结束，对手获胜。

要求编写程序来模拟这场游戏，并判断出谁最后获胜，获胜的同时打印出获胜者手中的牌以及桌上可能剩余的牌。

为了简化实现，先做这样一个约定，玩家甲和乙手中牌的牌面值只有1～9。

3．实践要求

（1）分析本实践中的处理对象及其操作特性，自行设计恰当的数据结构。

（2）抽象出本实践中所涉及的关键性操作模块，并给出其接口描述及其实现算法。

（3）输入要求：分别输入两位玩家牌面值，牌的数量一样，牌面值之间用空格隔开。可以在输入前规定当前发牌的数量，也可指定输入某个特殊的值时发牌结束。

（4）输出要求：要求输出最后是哪一位玩家获胜，并输出获胜者手中的牌，并输出桌上可能剩余的牌。

（5）测试用例信息如表2-8所示（测试用例均采用输入前规定当前发牌数量的方式）。

表 2-8　测试用例

序号	输　　　　入	输　　　　出
1	请输入发牌数：6 玩家甲：2 4 1 2 5 6 玩家乙：3 1 3 5 6 4	游戏结束：玩家乙赢 玩家乙手中牌为：6 5 2 3 4 1 桌面上还有牌为：3 4 5 6 2 1
2	请输入发牌数：8 玩家甲：5 4 1 3 7 9 6 2 玩家乙：6 2 4 8 5 7 1 3	游戏结束：玩家乙赢 玩家乙手中牌为：4 1 2 4 5 7 8 3 6 5 桌面上还有牌为：9 7 6 1 2 3
3	请输入发牌数：9 玩家甲：3 4 5 6 2 1 8 7 9 玩家乙：6 5 2 3 4 1 9 7 8	游戏结束：玩家甲赢 玩家甲手中牌为：2 1 6 3 4 2 9 8 5 6 3 7 5 桌面上还有牌为：1 4 8 7

4．解决思路

1）数据存储结构的设计要点提示

玩家都只有两种操作，分别是出牌和赢牌，出牌时将手中的牌打出去，赢牌的时候将桌上的牌依次放到手中牌的末尾，这恰好可以用队列的两个操作来模拟。其中出牌可以用出队操作来模拟，赢牌可以用入队操作来模拟。因此，玩家手中的牌可以借用队列来实现，假设称此队列为玩家队列。

桌子可以看作是一个栈式容量，假设称为桌面栈。玩家每打出一张牌就放到桌上，可以用入栈操作来模拟。当有人赢牌的时候，因为是按出牌先后的顺序，依次将后面的牌从桌上拿走,可以用出栈操作来模拟。

综合上述分析,本实践是栈和队列的综合应用。

2)关键操作的实现要点提示

如何知道是否赢牌?如果某位玩家打出的牌与当前桌面上的某张牌相同,即可将相同的两张牌(包括这两张牌)之间的所有牌全部取走。例如,当前桌上牌面(栈)如图 2-19(a)所示,玩家打出一张牌面为 2 的牌,则连同打出的牌 2 和依次要出栈的牌 6,3,5,2,按 2,6,3,5,2 的顺序依次入队,如图 2-19(b)所示。

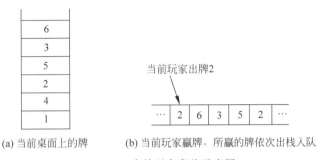

(a) 当前桌面上的牌　　　(b) 当前玩家赢牌,所赢的牌依次出栈入队

图 2-19　当前玩家赢牌示意图

如何知道当前桌面上有哪些牌呢?最简单的方式是每次玩家出一张牌就遍历一遍桌上现有的牌,进行比对,存在相同的牌则算赢牌。也可以用桶来解决这个问题,就是设置一个长度为 10 的数组 bucket(初始值全为 0),在当前牌面的值作为下标的存储单元中存放 0 或者 1(0 代表当前桌面上无值为当前牌值的牌,1 代表有相同的牌)。若 bucket[2]的值为 1,代表当前桌面上有牌面值为 2 的牌。这样问题就简化为,玩家出一张牌,例如出牌 1,则可通过在 bucket 数组中检查 bucket[1]的值是 0 还是 1 来决定当前桌面上是否有这张牌。

综合分析,整个游戏过程中,若出牌的牌面值为 i,则游戏过程可模拟为:先判断 bucket[i]的值,若 bucket[i]为 0,表明当前桌面上没有与牌面值 i 相同的牌,意味着出牌,则牌 i 从玩家队列出队,并将 i 入桌面栈,同时将 bucket[i]的值修改为 1;若 bucket[i]为 1,表明当前桌面上有与牌面值 i 相同的牌,意味着赢牌,则先将牌 i 出玩家队列,再将牌 i 入玩家队列,最后从桌面栈中将栈顶元素到与牌面值 i 相同元素之间的所有元素依次出栈、入队,同时将对应 bucket 数组中的值从 1 修改为 0(代表桌面上没有这些牌)。重复上述过程,直到当其中某一位玩家手上没有牌,即玩家队列为空时,游戏结束,对方获胜,则将对方队列中的值依次输出即为获胜方当前手中的牌,若此时桌面栈非空,再输出栈中所有元素值,即为桌面当前剩余的牌。

5. 程序代码参考

扫码查看:2-3-1.cpp

6. 延伸思考

(1) 对于判断玩家当前出的牌和当前桌上的牌是否存在相同牌,除了上述方法,是否还有其他的解决办法？

（2）增加一个发牌函数，玩家发牌若为随机发牌模式，且牌面值除了 $1\sim9$ 外，还增加了 J，Q，K，A，则判断当前是否赢牌的算法应该如何修改？

2.3.2 食堂就餐排队问题

1. 实践目的

（1）能够帮助学生理解社会主义核心价值观的深刻内涵，引导学生树立正确的价值追求，增强践行诚信、友善、守则的自觉性。

（2）能够正确分析食堂就餐排队中要解决的关键问题及其解决思路。

（3）能够根据食堂就餐排队需实现的功能要求选择恰当的存储结构。

（4）能够运用栈和队列基本操作的实现方法设计食堂就餐排队中关键操作算法。

（5）能够编写程序测试食堂就餐排队问题中算法设计的正确性。

（6）能够对实践结果的性能进行辩证分析和优化提升。

2. 实践背景

2012 年 11 月，党的十八大明确提出"三个倡导"，即"倡导富强、民主、文明、和谐，倡导自由、平等、公正、法治，倡导爱国、敬业、诚信、友善，积极培育社会主义核心价值观"。富强、民主、文明、和谐是国家层面的价值要求，自由、平等、公正、法治是社会层面的价值要求，爱国、敬业、诚信、友善是公民层面的价值要求[①]。

"自觉讲诚信、懂规矩、守纪律"是习近平总书记在辽宁考察工作时提出来的[②]。三句话、九个字，言简意赅、平实质朴、内涵丰富、思想深刻，它既是政治原则，又是实践要求，体现了世界观和方法论的统一，反映出一个从思维到行为、从抽象到具体的过程。讲诚信是思想基础，是立德、立言、立行之本，是思想观念和思维方式的现实反映。懂规矩是表现形式，是讲诚信的思想延续，是守纪律的具体体现。只有强化了规矩意识，才能自觉讲诚信、守纪律，才能严格按党性原则办事，按政策法规办事，按制度程序办事，做到不越雷池、不乱章法、不违纪律。守纪律是重要保障，是诚实守信的根本保证，是使规矩落地生根、坚决执行的"最后屏障"。执纪不严，诚信就会失德失范；纪律松弛，规矩就会变成摆设。只有把纪律当"铁律"，践行诚信才有基础，执行规矩才有保障。

懂规矩，需要具备规则意识。它是发自内心的，以规则为自己行动准绳的意识，是现代社会每个公民都必须具备的一种意识。规则意识有三个层次：第一个层次是具备有关规则的知识。比如，爱国守法、明礼诚信、团结友善、勤俭自强、敬业奉献、爱护环境、尊敬师长等。第二个层次是要有遵守规则的愿望和习惯。比如，在日常生活中，走路、开车遵守交通法规；课堂上遵守课堂秩序，就餐、购票时遵守排队秩序等。第三个层次是使遵守规则成为人的内在需要。知规则，懂规则，遵守规则，学会自我约束，自我遵守，才能做到知行合一。

例如，用现实中的排队作为类比，其中排队的次序是"法治"，每个人都可以排队是"民主"，那么每个人都愿意排队就是"规则意识"。孔子说："从心所欲不逾矩"。在公共场合要自觉排队，先来后到、依次而行。排队的时候，要保持耐心，不要起哄、拥挤、夹楔。是否自觉

---

① 2014 年 5 月 4 日，习近平在北京大学师生座谈会上发表重要讲话。

② 新华社"新华视点"微信刊发习近平八论"规矩"，2014 年 10 月 25 日。

排队虽然只是一个细节,却是规则意识在个体身上的集中反映,也能反映出人格的一个侧面。

3. 实践内容

学校食堂就餐需要排队。假设食堂里的自助午餐提供圆形和方形的面包,所有就餐的学生排队取餐,每个学生可以根据自己的喜好选择圆形或者方形的面包。餐厅里所有面包都放在一个栈式管理的容器里,且面包的数量与学生的数量相同。每一轮就餐的规则如下:

如果队列最前面的学生喜欢栈式容器中最上面的面包,那么他取走面包并离开队列。否则,这名学生会放弃这个面包,并回到队列的尾部重新排队。这个过程会一直持续到队列里所有学生都不喜欢栈式容器中最上面的面包为止。

编写程序求无法吃到午餐的学生数量。

4. 实践要求

(1) 假设圆形和方形面包分别用数字 0 和 1 表示,要求用学生队列和面包栈两种数据结构来解决本实践问题。

(2) 输入要求:因为餐厅里面包的数量与学生的数量相同,因此可先输入面包或学生的数量,再分别输入学生队列中每位学生的喜好和栈式容器中面包的类型。

(3) 输出要求:输出无法吃到午餐的学生数量。

(4) 测试用例信息如表 2-9 所示(只供参考,但不局限于此)。

表 2-9　测试用例

序　　号	输　　入	输　　出
1	4 初始化学生队列 1 1 0 0 初始化面包栈 0 1 0 1	所有同学都吃到午餐
2	6 初始化学生队列 1 1 1 0 0 1 初始化面包栈 1 0 0 0 1 1	还有 3 位同学没吃到午餐

5. 解决思路

1) 数据存储结构的设计要点提示

本实践是栈和队列的综合应用,根据问题描述及其操作特性,其中可用循环队列来管理学生排列买面包的场景,用栈来管理卖剩下的面包的场景。

2) 关键操作的实现要点提示

因本就餐排队问题中学生有两种选择,如果当前栈顶面包是自己喜欢的类型,则从栈中取走面包并离开队列;若当前栈顶面包不是自己喜欢的类型,则回到队列的最后重新继续排队。如此重复,直到所有人都已拿到面包或者队列在剩余人中循环了一圈之后发现又回到了最初循环的地方为止,最后计算队列中的剩余人数即可。

为此,首先可以将学生的喜好依次入队,将面包依次入栈,其中圆形和方形面包分别用

0和1表示。然后将学生队列中的队首元素依次和面包栈的栈顶元素比较,如果相等,则此学生出队,当前面包出栈。如果不相等,则将队列中的队首元素移至队尾,重复此过程,直到队列空,则表示无法吃到午餐的学生数量为0,或者队列非空,则队列中的元素个数即为无法吃到午餐的学生数量。

在用上述方法时存在这样两个关键问题,一是,什么时候卖面包的过程可以结束?由题目可知,当学生队列中的每一个都不喜欢面包栈的栈顶面包时则结束,为此可以通过定义一个功能函数,用来判断卖面包能否结束从而来控制重复执行的次数;另外的一个问题是,面包是用栈存放的,根据先进后出的特点,最先输入的元素在栈底,而我们在处理实际问题的时候,先做出来的面包应该先售卖,为此最好再定义一个功能函数,将当前面包栈中的元素就地逆置,使最先进栈的面包变成栈顶元素。

6. 程序代码参考

扫码查看：2-3-2.cpp

7. 延伸思考

（1）如果将求解问题的关键操作改为:若喜欢栈顶的面包的学生存在,那么不管他们在队伍的哪个位置,必定会遍历到他,否则,一定无法继续拿掉栈顶面包。那么本实践的解决方案该做何修改?它实现的算法又该如何改进?同时对两种解决方案的性能进行比较分析。

（2）如果仅用栈实现本实践内容,算法应该如何设计?

8. 结束语

规则意识是在每个人的成长过程中培养和不断完善的。年幼时,我们被教育,要如何遵守规则、遵守什么规则;长大后,我们主动接受规则,并主动维持社会规则秩序。遵守社会规则是每个人的责任和义务。新时代的大学生要努力做一名"讲诚信、懂规矩、守纪律"的人。"讲诚信"是第一要义。它是大学生安身立命的关键,我们要做诚信规范的力行者。"懂规矩"是基础要求。懂规矩,就是让制度入脑入心。没有规矩,不成方圆,决不能逾越章法、蔑视制度。"守纪律"是基本准则。遵规守纪贵在自觉,难在自律。因此,我们必须不断加强道德修养,强化责任意识和纪律观念,切实增强守纪律的自觉性和坚定性。只有每个人承担起自己的责任,树立起规则意识,我们才能够构建一个有秩序的和谐美好家园。

第3章

串 与 数 组

3.1 基 础 实 践

3.1.1 串的堆分配存储表示上的基本操作

1. 实践目的

(1) 能够正确描述串的堆分配存储在计算机中的表示。

(2) 能够正确编写堆分配存储表示上基本操作的实现算法。

(3) 能够编写程序验证在堆分配存储表示上实现的基本操作算法的正确性。

2. 实践内容

(1) 创建串的堆分配存储表示。

(2) 在串的堆分配存储表示上实现串初始化、串赋值、求串长、串比较、串连接、求子串、串删除和串插入等操作。

3. 实践要求

1) 数据结构

串的堆分配存储表示的描述如下：

```
typedef struct
{    char * ch;          //若是非空串,则按串长分配存储区,否则 ch 为 NULL
     int length;         //串长
}HString;
```

2) 函数接口说明

```
void StrInit(HString& S);
//创建一个空串 S
Status StrAssign(HString& S, const char chars[]);
//生成一个其值等于 chars 的串 S
int StrLength(HString S);
//返回串 S 的长度
int StrCompare(HString S, HString T);
//比较串 S 和 T 的大小,如果串 S = T 则返回 0; 如果串 S > T 则返回正值; 如果 S < T 则返回负值
Status Concat(HString& T, HString S1, HString S2);
//用 T 返回由 S1 和 S2 连接而成的新串
Status SubString(HString &Sub, HString S, int pos, int len);
//用 Sub 返回串 S 第 pos 个字符起长度为 len 的子串。其中: 1≤pos≤S.length 且 0≤len≤S.
//length - pos + 1
Status StrDelete(HString &S, int pos, int len);
```

//从串 S 中删除第 pos 个字符起长度为 len 的子串。其中：1≤pos≤S. length－len＋1
Status StrInsert(HString &S, int pos, HString T);
//在串 S 中第 pos 个字符之前插入串 T。其中：1≤pos≤S. length＋1

3）输入输出说明

输入说明：输入信息分 7 行，第 1 行输入串 S1；第 2 行输入串 S2；第 3 行输入求子串的起始位置 pos(1≤pos≤S. length)；第 4 行输入求子串的长度 len(0≤len≤S. length－pos＋1)；第 5 行输入待删除子串的起始位置 pos(1≤pos≤S. length－len＋1)；第 6 行输入待删除子串的长度 len；第 7 行输入待插入子串的位置 pos(1≤pos≤S. length＋1)。

输出说明：输出信息有 6 行。在输入完第 1、2 行信息并回车后，在输出的第 1 行输出 S1 和 S2 两个串的比较结果；第 2 行输出 S1 和 S2 连接而成的新串，第 3 行输出新串的长度；在输入完第 3、4 行信息并回车后，在输出的第 4 行输出求得的子串，如果求子串失败则显示"SubString failed!"。在输入完第 5、6 行信息并回车后，在输出的第 5 行输出删除后剩余的串，如果删除失败则显示"Deletion failed!"。在输入完第 7 行后，在输出的第 6 行输出完成插入后的串，如果插入失败则显示"Insertion failed!"。

4）测试用例

测试用例如表 3-1 所示。

表 3-1　测试用例

序　号	输　入	输　出	说　明
1	data structure 5 6 4 9 5	S1＜S2 datastructure 13 struct date datestructure	一切输入的参数都在合法范围之内
2	hello world 11 2 3 6 1	S1＜S2 hello world 10 SubString failed! held worldheld	子串的位置不合法，其他输入的参数都合法
3	Zhe Jiang 3 7 4 3 6	S1＞S2 ZheJiang 8 SubString failed! Zheng ZhengJiang	取子串长度不合法，其他输入的参数都合法

序号	输　入	输　出	说　明
4	sun flower 4 4 10 3 4	S1＞S2 sunflower 9 flow Deletion failed! sunflowerflower	删除位置不合法,其他输入的参数都合法
5	swan lake 1 4 2 4 －2	S1＞S2 swanlake 8 swan sake Insertion failed!	插入位置不合法,其他输入的参数都合法

4. 解决方案

上述接口的实现方法分析如下。

(1) 串初始化操作 StrInit(&S):即构造一个空串 S。根据堆分配存储表示的定义可知,空串满足的条件是指向存储空间的指针 ch 值为 NULL,且串长为 0。

(2) 串赋值操作 StrAssign(&S,chars[]):根据给定的字符数组(字符串)chars 构造一各堆分配存储表示的串 S。首先,如果串 S 不为空串,则需先释放原有空间;其次,根据给定的字符数组 chars 的大小进行存储空间的分配,如果分配失败,则本操作失败;如果分配成功,则将字符数组 chars 中的内容逐一复制至分配的存储空间;最后设置串长。

(3) 求串长操作 StrLength(S):返回串的堆分配存储表示中串长数据域的值。

(4) 串比较操作 StrCompare(S, T):按字典序依次比较给定的两个字符串 S 和 T 对应位置上字符的大小,直到遇到不相同字符,则返回不相同字符对应的 ASCII 码值的差值;如果其中一个字符串提前结束,则返回两串长的差值。即如果串 S＞T,则返回正值;如果 S＝T,则返回 0;如果 S＜T 则返回负值。

(5) 串连接操作 Concat(&T, S1, S2):首先,如果串 T 不为空串,则需先释放原有空间;其次,根据给定的串 S1 和 S2 的串长进行存储空间的分配,如果分配失败,则本操作失败;如果分配成功,则设置串长为串 S1 和 S2 的串长之和,再将串 S1 的内容逐一复制至串 T 的相同位置,最后将串 S2 的内容逐一复制至串 T 刚才复制的内容之后。

(6) 求子串操作 SubString(&Sub, S, pos, len):首先根据求子串的起始位置 pos 和串长判断操作参数是否合法,即要求 1≤pos≤S. length 且 0≤len≤S. length－pos＋1;其次,根据子串的长度为子串分配存储空间;再将主串中字符(位置从 pos 到 pos＋len－1)逐一复制到子串的存储空间;最后,设置子串串长为 len。

(7) 串删除操作 StrDelete(&S, pos, len):首先根据要删除子串的起始位置和串长判断操作参数是否合法,即要求 1≤pos≤S. length－len＋1;其次,依次将删除子串后面的字符(位置从 pos−1+len 到 S.length−1)依次前移 len 个位置;最后,修正串 S 的长度为 S.length−len.

(8) 串插入操作 StrInsert(&S, pos, T):在串 S 中第 pos 个字符之前插入串 T。首先判断插入位置 pos 是否合法,要求 1≤pos≤S.length+1;如果合法,则为了能另外存储串 T 需增加分配存储空间的容量为 S.length+T.length;再将串 S 的第 pos 个之后的字符后移 T.Length 个位置后,将串 T 插入至刚才空出的位置;最后,修正串 S 的长度为 S.length+ T.length。

5. 程序代码参考

```c
#include <stdio.h>
#include <string.h>
#include <stdlib.h>
#define ERROR 0
#define OK 1
#define OVERFLOW -2
typedef int Status;

typedef struct{
    char * ch;                 //若是非空串,则按串长分配存储区,否则 ch 为 NULL
    int length;                //串长
}HString;

void StrInit(HString& S)
//创建一个空串
{   S.ch = NULL;
    S.length = 0;
}

Status StrAssign(HString& S, const char chars[])
//生成一个其值等于 chars 的串 S
{   if (S.ch)
        free(S.ch);            //释放旧空间
    int len = strlen(chars);
    if (!(S.ch = (char *)malloc(len * sizeof(char))))
        exit(OVERFLOW);
    for (int i = 0; i < len; i++)
        S.ch[i] = chars[i];
    S.length = len;            //设置子串长度
    return OK;
}

int StrLength(HString S)
//返回串 S 的长度
{   return S.length;
}

int StrCompare(HString S, HString T)
```

```
//比较串 S 和 T 的大小, 如果 S = T,则返回 0; 如果串 S > T,则返回正值; 如果 S < T,则返回负值
{    for (int i = 0; i <= S.length && i <= T.length; i++)
          if (S.ch[i] != T.ch[i])
                return S.ch[i] - T.ch[i];
     return S.length - T.length;
}


Status Concat(HString& T, HString S1, HString S2)
//用 T 返回由 S1 和 S2 连接而成的新串
{    if (T.ch)
          free(T.ch);                                    //释放旧空间
     if (!(T.ch = (char * )malloc((S1.length + S2.length) * sizeof(char))))
          exit(OVERFLOW);
     T.length = S1.length + S2.length;
     for (int i = 0; i < S1.length; i++)
          T.ch[i] = S1.ch[i];
     for (int i = 0; i < S2.length; i++)
          T.ch[S1.length + i] = S2.ch[i];
     return OK;
}


Status SubString(HString& Sub, HString S, int pos, int len)
//用 Sub 返回串 S 第 pos 个字符起长度为 len 的子串.
//其中: 1≤pos≤S.length 且 0≤len≤S.length - pos + 1
{    if (pos < 1 || pos > S.length || len < 0 || len > S.length - pos + 1)    //参数合法性检查
          return ERROR;
     if (Sub.ch)
          free(Sub.ch);
     if (!(Sub.ch = (char * )malloc(len * sizeof(char))))
          exit(OVERFLOW);
     for (int i = 0; i < len; i++)                        //将主串中的字符复制到子串的相应位置
          Sub.ch[i] = S.ch[pos - 1 + i];
     Sub.length = len;                                    //设置子串长度
     return OK;
}


Status StrDelete(HString& S, int pos, int len)
//从串 S 中删除第 pos 个字符起长度为 len 的子串.其中: 1≤pos≤S.length - len + 1
{    if (pos < 1 || pos > S.length - len + 1 || len < 0)
          return ERROR;
     for (int i = pos - 1 + len; i < S.length; i++)
          S.ch[i - len] = S.ch[i];
     S.length -= len;
     return OK;
}


Status StrInsert(HString& S, int pos, HString T)
//在串 S 中第 pos 个字符之前插入串 T.其中: 1≤pos≤S.length + 1
{    if (pos < 1 || pos > S.length + 1)
```

第
3
章

串与数组

```
            return ERROR;
        int i;
        char * p;
        p = S.ch;
        if (!(S.ch = (char * )malloc((S.length + T.length) * sizeof(char))))
            exit(OVERFLOW);
        for (i = 0; i < pos − 1; i++)                    //将插入点之前的子串复制到新的位置
            S.ch[i] = p[i];
        for (i = S.length − 1; i >= pos − 1; i−−)   //为插入串 T 而腾出位置
            S.ch[i + T.length] = p[i];
        free(p);
        for (i = 0; i < T.length; i++)                   //插入 T
            S.ch[pos − 1 + i] = T.ch[i];
        S.length += T.length;
        return OK;
}

void StrPrint(HString S)
//输出字符串 S
{    for (int i = 0; i < S.length; i++)
            putchar(S.ch[i]);
}

int main()
{    char s1[100], s2[100];
     int pos, len;
     HString S1, S2, S, Sub;
     StrInit(S1); StrInit(S2); StrInit(S); StrInit(Sub);
     printf("输入串 S1: ");
     scanf(" % s", s1);
     StrAssign(S1, s1);
     printf("输入串 S2: ");
     scanf(" % s", s2);
     StrAssign(S2, s2);

     printf("\n 两个串比较: ");
     if (StrCompare(S1, S2) < 0)
            printf("S1 < S2");
     else if (StrCompare(S1, S2) == 0)
            printf("S1 = S2");
     else
            printf("S1 > S2");

     Concat(S, S1, S2);
     printf("\n\n 由 S1 和 S2 连接而成的新串 S: ");
     StrPrint(S);
     printf("\n 新串长: ");
     printf(" % d", StrLength(S));
```

```
    printf("\n\n 输入子串在 S 的起始位置: ");
    scanf(" % d", &pos);
    printf("输入子串长: ");
    scanf(" % d", &len);
    if (SubString(Sub, S, pos, len))
    {   printf("子串为: ");
        StrPrint(Sub);
    }
    else
        printf("SubString failed!");

    printf("\n\n 输入删除串 S 的起始位置: ");
    scanf(" % d", &pos);
    printf("输入删除子串的长度: ");
    scanf(" % d", &len);
    if (StrDelete(S, pos, len))
    {   printf("删除后的串 S 为: ");
        StrPrint(S);
    }
    else
        printf("Deletion failed!\n");

    printf("\n\n 输入在串 S 中插入串 S2 的位置: ");
    scanf(" % d", &pos);
    if (StrInsert(S, pos, S2))
    {   printf("插入后的串 S 为: ");
        StrPrint(S);
    }
    else
        printf("Insertion failed!\n");
}
```

6. 运行结果参考

程序部分测试用例的运行结果如图 3-1 所示。

(a) 测试用例1

(b) 测试用例2   (c) 其他

图 3-1 程序部分测试用例的运行结果

7. 延伸思考

（1）在串的操作中,串赋值 StrAssign、求串长 StrLength、串比较 StrCompare、串连接

Concat 以及求子串 SubString 这 5 种操作构成串类型的最小操作子集,其他串操作可在这个最小操作子集上实现,那么如何利用这些最小操作子集实现串的删除操作?

(2) 根据上述已实现的串的基本操作,编写算法模拟实现串的置换操作 StrReplace (&S,T,V),即以串 V 替代串 S 中出现的所有和串 T 相同的子串。

3.1.2 稀疏矩阵的转置操作

1. 实践目的

(1) 能够正确描述稀疏矩阵的三元组顺序表在计算机中的表示。

(2) 能够正确编写在稀疏矩阵的三元组顺序表上基本操作的实现算法。

(3) 能够编写程序验证在稀疏矩阵的三元组顺序表上实现的基本操作算法的正确性。

2. 实践内容

(1) 创建已知稀疏矩阵的三元组顺序表存储表示。

(2) 在稀疏矩阵的三元组顺序表上实现矩阵转置操作。

3. 实践要求

1) 数据结构

在稀疏矩阵的三元组顺序表上实现指定操作,先要将稀疏矩阵的三元组顺序表中每一非零元的存储结构描述如下:

```
# define MAXSIZE 100        //预定义的最大非零元个数
typedef struct
 {    int i, j;              //该非零元的行下标和列下标
      ElemType e;           //非零元素值
 } Triple;
```

再将稀疏矩阵三元组顺序表的存储结构描述如下:

```
typedef struct
{    Triple data[MAXSIZE];  //非零元三元组表
     int    m;              //矩阵的行数
     int    n;              //矩阵的列数
     int    t;              //矩阵的非零元个数
} TSMatrix;
```

2) 函数接口说明

```
void InitMatrix(int mat[MAXLEN][MAXLEN], int m, int n, TSMatrix& TSM);
//根据已知的稀疏矩阵 mat,创建三元组表 TSM,其中 m 和 n 分别是稀疏矩阵的行数和列数
void TransposeSMatrix(TSMatrix M, TSMatrix& T);
//求稀疏矩阵 M 的转置矩阵 T
```

3) 输入输出说明

输入说明:输入信息分为 2 部分。第 1 部分共 1 行,输入稀疏矩阵的行列数 m 和 n,中间用一个空格隔开;第 2 部分根据第 1 行输入的 m 和 n 的值对应输入 m 行 n 列的矩阵数据,数据之间用一个空格隔开。

输出说明:输出分为 2 部分。第 1 部分输出原矩阵的行数、列数和非零元素的个数,及其对应的三元组表;第 2 部分为转置矩阵输出原矩阵的行数、列数和非零元素的个数,及其

对应的三元组表。

4）测试用例

测试用例信息如表 3-2 所示。

表 3-2　测试用例

序号	输　入	输　　　出	说明
1	5 6 0 0 8 0 0　0 0 0 0 0 0　0 5 0 0 0 16 0 0 0 18 0 0　0 0 0 0 9 0　0	原稀疏矩阵：5 行 6 列共 5 个非零元素 行　列　元素值 0　2　　8 2　0　　5 2　4　　16 3　2　　18 4　3　　9 转置后的稀疏矩阵：6 行 5 列共 5 个非零元素 行　列　元素值 0　2　　5 2　0　　8 2　3　　18 3　4　　9 4　2　　16	无

4. 解决方案

上述接口的实现方法分析如下。

（1）创建稀疏矩阵的三元组顺序表操作 InitMatrix(mat,m,n,&TSM)：首先设置稀疏矩阵对应的三元组顺序表的行数、列数分别为 m、n；再依次将二维数组 mat 中的每个非零元所在的行、列和元素值存储在三元组表中并对非零元计数，最后将三元组顺序表的非零元个数设置为计数器值。

（2）稀疏矩阵转置操作 TransposeSMatrix(M,&T)：矩阵转置是一种简单的矩阵运算，指的是将矩阵中每个元素的行列号互换一下。对于一个 m×n 的矩阵 M，它的转置矩阵 T 是一个 n×m 的矩阵，且 T(i,j)＝M(j,i)。当稀疏矩阵用三元组顺序表来表示时，是以行主序的原则存放非零元素的，这样存放有利于稀疏矩阵的运算。那么，根据转置的概念，首先可设置转置后矩阵 T 的行数、列数分别为原矩阵 M 的列数和行数，非零元素个数不变；再依次将原矩阵 M 中存储的非零元的三元组中的每个元素转存到转置矩阵 T 的非零元三元组中，注意每一非零元转置后的行号是转置前的列号，转置后的列号是转置前的行号，转置前后元素值不变。

然而，若按行列序号直接互换进行转置，则所得的三元组顺序表就不再满足行主序的原则。例如，图 3-2(a)中的三元组所表示的矩阵，转置后如图 3-2(b)所示，不再满足行主序的原则。为解决此问题，可按照以下方法进行矩阵转置：扫描转置前的三元组表，并按先列序、后行序的原则转置三元组。例如，对图 3-2(a)中的三元组，从第 0 行开始向下搜索列序号为 0 的元素，找到三元组(2,0,5)，则转置为(0,2,5)，并存入转置后的三元组顺序表中。接着搜索列序号为 1 的元素，没找到；再搜索列序号为 2 的元素，找到(0,2,8)，转置为

(2,0,8),并存入转置后的三元组顺序表中。以此类推,直到扫描完所有列,即可完成矩阵转置,并且转置后的三元组表应满足先行序、后列序的原则。正确转置后的三元组如图 3-2(c)所示。

	row	column	value
0	0	2	8
1	2	0	5
2	2	4	16
3	3	2	18
4	4	3	9

(a) 三元组

	row	column	value
0	2	0	8
1	0	2	5
2	4	2	16
3	2	3	18
4	3	4	9

(b) 行列互换转置后的三元组

	row	column	value
0	0	2	5
1	2	0	8
2	2	3	18
3	3	4	9
4	4	2	16

(c) 转置后的三元组(按行有序)

图 3-2　矩阵转置

5. 程序代码参考

```c
# include < stdio.h>

# define MAXLEN 255          //用户可在 255 以内定义数据最大长度
# define MAXSIZE 12500       //假设非零元个数的最大值为 12500

typedef int ElemType;

typedef struct {
    int i, j;                //该非零元的行下标和列下标
    ElemType e;
} Triple;

typedef struct {
    Triple data[MAXSIZE];    //非零元三元组表
    int    m;                //矩阵的行数
    int    n;                //矩阵的列数
    int    t;                //矩阵的非零元个数
} TSMatrix;

//从一个稀疏矩阵创建三元组表,mat 为稀疏矩阵
void InitMatrix(int mat[MAXLEN][MAXLEN], int m, int n, TSMatrix& TSM)
{   int i, j, k = 0, count = 0;
    TSM.m = m;
    TSM.n = n;
    for (i = 0; i < m; i++)
        for (j = 0; j < n; j++)
            if (mat[i][j] != 0)
            {   TSM.data[count].i = i;
                TSM.data[count].j = j;
                TSM.data[count].e = mat[i][j];
                count++;
            }
```

```
            TSM.t = count;
}


void TransposeSMatrix(TSMatrix M, TSMatrix& T)
// 采用三元组存储表示,求稀疏矩阵 M 的转置矩阵 T
{   int p, q, col;
    T.m = M.n;
    T.n = M.m;
    T.t = M.t;
    if (T.t)
    {   q = 0;
        for (col = 0; col < M.n; col++)
            for (p = 0; p < M.t; p++)
                if (M.data[p].j == col)
                {   T.data[q].i = M.data[p].j;
                    T.data[q].j = M.data[p].i;
                    T.data[q].e = M.data[p].e;
                    q++;
                }
    }
}


void PrintSMatrix(TSMatrix M)
//输出稀疏矩阵 M
{   int i;
    printf("%d行%d列共%d个非零元素\n", M.m, M.n, M.t);
    printf("行 列 元素值\n");
    for (i = 0; i < M.t; i++)
        printf("%2d%4d%8d\n", M.data[i].i, M.data[i].j, M.data[i].e);
}


int main()
{   int mat[MAXLEN][MAXLEN];
    int m, n;
    printf("输入稀疏矩阵的行列数: ");
    scanf("%d %d", &m, &n);
    printf("输入稀疏矩阵的元素值: \n");
    for (int i = 0; i < m; i++)
        for (int j = 0; j < n; j++)
            scanf("%d", &mat[i][j]);
    TSMatrix M, T;
    InitMatrix(mat, m, n, M);
    printf("\n原稀疏矩阵: ");
    PrintSMatrix(M);
    TransposeSMatrix(M, T);
    printf("\n转置后的稀疏矩阵: ");
    PrintSMatrix(T);
}
```

6. 运行结果参考

程序测试用例的运行结果如图 3-3 所示。

图 3-3   程序部分测试用例的运行结果

7. 延伸思考

（1）分析一下上面实现的矩阵转置算法的时间复杂度，想想看这个转置算法的时间主要花费在什么地方？如何改进才能实现矩阵的快速转置？

（2）如何在三元组顺序表存储表示下实现两个稀疏矩阵的加法运算？

3.2　进　阶　实　践

3.2.1　字符串加密、解密

1. 实践目的

（1）能够正确分析字符串加密、解密涉及的关键问题及其解决思路。

（2）能够根据字符串加密、解密的特点选择适当的存储结构。

（3）能够运用串的基本操作方法设计字符串加密、解密中关键操作算法。

（4）能够编写程序验证字符串加密、解密程序的正确性。

（5）能够对实践结果的性能进行辩证分析或优化。

2. 实践内容

对给定的字符串按照指定的密钥进行加密处理，加密后生成密码串；另一方面，程序也可对给定的加密后的密码串按照密钥进行解密处理，还原成明文。加密规则是：根据输入的密钥，将需加密的字符串中每个字符与密钥进行异或运算。由于异或运算具有对称性，解密时，也只需要将加密后的字符串与密钥进行异或运算即可还原出原始字符串。

3. 实践要求

（1）为使字符串加密、解密具有普适性，要求字符串由用户自主设定。

（2）根据字符串加密、解密规则及其操作特性，自主选择恰当的存储结构。

（3）给出关键操作功能模块的接口描述及其实现算法。

（4）输入输出说明：本实践输入内容有 2 行，第 1 行为输入需要加密的一串字符，第 2 行输入一个数，作为加密时使用的密钥。输出内容也分 2 行，第 1 行为加密后的字符串，第

2 行为解密后的字符串。

（5）测试用例见"运行结果"。

4. 解决方案

1）数据结构

由于字符串加密、解密程序中处理的对象是字符串，一般情况下长度限定在一定范围内，而且在做加密、解密操作时，需要对各个字符进行运算，因此涉及随机存取串中的各个元素，为此本实践中最后拟采用定长顺序存储表示，其存储结构描述如下。

```
#define MAXSTRLEN 255                          //用户可在 255 以内定义最大串长
typedef unsigned char SString[MAXSTRLEN + 1];  //0 号单元存放串的长度
```

2）关键操作实现要点

从实践内容及上述分析可知本实践的关键操作包括一个加密操作和一个解密操作，其中需要对字符串中每个字符与密钥进行异或运算。它们的实现要点简要说明如下：

（1）加密操作。

本实践中的加密规则：根据输入的密钥，将需加密的字符串中每个字符与密钥进行异或运算。

（2）解密操作。

由于异或运算具有对称性，解密时，也只需要将加密好的字符串与密钥进行异或运算即可还原出原始字符串。

3）关键操作接口描述

```
Status StrEncode(SString S, int key, SString& T);
//串加密操作，其中 S 是原串，T 是加密后的串，key 为密钥
Status StrDecode(SString S, int key, SString& T);
//串解密操作，其中 S 是需解密的串，T 是解密后的串，key 为密钥
```

4）关键操作算法参考

（1）加密操作算法。

```
void StrEncode(SString S, int key, SString& T)
//串加密操作，其中 S 是原串，T 是加密后的串，key 为密钥
{    T[0] = S[0];
     for (int i = 1; i <= S[0]; i++)
         T[i] = S[i] ^ key;
}
```

（2）解密操作算法。

```
void StrDecode(SString S, int key, SString& T)
//串解密操作，其中 S 是需解密的串，T 是解密后的串，key 为密钥
{    T[0] = S[0];
     for (int i = 1; i <= S[0]; i++)
         T[i] = S[i] ^ key;
}
```

5. 程序代码参考

扫码查看：3-2-1.cpp

6. 运行结果参考

程序测试用例的运行结果如图 3-4 所示。

 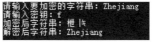 

(a) 测试用例1的运行结果　　(b) 测试用例2的运行结果　　(c) 测试用例3的运行结果

图 3-4　程序测试用例的运行结果

7. 延伸思考

（1）如果加密规则改为恺撒加密法，则如何实现加密、解密算法？

（2）如果需要对长文本进行加密、解密操作，则应该如何设计本实践案例？

3.2.2　求字符串的最小循环节问题

1. 实践目的

（1）能够正确分析字符串的最小循环节问题所涉及的关键问题及其解决思路。

（2）能够根据字符串的最小循环节问题的特点选择适当的存储结构。

（3）能够运用模式匹配方法设计字符串的最小循环节问题中的关键算法。

（4）能够编写程序验证求解字符串的最小循环节问题的正确性。

（5）能够对实践结果的性能进行辩证分析或优化。

2. 实践内容

对于一个长度为 $|S|$ 的字符串 S，如果 S 是由长度为 $|T|$ 的字符串 T 循环 k 次构成，那么字符串 T 就是字符串 S 的最小循环节。

本问题要求编程实现求字符串的最小循环节，如组成字符串"ababab"的最小循环节就是"ab"。

3. 实践要求

（1）为使求解字符串的最小循环节问题具有普适性，要求字符串由用户自主设定。

（2）根据求解字符串的最小循环节问题的规则及其操作特性，自主选择恰当的数据存储结构。

（3）给出关键操作功能模块的接口描述及其实现算法。

（4）输入输出说明：本问题要求输入的字符串必须是由某个循环节循环若干次构成的。输出分两行，第 1 行为最小循环节长度，第 2 行为最小循环节。

4. 解决方案

1）数据结构

本问题的处理对象是由某个循环节循环若干次构成的字符串，一般情况下长度限定在一定范围内,而且本问题涉及计算串的 next[j]函数值,需要随机存取串中的各个字符,所以本实践中串也适用定长顺序存储表示,但考虑到串的堆分配存储表示其空间的大小可根据实际需要进行动态分配,其利用率更高,为此本实践中的串拟采用堆分配存储表示,其存储结构描述如下:

```
typedef struct
{   char * ch;              //若是非空串,则按串长分配存储区,否则 ch 为 NULL
    int length;            //串长
}HString;
```

2) 关键操作实现要点

假定字符串 S 的长度为|S|,如果它是由长度为|T|的字符串 T(字符串 T 的最小循环节是其本身)循环 k 次构成,那么字符串 T 就是字符串 S 的最小循环节。

字符串的最小循环节有一个很重要的性质和 KMP 算法有关,即|S|$-$next[|S|]为字符串 T 的长度|T|。

证明:如果字符串 S 是由 T 循环 k 次构成,则有:

$$|S| / |T| = k$$

且字符串 S 中,前 $k-1$ 次 T 的循环和后 $k-1$ 次 T 的循环构成的字符串相等,即

$$S[0..|S|-|T|-1] = S[|T|..|S|-1]$$

考虑到 KMP 算法中 next 数组的 next[|S|]的值是 $k-1$ 个循环节的长度,即

$$next[|S|] = |S|-|T|$$

得到:|S|$-$next[|S|]$=$|T|。

因此,本问题最终就转化为求解串 next[j]的函数值的问题,这也是本问题的核心操作。其实现要点说明如下:

(1) 求 next 函数值。

在 next 函数中,每个 j 值都有一个 k 值与之相对应,一般用 next[j]的函数值表示 j 值对应的 k 值。next 函数定义为

$$next[j] = \begin{cases} 0, & \text{当} j=1 \text{时} \\ \max\{k \mid 1 < k < j \text{ 且} "t_1 \cdots t_{k-1}" = "t_{j-k+1} \cdots t_{j-1}"\}, & \text{当此集合不空时} \\ 1, & \text{其他情况} \end{cases}$$

由 next 函数的定义可知,求解 next[j]的函数值的过程是一个递推过程,初始时:next[1]$=$0。

若存在 next[j]$=k$,则表明在串 S 中有

$$"t_1 \cdots t_{k-1}" = "t_{j-k+1} \cdots t_{j-1}" \quad (1 < k < j)$$

其中:k 为满足等式的最大值。此时,计算 next[$j+1$]的值存在以下两种情况:

情况 1:若 $t_k = t_j$,则表明在模式中存在

$$"t_1 \cdots t_{k-1} t_k" = "t_{j-k+1} \cdots t_{j-1} t_j" \quad (1 < k < j)$$

并且不可能存在 $k' > k$ 满足上式,因此,可得到

$$next[j+1] = next[j]+1 = k+1$$

情况 2:若 $t_k \neq t_j$,则表明在模式中存在

$$"t_1 \cdots t_{k-1} t_k" \neq "t_{j-k+1} \cdots t_{j-1} t_j"$$

此时,可以把计算 $next[j]$ 的函数值的问题看成一个模式匹配过程。而整个串既是主串又是模式,如图 3-5 所示。

主串T: $t_1 \ldots t_{j-k} t_{j-k+1} \ldots t_{j-1} t_j$ 主串T: $t_1 \ldots t_{j-k} t_{j-k+1} \ldots t_{j-1} t_j$

模式T': $t_1 \ldots \ldots t_{k-1} t_k$ 模式T': $t_1 \ldots \ldots t_{k'-1} t_{k'}$

                                                            $k' = next[k]$

(a) 模式指针滑动前   (b) 模式指针滑动后

图 3-5　求 $next[j+1]$

在当前匹配过程中,已有"$t_1 \cdots t_{k-1}$"$=$"$t_{j-k+1} \cdots t_{j-1}$"成立,则当 $t_k \neq t_j$ 时,应将模式 T' 向右滑至 $k' = next[k]$($1 < k' < k < j$),并把 k' 位置上的字符与主串中 j 位置上的字符做比较。

若此时 $t_{k'} = t_j$,则表明在主串 T 中第 $j+1$ 个字符之前存在一个最大长度为 k' 的子串,使得

$$"t_1 \cdots t_{k'-1} t_{k'}" = "t_{j-k+1'} \cdots t_{j-1} t_j" \quad (1 < k' < k < j)$$

因此,有

$$next[j+1] = k'+1 = next[k]+1$$

若此时 $t_{k'} \neq t_j$,则将模式 T' 向右滑至 $k'' = next[k']$ 后继续匹配。以此类推,直至某次比较有 $t_k = t_j$(此即为上述情况),或某次比较有 $t_k \neq t_j$ 且 $k = 1$,此时有 $next[j+1] = 1$。

(2)求最小循环节长度

在求得字符串 S 的 next 数组后,该字符串的最小循环节长度即为 $|S| - next[|S|]$。

3)关键操作接口描述

```
void getNext(HString S, int next[]);
//求模式 S 的 next 函数值并存入 next 数组
int CycleLen(HString T, int next[]);
//求串 T 中的最小循环节的长度,并返回其值
```

4)关键操作算法参考

(1)求 next 的函数值算法。

```
void getNext(H String T, int next[])
//求模式串 T 的 next 的函数值并存入数组 next
{   int i = 1, j = 0;
    next[1] = 0;
    while (i < T. length)
        if (j == 0 || T.ch[i] == T.ch[j])
        {   i++;
            j++;
            next[i] = j;
        }
        else
            j = next[j];
}
```

（2）求最小循环节的长度。

```
int CycleLen(HString T, int next[])
//求串 T 中的最小循环节的长度
{   int len = StrLength(T);
    return len − next[len];
}
```

5. 程序代码参考

扫码查看：3-2-2.cpp

6. 运行结果参考

程序运行的结果如图 3-6 所示。

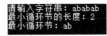

图 3-6　程序部分测试用例的运行结果

7. 延伸思考

（1）如果输入字符串不是由某个循环节循环若干次构成的，程序运行结果将如何？

（2）如果不借助 KMP 算法和 next 函数的性质，如何编写解决本问题的算法和验证程序？

3.2.3　基于协同过滤的图书推荐系统

1. 实践目的

（1）能够正确分析基于协同过滤的图书推荐系统要解决的关键问题及其解决思路。

（2）能够根据基于协同过滤的图书推荐系统需实现的功能选择恰当的存储结构。

（3）能够运用行逻辑链接的顺序表的实现方法设计基于协同过滤的图书推荐系统中关键操作算法。

（4）能够编写程序模拟基于协同过滤的图书推荐系统的实现，并验证其正确性。

（5）能够对实践结果的性能进行辩证分析和优化提升。

2. 实践内容

编程实现一个基于协同过滤的图书推荐系统，模拟购书网站，根据网站用户的购书情况能够向特定用户推荐其感兴趣的图书。

3. 实践要求

（1）分析基于协同过滤的图书推荐系统的关键要素及其操作特性，自主选择恰当的存储结构。

（2）抽象出本系统的关键操作功能模块，并给出其接口描述及其实现算法。

（3）输入输出说明：本系统要求输入用户人数、图书数量、用户姓名、图书名，以及用户购买图书的情况，最后输入目标用户姓名。输出向目标用户推荐的图书。为了能使输入与输出信息更加人性化，可以在输入与输出信息之前适当添加有关输入或输出的提示信息。

4. 解决方案

1) 数据结构

协同过滤（collaborative filtering）是利用某些兴趣相投、拥有共同经验的群体的喜好推荐用户感兴趣的信息，个人通过合作的机制给予信息相当程度的评价（如购买、评分等），并记录下来以达到过滤的目的，进而帮助别人筛选信息。

协同过滤基于这样的思想，在某处总有和你兴趣相投的人。假设你和兴趣相投的人们评价方式都非常类似，而且你们都已经以这种方式评价了一组特定的项目，此外，你们每个人对其他人尚未评价的项目也有过评价。正如已经假设的那样，你们的兴趣是类似的，因此可以从兴趣相投的人们那里，提取具有很高评分而你尚未评价的项目，作为给你的推荐，反之亦然。

协同过滤的基础是效用矩阵（utility matrix），实际应用中的效用矩阵往往涉及大量的用户和项目，而用户不可能对所有的项目都给予评价，因此效用矩阵往往是一个高阶的稀疏矩阵。

如表 3-3 所示，其中行信息表达了用户购买图书的情况，表中的数据"1"表示该用户购买了对应列的图书，数据"0"表示该用户未购买对应列的图书。以用户张三为例，他购买了《数据结构》和《大数据基础》，而未购买《人工智能》。

表 3-3　效用矩阵

图　　书	用　　户		
	数 据 结 构	大 数 据 基 础	人 工 智 能
张三	1	1	0
李四	1	1	1
王五	0	1	1

由于效用矩阵往往是一个高阶的稀疏矩阵，所以需要对效用矩阵进行压缩存储，在找出与目标用户有相同兴趣的用户时，需要快速定位每位用户，也就是要在效用矩阵中快速定位到行，由于三元组顺序表以行主序存放矩阵的非零元，为取得某一行的非零元，必须从三元组顺序表的首元素开始进行查找，效率较低。如果能在三元组中增加一个"指示矩阵中每一行的首个非零元在三元组表中的序号"的数据，便可以随机存取稀疏矩阵中任意一行的非零元。这就是稀疏矩阵的"行逻辑链接"的顺序表表示，其类型描述如下：

```
typedef struct
{    Triple data[MAXSIZE];              //非零元三元组表
     int rpos[MAXRC];                   //指示各行首个非零元在三元组表中的位置
     int m, n, t;                       //矩阵的行数、列数和非零元的个数
}RLSMatrix;
```

2) 关键操作实现要点

本系统是基于用户的协同过滤推荐，最核心的功能是获取用户间的相似度。本实践能够根据输入的效用矩阵计算出用户相似度矩阵，再根据用户相似度矩阵向目标用户推荐图

书。那么如何计算用户相似度矩阵呢,下面介绍一个比较简单的算法,也是本次实践所用的算法:基于共现度的算法。即当两个用户同时评价了同一个项目,则他们之间的相似度+1,这样就可以计算出各个用户之间的相似度了,最后得到的相似度矩阵如表3-4所示。

表3-4　用户相似度矩阵

用　　户	张三	李四	王五
张三	*	2	1
李四	2	*	2
王五	1	2	*

以用户张三和李四为例,由于用户张三和李四均购买了《数据结构》和《大数据基础》,即他们对2个相同项目进行了评价,因此其相似度为2。

如果系统有较多用户,推荐集合应定为多个元素(用户)的集合,这样能保证推荐的准确性。为了简洁,本示例仅有3位用户,所以推荐集合就定为单元集,如果要给张三推荐,那么先找到与张三最相似的用户集合{李四},因张三与李四的相似度是2,而与王五的相似度是1。

既然找到了张三的最相似用户是李四,而且也可以发现李四购买过《人工智能》,而张三没有购买过,所以我们就给张三推荐《人工智能》。

为了实现基于协同过滤的图书推荐,得找出与目标用户有相同兴趣的用户,而效用矩阵中记录了原始信息。只需要在效用矩阵中找到与目标用户具有最高相似度的若干用户,然后再向目标用户推荐这些用户购买了而目标用户没有购买的图书即可。

根据上述分析可知:本系统可以抽象出3个关键性操作,其实现要点说明如下。

(1) 创建行逻辑链接的顺序表。

创建稀疏矩阵的行逻辑链接的顺序表,只需在3.1.2节中创建稀疏矩阵的三元组顺序表的基础上将rpos这个"指示矩阵中每行的首个非零元在三元组表中的序号"的辅助数组固定在存储结构中,将便于随机存取稀疏矩阵中任意一行的非零元。具体做法是,在将稀疏矩阵的非零元存入三元组表中时,增加一个计数器计数非零元数目,当每行开始存放时,计数器中的值即为rpos数组对应行的值。

(2) 取值操作,即求r行c列的元素的算法。

在行逻辑链接的顺序表存储下,由于有了rpos数组,就无须像在三元组顺序表上取值操作那样要对三元组表中元素顺序扫描来实现行的定位,而只需直接读取数组rpos中下标为r位置的元素值即可实现行的定位。为此,稀疏矩阵的行逻辑链接的顺序表表示是一种能实现随机存取任一行操作的存储结构,但要获取该行中的指定列的元素则还需顺序存取。

(3) 计算两个用户的相似度。

有了对元素的取值操作,计算两个用户的相似度就转化为对两个用户对应行的相同图书统计共同的购买信息。只需增加一个计数器,当两个用户购买同一图书时计数器加1,计数器的值即为两个用户的相似度。

(4) 向目标用户进行推荐。

根据用户v的购买情况向目标用户u进行推荐,检索用户u和v对应的图书购买信息,将用户v已经购买而用户u尚未购买的图书推荐出来。由于这样的图书可能有多本,因此需要引用一个数组保存推荐的图书,并将此数组作为推荐结果返回其值。

3)关键操作接口描述

```
void InitMatrix(int mat[MAXRC][MAXRC], int m, int n, RLSMatrix& M);
//根据已知的稀疏矩阵 mat 创建其行逻辑链接的顺序表 M,其中 m 和 n 是矩阵的行数和列数
ElemType Value(RLSMatrix M, int r, int c);
//求矩阵 M 中第 r 行和第 c 列的元素值
int Cooccurrence(RLSMatrix M, int u, int v);
//根据行逻辑链接的顺序表 M,计算两个用户 u 和 v 的相似度
int * Recommend(RLSMatrix M, int u, int v);
//根据用户 v 向目标用户 u 进行推荐,函数返回值是存放推荐结果的整型数组
```

4)关键操作算法参考

(1)创建行逻辑链接的顺序表的算法。

```
void InitMatrix(int mat[MAXRC][MAXRC], int m, int n, RLSMatrix& M)
//根据已知的稀疏矩阵 mat 创建其行逻辑链接的顺序表 M,其中 m 和 n 是矩阵的行数和列数
{    int i, j, k = 0, count = 0;
     M.m = m;
     M.n = n;

     for (i = 0; i < m; i++)
     {    M.rpos[i] = count;
          for (j = 0; j < n; j++)
          {
              if (mat[i][j] != 0)
              {
                  M.data[count].i = i;
                  M.data[count].j = j;
                  M.data[count].e = mat[i][j];
                  count++;
              }
          }
     }
     M.t = count;
}
```

(2)给定下标求矩阵的元素值的算法。

```
ElemType Value(RLSMatrix M, int r, int c)
//求矩阵 M 中第 r 行和第 c 列的元素值
{    int p = M.rpos[r];                          //第 r 行的首个非零元在三元组中的位置
     while (M.data[p].i == r && M.data[p].j < c)  //找第 c 列
         p++;
     if (M.data[p].i == r && M.data[p].j == c)
         return M.data[p].e;
     else
         return 0;
}
```

（3）计算两个用户的相似度的算法。

```
int Cooccurrence(RLSMatrix M, int u, int v)
//根据行逻辑链接的顺序表 M,计算两个用户 u 和 v 的相似度
{      int c = 0;
       for (int j = 0; j < M.n; j++)
              if (Value(M, u, j) == Value(M, v, j))
                     c++;
       return c;
}
```

（4）向目标用户进行推荐的算法。

```
int * Recommend(RLSMatrix M, int u, int v)
//根据用户 v 向目标用户 u 进行推荐,函数返回值是存放推荐结果的整型数组
{      int c = 0;
       int rec[MAXRC];
       for (int j = 0; j < M.n; j++)
              if (Value(M, v, j) == 1 && Value(M, u, j) == 0)
                     rec[c++] = j;
       rec[c] = -1;
       return rec;
}
```

5. 程序代码参考

扫码查看: 3-2-3.cpp

6. 运行结果参考

程序运行的结果如图 3-7 所示。

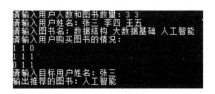

图 3-7　程序运行结果

7. 延伸思考

（1）计算两个用户的相似度时,多次调用了取值操作 Value,但由于行逻辑链接的顺序表不具有完全的随机存取特性,这样多次调用取值操作会导致较高的时间复杂度。事实上,只需将两个用户评价的项目整行读出,然后再找出共同的项目数即可。那么应该怎样修改相似度的算法实现这一思想?

（2）本实践根据一个最相似用户完成了向目标用户的推荐,请思考如何找出与某用户

相似度最高的若干用户,然后根据他们评价项目的情况对目标用户进行推荐?

3.3 拓展实践

3.3.1 字符串的解压缩

1. 实践目的

(1) 能够正确分析字符串解压缩过程中要解决的关键问题及其解决思路。

(2) 能够根据字符串解压缩的操作特点选择适当的存储结构。

(3) 能够运用字符串基本操作的实现方法设计字符串解压缩中的关键操作算法。

(4) 能够编写程序模拟字符串解压缩的实现,并验证其正确性。

(5) 能够对实践结果的性能进行辩证分析和优化提升。

2. 实践内容

行程编码(run length encoding,RLE),又称游程编码、行程长度编码、变动长度编码等,是一种统计编码。主要技术是检测重复的比特或字符序列,并用它们的出现次数取而代之。例如,有一个字符串"abcabccdcdcdef",经过行程编码后可以用"2[abc]3[cd]ef"来表示,从而实现对数据的压缩。行程编码尤其适用于计算机生成的图形图像,对减少存储容量很有效果。

本实践内容的具体描述是:给定一个经过行程编码压缩后的字符串,设计算法求出该字符串解压缩后的字符串,并编程验证算法的正确性。行程编码规则为:k[encoded_string]。其中,k 为数字;方括号内部的 encoded_string 为元字符串,数字 k 表示元字符串重复的次数。

3. 实践要求

(1) 输入要求:输入经过压缩的字符串,编码规则符合要求。

(2) 输出要求:输出经过解压缩后的字符串(不包含数字和方括号)。

(3) 测试用例信息如表 3-5 所示(只供参考,但不局限于此)。

表 3-5 测试用例

序号	输入	输出	说明
1	3[a]2[bc]	aaabcbc	含有两个编码点
2	3[a2[c]]	accaccacc	编码点存在嵌套
3	2[abc]3[cd]ef	abcabccdcdcdef	在编码点后存在非编码串
4	abc3[cd]xyz	abccdcdcdxyz	在编码点前后均存在非编码串
5	3[a2[c4[fg]]]	acfgfgfgfgcfgfgfgfgcfgfgfgfgfgcfgfgfgfgacfgfgfgfgcfgfgfgfgfgacfgfgfgfgcfgfgfgfg	一个短的压缩串由于编码点嵌套的存在,可能会解压缩出很长的串

4. 解决思路

1) 数据存储结构的设计要点提示

由于字符串解压缩问题中处理的对象仅仅是字符串,而一个短的压缩串由于编码点嵌套的存在,可能会解压缩出很长的串,另外,在操作过程中,需要经常对串中的字符进行随机访问,那么,你觉得本实践应该采用何种存储结构更为合适?

2）关键操作的实现要点提示

本实践主要完成的操作是对输入字符串的解压缩，由于输入字符串定义是递归的，因此解压缩算法也用递归思路处理，其实现要点说明如下：

依次读取每个字符，如果读到的字符是数字字符，则需要解析成对应的数字 k，作为后面元字符串重复出现的次数；如果读到的字符是"["，说明是要重复的元字符串的开始，且 k 中已经存放了元字符串需要重复的次数，此时，需要根据重复次数 k 和当前需要重复的元字符串，将元字符串重复 k 次连接到解析字符串的后面；如果读到的字符是"]"说明当前重复出现的元字符串结束，相应的递归操作也结束。过程如图 3-8 所示。

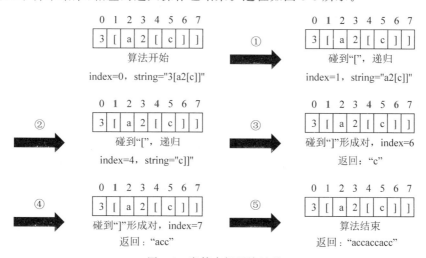

图 3-8　字符串解压缩过程

3）关键操作接口描述

从图 3-8 所示可知，整个解压缩过程就是一个不断从某个 index 位置开始解析串的过程，这个过程的接口可描述如下：

```
HString Analysis(HString S, int &index)
//从 index 位置开始解析串 S
```

5. 程序代码参考

扫码查看：3-3-1.cpp

6. 延伸思考

（1）由于输入字符串的定义具有递归特性，因此本题的解析算法也用递归的思想进行处理，请分析本算法的时间复杂度和空间复杂度。

（2）本问题能否不用递归算法进行解决？比如，应用第 2 章描述的栈结构进行解决，则代码应该如何编写？

3.3.2 《决议》高频词统计问题

1. 实践目的

(1) 能够通过《中国共产党关于党的百年奋斗重大成就和历史经验的决议》(简称《决议》)高频词的正确解读来领会中国共产党第十九届中央委员会第六次全体会议的精髓要义,从而深刻体悟中国共产党的执政理念,厚植爱党爱国的情怀,增强"四个自信"。

(2) 能够根据对《决议》高频词统计的操作特点选择恰当的存储结构。

(3) 能够运用 KMP 算法设计并实现词频统计功能。

(4) 能够编写程序测试对《决议》词频统计结果的正确性。

(5) 能够对实践结果的性能进行辩证分析和优化提升。

2. 实践背景

2021 年 11 月 11 日,中国共产党第十九届中央委员会第六次全体会议通过了《中共中央关于党的百年奋斗重大成就和历史经验的决议》。

一百年来,党领导人民浴血奋战、百折不挠,创造了新民主主义革命的伟大成就;自力更生、发愤图强,创造了社会主义革命和建设的伟大成就;解放思想、锐意进取,创造了改革开放和社会主义现代化建设的伟大成就;自信自强、守正创新,创造了新时代中国特色社会主义的伟大成就。党和人民百年奋斗,书写了中华民族几千年历史上最恢宏的史诗。

总结党的百年奋斗重大成就和历史经验,是在建党百年历史条件下开启全面建设社会主义现代化国家新征程、在新时代坚持和发展中国特色社会主义的需要;是增强政治意识、大局意识、核心意识、看齐意识,坚定道路自信、理论自信、制度自信、文化自信,做到坚决维护习近平同志党中央的核心、全党的核心地位,坚决维护党中央权威和集中统一领导,确保全党步调一致向前进的需要;是推进党的自我革命、提高全党斗争本领和应对风险挑战能力、永葆党的生机活力、团结带领全国各族人民为实现中华民族伟大复兴的中国梦而继续奋斗的需要。全党要坚持唯物史观和正确党史观,从党的百年奋斗中看清楚过去我们为什么能够成功、弄明白未来我们怎样才能继续成功,从而更加坚定、更加自觉地践行初心使命,在新时代更好坚持和发展中国特色社会主义[①]。

在《决议》全文中,"人民"这个高频词汇被提到 249 次,体现了我们党始终不忘团结带领全国各族人民不断为美好生活而奋斗的初心使命。"江山就是人民,人民就是江山",彰显了我们党全心全意为人民服务的根本宗旨,展现了新时代共产党人不忘初心、牢记使命的坚定决心。

"社会主义"这个高频词汇共出现了 156 次,因为中国特色社会主义制度是我们的根本制度,也是我们实现中华民族伟大复兴的必经之路。坚持社会主义方向,坚持中国特色社会主义道路,这是一个根本性的要求。

3. 实践内容

《决议》全文共有 36 000 多字,编程统计《决议》全文中高频词"人民""社会主义"出现的频数,并输出统计结果。

---

① 中共中央关于党的百年奋斗重大成就和历史经验的决议. 新华网. http://www. news. cn/2021-11/16/c_1128069706. htm.

4. 实践要求

（1）根据词频统计的处理对象及其操作特性，自主选择恰当的数据存储结构。

（2）抽象出本实践中所涉及的关键性操作模块，并给出其接口描述及其实现算法。

（3）输入要求：通过读取磁盘文本文件的方式一次性读取《决议》全文。《决议》全文的文本文件可通过扫右边的二维码下载。

3-3-2
inputdata.txt

（4）输出要求：分别输出"人民"和"社会主义"在《决议》中出现的频数。

5. 解决思路

1）数据存储结构的设计要点提示

本实践处理的对象是《决议》全文构成的字符串，而本实践要解决的核心问题则是求指定词语如"人民""社会主义"在《决议》全文中出现的频数。它可以基于字符串的模式匹配算法来实现，其中主串是《决议》全文，模式串是"人民"和"社会主义"。由于《决议》全文共有36 000多字，另外，在串的匹配过程中，需要经常对串中的字符进行随机访问，所以建议采用串的堆分配存储表示。

2）关键操作的实现要点提示

本实践的处理过程可以简单表述为：引进一个计数器变量，从主串的串首位置开始进行模式匹配，匹配成功时计数器加1，然后再从上次匹配成功的下一位置开始进行模式匹配，匹配成功时计数器再加1，重复上述过程，直至整个主串都匹配完成为止，此时计数器的值即为模式串在主串中出现的频数。

根据上述表述，其中最关键的操作是串的模式匹配，有两种主要的模式匹配算法：Brute-Force算法（BF算法）和KMP算法。

由 D. E. Knuth、V. R. Pratt 和 J. H. Morris 提出的模式匹配改进算法，简称 KMP 算法。KMP 算法对 BF 算法做了很大的改进，模式匹配的效率较高。KMP 算法的主要思想是，每当某趟匹配失败时，主串指针不回退，而是利用已经得到的"部分匹配"的结果，将模式向右"滑动"尽可能远的一段距离后，继续进行比较。

具体地说，KMP 算法在匹配过程中产生"失配"时，主串指针不回退，模式指针退回到 next 函数值所指示的位置上重新进行比较，并且当模式指针退至零时，主串指针和模式指针需同时增1。即若主串的第 i 个字符和模式的第 1 个字符不等，则应从主串的第 i+1 个字符起重新进行匹配。

KMP 算法需要求模式的 next 函数，这个在 3.2.2 节中已经做过介绍。

6. 程序代码参考

扫码查看：3-3-2.cpp

7. 延伸思考

本实践实现的功能是给定具体词语，计算出该词语在指定文本中的词频。对于文本来说，假定全文已经进行了分词处理，请思考如何编程统计指定文本中每个词语出现的词频。

8. 结束语

透过高频词对《决议》全文进行精要解读，以更好地学习宣传贯彻党的十九届六中全会精神，从党的百年奋斗中看清楚过去我们为什么能够成功、弄明白未来我们怎样才能继续成功，从而更加坚定、更加自觉地践行初心使命。深刻理解党百年奋斗的历史逻辑、理论逻辑、实践逻辑，深化对共产党执政规律、社会主义建设规律、人类社会发展规律的认识，正确把握党百年奋斗的宝贵历史经验，能够使我们始终掌握新时代新征程党和国家事业发展的历史主动，以更加昂扬的姿态迈进新征程、建功新时代。

第4章 树与二叉树

4.1 基 础 实 践

4.1.1 二叉树的遍历

1. 实践目的

（1）能够正确描述二叉树的链式存储结构在计算机中的表示。

（2）能够正确编写二叉树三种遍历方法的递归实现算法。

（3）能够利用二叉树的遍历方法给出求解二叉树深度的实现算法。

（4）能够编写程序验证在二叉链表存储结构上实现二叉树的遍历操作算法的正确性。

2. 实践内容

先由标明空子树的先根遍历序列建立一棵二叉树，再分别实现二叉树的先根、中根和后根遍历的递归算法，最后利用后根遍历方法实现求解二叉树深度操作。

3. 实践要求

1）数据结构

二叉树的二叉链表存储结构描述如下：

```
typedef struct BiTNode
{   TElemType data;                //数据域
    struct BiTNode * lchild, * rchild; //左孩子域和右孩子域
 }BiTNode, * BiTree;            //BiTNode 为结点类型名,BiTree 为指向结点的指针类型名
```

特别说明：TElemType 在本实践中定义为字符类型，其描述语句如下。

```
typedef char TElemType;
```

2）函数接口说明

```
Status CreateBiTree(BiTree &T);
//由标明空子树的先根遍历序列建立一棵二叉树 T
void PreRootTraverse(BiTree T);
//先根遍历二叉树 T 的递归算法
void InRootTraverse(BiTree T);
//中根遍历二叉树 T 的递归算法
void PostRootTraverse(BiTree T);
//后根遍历二叉树 T 的递归算法
int Depth(BiTree T);
//求解二叉树 T 的深度
```

3）输入输出说明

输入说明：输入信息为 1 行，即输入需要建立的这棵二叉树的标明空子树（以"♯"表示）的先根遍历序列。

输出说明：输出信息分 4 行，在输入 1 行信息并回车后，在输出的第 1 行给出此二叉树的先根遍历序列，在第 2 行给出此二叉树的中根遍历序列，在第 3 行给出此二叉树的后根遍历序列，在第 4 行给出一个整数，即此二叉树的深度。

4）测试用例

测试用例信息如表 4-1 所示。

表 4-1　测试用例

序号	输　　入	输　　出	说　　明
1	AB♯♯CD♯♯♯	ABCD BADC BDCA 3	一般情况。 对应二叉树： 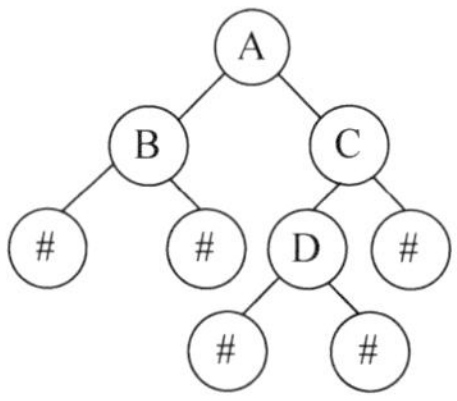
2	ABD♯♯E♯♯CF♯ ♯G♯♯	ABDECFG DBEAFCG DEBFGCA 3	完全二叉树。 对应二叉树： 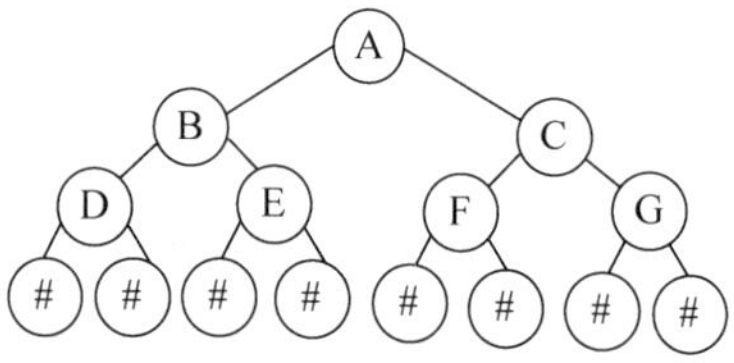
3	ABC♯♯♯♯	ABC CBA CBA 3	左支树（左斜树）。 对应二叉树： 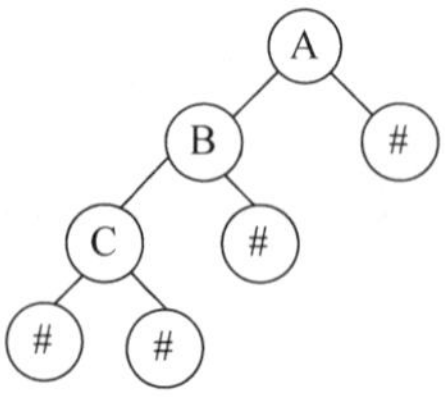
4	A♯B♯C♯♯	ABC ABC CBA 3	右支树（右斜树）。 对应二叉树： 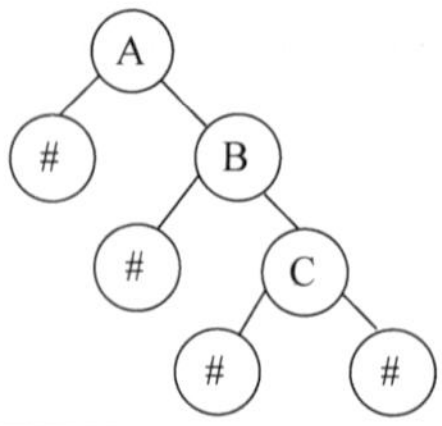

序号	输　　入	输　　出	说　　明
5	A＃＃	A A A 1	只有根结点。 对应二叉树：

4. 解决方案

上述接口的实现方法分析如下。

(1) 建立二叉树操作 CreateBiTree(&T)：由于二叉树是递归定义的，所以，要根据二叉树的某种遍历序列建立一棵二叉树的二叉链表存储结构，则可以模仿二叉树遍历的递归算法来加以实现。例如：输入的是一棵二叉树的标明空子树的先根遍历序列，依次判断序列中的每个字符，若读入的字符是"＃"，则建立空树；否则，利用先根遍历方法先生成根结点，再用递归函数调用实现左子树和右子树的建立操作。标明空子树的先根遍历序列可以明确二叉树中某个结点与其双亲、孩子和兄弟结点之间的关系，也就能够唯一确定一棵二叉树。

(2) 二叉树先根遍历操作 PreRootTraverse(T)：二叉树的遍历是指沿着某条搜索路径对二叉树中的每个结点进行访问，使得每个结点均被访问一次，而且仅被访问一次。这里"访问"的含义很广泛，在解决实际问题中，可以进行各种不同的操作，例如在此操作中可以用来输出结点的信息。若二叉树为空树，则执行空操作；否则，先输出根结点信息，再先根遍历左子树，最后先根遍历右子树。

(3) 二叉树中根遍历操作 InRootTraverse(T)：若二叉树为空树，则执行空操作；否则，先中根遍历左子树，再输出根结点信息，最后中根遍历右子树。

(4) 二叉树后根遍历操作 PostRootTraverse(T)：若二叉树为空树，则执行空操作；否则，先后根遍历左子树，再后根遍历右子树，最后输出根结点信息。

(5) 求解二叉树深度操作 Depth(T)：需要先分别求出二叉树左子树和右子树的深度，再将两者深度中的较大值加 1。利用二叉树后根遍历的递归算法来解决此问题，若二叉树为空树，返回深度值为 0；否则，先用后根遍历递归算法求左子树的深度，再用后根遍历递归算法求右子树的深度，最后将左子树和右子树深度中的较大值加 1，并作为这棵二叉树的深度值加以返回。

5. 程序代码参考

```
# include < stdio. h>
# include < malloc. h>
# define OK 1
# define ERROR 0
typedef int Status;
typedef char TElemType;
```

127

第4章

树与二叉树

```
typedef struct BiTNode                          //结点结构
{    TElemType data;                            //数据域
     struct BiTNode * lchild, * rchild;         //左孩子域和右孩子域
}BiTNode, * BiTree;

Status CreateBiTree(BiTree &T)
// 由标明空子树的先根遍历序列建立一棵二叉树 T
{    char ch;
     scanf(" % c",&ch);
     if(ch == '♯')
            T = NULL;                            //"♯"字符表示空二叉树
     else
     {    T = (BiTree)malloc(sizeof(BiTNode));   //生成根结点
          T -> data = ch;
          CreateBiTree(T -> lchild);            //构造左子树
          CreateBiTree(T -> rchild);            //构造右子树
     }
     return OK;
}


void PreRootTraverse(BiTree T)
//先根遍历二叉树 T 的递归算法
{    if(T!= NULL)
     {    printf(" % c",T -> data);              //输出根结点信息
          PreRootTraverse(T -> lchild);         //先根遍历左子树
          PreRootTraverse(T -> rchild);         //先根遍历右子树
     }
}


void InRootTraverse(BiTree T)
//中根遍历二叉树 T 的递归算法
{    if(T!= NULL)
     {    InRootTraverse(T -> lchild);          //中根遍历左子树
          printf(" % c",T -> data);             //输出根结点信息
          InRootTraverse(T -> rchild);          //中根遍历右子树
     }
}


void PostRootTraverse(BiTree T)
//后根遍历二叉树 T 的递归算法
{    if(T!= NULL)
     {    PostRootTraverse(T -> lchild);        //后根遍历左子树
          PostRootTraverse(T -> rchild);        //后根遍历右子树
          printf(" % c",T -> data);             //输出根结点信息
     }
}


int Depth(BiTree T)
//利用后根遍历方法对二叉树 T 进行遍历,在遍历的过程中求二叉树的深度
```

```
{       int depthLeft,depthRight,depthval;
        if(T!= NULL)
        {       depthLeft = Depth(T - > lchild);       //对左孩子域自递归,求左子树的深度
                depthRight = Depth(T - > rchild);       //对右孩子域自递归,求右子树的深度
                depthval = 1 + (depthLeft > depthRight?depthLeft:depthRight);
                                        //返回左子树的深度和右子树的深度中的较大值加1
        }
        else
                depthval = 0;
        return depthval;
}

int main()
{       BiTree T;
        CreateBiTree(T);                //输入二叉树的标明空子树的先根遍历序列
        PreRootTraverse(T);             //输出二叉树的先根遍历序列
        printf("\n");
        InRootTraverse(T);              //输出二叉树的中根遍历序列
        printf("\n");
        PostRootTraverse(T);            //输出二叉树的后根遍历序列
        printf("\n");
        printf(" % d",Depth(T));        //输出二叉树的深度
        return 0;
}
```

6. 运行结果参考

程序部分测试用例的运行结果如图 4-1 所示。

(a) 测试用例1的运行结果　(b) 测试用例2的运行结果　(c) 测试用例3的运行结果　(d) 测试用例5的运行结果

图 4-1　程序部分测试用例的运行结果

7. 延伸思考

（1）二叉树三种遍历方法的递归算法虽然结构简洁,但时间和空间消耗相对较大,从而导致运行效率降低,利用带回溯的非递归算法是一种解决策略。实现带回溯的非递归算法需要引入一个栈结构,利用栈结构来保存中间结果。若要将二叉树的三种遍历方法的递归算法改为用带有栈结构的非递归算法来加以实现,则对应的三个函数的代码该做何修改?

（2）本实践中用二叉树的标明空子树的先根遍历序列建立一棵二叉树,若此二叉树为完全二叉树,则可用完全二叉树的顺序存储结构来建立二叉树。在完全二叉树的顺序存储空间中,编号为 i 的结点存放在第 $i-1$ 个存储位置(编号为 1 的根结点存放在第 0 个位置),其左孩子和右孩子分别存放在第 $2\times i-1$ 个和第 $2\times i$ 个存储位置。要达到这一用意,建立二叉树函数的代码该做何修改?

（3）采用递归方式实现建立二叉树操作的过程中,需要注意递归终止的条件,例如：在

第 4 章

树与二叉树

测试用例 1 中输入 ABCD 或 AB♯♯CD♯♯都会因为没有将标明空子树的先根遍历序列写完整,而无法终止递归算法,也就得不到所需的二叉树。如何对 CreateBiTree 函数的代码进行修改,使其在没有正确输入序列的情况下,终止递归并提示信息"Input Error!"?

4.1.2　二叉树的复制

1. 实践目的

(1) 能够正确描述二叉树的链式存储结构在计算机中的表示。

(2) 能够正确编写复制一棵二叉树的递归实现算法。

(3) 能够正确编写在二叉树中查找结点操作的实现算法。

(4) 能够编写程序验证在二叉链表存储结构上实现复制等基本操作算法的正确性。

2. 实践内容

先建立一棵二叉树,再复制得到一棵与它相同的新二叉树,最后实现在这棵复制得到的新二叉树中查找数据域值为 x 的结点的操作。

3. 实践要求

1) 数据结构

二叉树的二叉链表存储结构描述如下:

```
typedef struct BiTNode
{    TElemType data;                      //数据域
     struct BiTNode * lchild, * rchild;  //左孩子域和右孩子域
}BiTNode, * BiTree;                       //BiTNode 为结点类型名,BiTree 为指向结点的指针类型名
```

特别说明:TElemType 在本实践中定义为字符类型,其描述语句如下。

```
typedef char TElemType;
```

2) 函数的接口说明

```
Status CreateBiTree(BiTree &T);
//由标明空子树的先根遍历序列建立一棵二叉树 T
void PreRootTraverse(BiTree T);
//先根遍历二叉树 T 的递归算法
Status CopyTree(BiTree T1,BiTree &T2);
//复制一棵二叉树,T1 为原二叉树,T2 是由 T1 复制得到的新二叉树
Status SearchNode(BiTree T,char x);
//在二叉树 T 中查找指定数据域的值为 x 的结点
```

3) 输入输出说明

输入说明:输入信息分 2 行,第 1 行输入需要建立的原二叉树的标明空子树(以"♯"表示)的先根遍历序列;第 2 行输入待查找的结点的数据域的值。

输出说明:输出信息分 3 行,在输入第 1 行信息并回车后,在输出的第 1 行给出建立的原二叉树的先根遍历序列,在第 2 行给出复制得到的新二叉树的先根遍历序列;在输入第 2 行信息并回车后,要求在下一行输出查找结果,若查找成功,输出"Search Succeeded!",否则查找失败,输出"Search Failed!"。

4）测试用例

测试用例信息如表 4-2 所示。

表 4-2　测试用例

序号	输　　入	输　　出	说　　明
1	AB♯D♯♯C♯♯ C	ABDC ABDC Search Succeeded！	一般情况,待查找的结点在二叉树中存在
2	AB♯D♯♯C♯♯ C	ABDC ABDC Search Failed！	一般情况,待查找的结点在二叉树中不存在
3	A♯♯ B	A A Search Failed！	只有根结点,待查找的结点在二叉树中不存在

4. 解决方案

上述接口的实现方法分析如下。

（1）建立二叉树操作 CreateBiTree(&T)：利用二叉树先根遍历的递归算法建立一棵二叉树。实现方法同 4.1.1 节中相应内容。

（2）二叉树先根遍历操作 PreRootTraverse(T)：若二叉树为空树,则执行空操作；否则,先输出根结点信息,再先根遍历左子树,最后先根遍历右子树。

（3）复制二叉树操作 CopyTree(T1,&T2)：假设原二叉树为 T1,复制得到的新二叉树为 T2,由于二叉树由 3 部分组成,分别是：根结点、左子树和右子树,所以要复制一棵二叉树,只要分别对这 3 部分做复制操作即可。若按照先根遍历递归算法的思路执行,则先对根结点进行复制操作,即生成一个新的根结点 T2,使其数据域的值与原二叉树的数据域的值相同；再依次复制根结点 T1 的左子树和右子树,使其成为 T2 的左子树和右子树。由于左子树和右子树也都是一棵二叉树,所以其复制操作与对原二叉树的复制操作相同。

（4）二叉树查找操作 SearchNode(T,x)：在以 T 为根结点的二叉树中查找数据域的值为 x 的结点,可以充分利用二叉树的递归定义特点,在某种遍历过程中加以实现,例如：在二叉树的先根遍历过程中,将访问根结点的操作视为将根结点的数据域的值与待查找的 x 进行比较,即若二叉树为空树,则不存在该结点,返回空值；否则,将根结点的数据域的值与 x 进行比较,若相等,则查找成功,若不相等,则依次在左子树和右子树中进行查找,最后返回查找结果。

5. 程序代码参考

```
# include < stdio. h >
# include < malloc. h >
# define OK 1
# define ERROR 0
typedef int Status;
typedef char TElemType;

typedef struct BiTNode                    //结点结构
```

```
{        TElemType data;                              //数据域
         struct BiTNode * lchild, * rchild;           //左孩子域和右孩子域
}BiTNode, * BiTree;

Status CreateBiTree(BiTree &T)
// 由标明空子树的先根遍历序列建立一棵二叉树 T
{        char ch;
         scanf(" % c",&ch);
         if(ch == '＃')
              T = NULL;                                //"＃"字符表示空二叉树
         else
         {    T = (BiTree)malloc(sizeof(BiTNode));     //生成根结点
              T -> data = ch;
              CreateBiTree(T-> lchild);                //构造左子树
              CreateBiTree(T-> rchild);                //构造右子树
         }
         return OK;
}


void PreRootTraverse(BiTree T)
//先根遍历二叉树 T 的递归算法
{    if(T!= NULL)
     {    printf(" % c",T-> data);                     //输出根结点信息
          PreRootTraverse(T -> lchild);                //先根遍历左子树
          PreRootTraverse(T -> rchild);                //先根遍历右子树
     }
}


Status CopyTree(BiTree T1,BiTree &T2)
//复制二叉树,T1 为原二叉树,T2 是由 T1 复制得到的新二叉树
{    if(T1!= NULL)
     {    T2 = (BiTree )malloc(sizeof(BiTNode));       //为根结点 T2 分配空间
          if(!T2)                                      //空间分配失败
               return ERROR;
          T2 -> data = T1 -> data;      //根结点 T2 的数据域的值来自根结点 T1 的数据域的值
          CopyTree(T1 -> lchild,T2 -> lchild);         //复制左子树
          CopyTree(T1 -> rchild,T2 -> rchild);         //复制右子树
     }
     else
          T2 = NULL;
     return OK;
}


Status SearchNode(BiTree T,char x)
//在二叉树 T 中查找值为 x 的结点,如果找到,则函数返回 OK,否则返回 ERROR
{    if(T!= NULL)
     {    if(T -> data == x)                           //对根结点数据域的值进行判断
                  return OK;
          else
                  return(SearchNode(T -> lchild, x)!= ERROR? SearchNode(T -> lchild, x):
SearchNode(T -> rchild,x));
```

```
                                        //分别在二叉树的左子树和右子树中查找结点
        }
        return ERROR;
}


int main()
{       BiTree T1,T2;
        char x;
        CreateBiTree(T1);               //输入二叉树的标明空子树的先根遍历序列
        getchar();
        PreRootTraverse(T1);            //输出二叉树的先根遍历序列
        printf("\n");
        CopyTree(T1,T2);
        PreRootTraverse(T2);            //输出复制得到的新二叉树的先根遍历序列
        printf("\n");
        scanf(" % c",&x);getchar();     //输入待查找结点 x
        if(SearchNode(T2,x))
            printf("Search Succeeded!");  //查找成功,输出"Search Succeeded!"
        else
            printf("Search Failed!");     //查找失败,输出"Search Failed!"
        return 0;
}
```

6. 运行结果参考

程序测试用例的运行结果如图 4-2 所示。

(a) 测试用例1的运行结果　　(b) 测试用例2的运行结果　　(c) 测试用例3的运行结果

图 4-2　程序测试用例的运行结果

7. 延伸思考

（1）在复制二叉树和二叉树查找操作中均模仿了先根遍历的递归算法,事实上这两个操作都是可以在先根、中根和后根遍历中的任何一种遍历方法的基础上加以实现。如果需要模仿中根遍历或后根遍历的递归算法实现,这两个函数的代码该如何修改?

（2）本实践中仅实现了复制二叉树操作,并未将原二叉树和新二叉树进行比较,可以在复制二叉树后增加一个操作,即判断这两棵二叉树是否相等,若相等表示复制成功,若不相等表示复制失败。为达到这一目的,判断两棵二叉树相等的函数该如何编写?

4.1.3　树的遍历

1. 实践目的

（1）能够正确描述树的孩子兄弟链表存储结构在计算机中的表示。

（2）能够正确编写树的先根遍历和后根遍历的递归实现算法。

（3）能够正确编写计算树的深度的实现算法。

（4）能够编写程序验证在孩子兄弟链表存储结构上实现树的遍历等操作算法的正确性。

2. 实践内容

先由树所对应的二叉树的先根遍历序列(标明空子树)建立一棵树,再分别实现树的先根遍历和后根遍历的递归算法,最后利用后根遍历方法实现计算树深度的操作。

3. 实践要求

1）数据结构

树的孩子兄弟链表存储结构描述如下:

```
typedef struct CSNode
{    TElemType data;                      //数据域
     struct CSNode * FirstChild;          //左孩子域
     struct CSNode * NextSibling;         //右兄弟域
}CSNode, * CSTree;                        //CSNode 为结点类型名,CSTree 为指向结点的指针类型名
```

特别说明：TElemType 在本实践中定义为字符类型,其描述语句如下。

```
typedef char TElemType;
```

2）函数的接口说明

```
Status CreateCSTree(CSTree &T);
//按树所对应的二叉树的先根遍历序列建立一棵以孩子兄弟链表为存储结构的树 T
void CSPreRootTraverse(CSTree T);
//树 T 的先根遍历的递归算法
void CSPostRootTraverse(CSTree T);
//树 T 的后根遍历的递归算法
int CSTreeDepth(CSTree T);
//计算树 T(基于孩子兄弟链表存储结构)的深度
```

3）输入输出说明

输入说明：输入信息为 1 行,即输入需要建立的这棵树所对应的二叉树的标明空子树(以"#"表示)的先根遍历序列。

输出说明：输出信息分 3 行,在输入 1 行信息并回车后,在输出的第 1 行给出此树的先根遍历序列,在第 2 行给出此树的后根遍历序列,在第 3 行给出一个整数,即此树的深度。

4）测试用例

测试用例信息如表 4-3 所示。

4. 解决方案

上述接口的实现方法分析如下。

（1）建立树操作 CreateCSTree(&T)：树的孩子兄弟链表存储结构与二叉树的二叉链表存储结构相似,只是在孩子兄弟链表中每个结点的左指针指向该结点的第一个孩子结点(最左边的孩子结点),右指针指向该结点的右邻兄弟(右邻的兄弟结点),因而树的建立操作可以通过二叉树的建立操作来实现。由于树与它转换后对应的二叉树是一一对应的,故可以模仿二叉树建立的方法来建立一棵树。

表 4-3　测试用例

序号	输　入	输　出	说　明
1	AB＃CE＃＃＃D＃＃＃	ABCED BECDA 3	含有 3 棵子树的树。 树： 对应二叉树：
2	ABC＃＃＃＃	ABC CBA 3	只含有 1 棵子树的树。 树： 对应二叉树：
3	A＃＃	A A 1	只有 1 个根结点的树。 树： 对应二叉树：

（2）树先根遍历操作 CSPreRootTraverse(T)：树可被看成由树的根结点和根结点的所有子树所构成的森林两部分组成。具体操作如下：若树为空树，则执行空操作；否则，先输出结点信息，再从左到右依次先根遍历根结点的每棵子树。由于树的先根遍历序列与树

所对应的二叉树的先根遍历序列相同，因而树的先根遍历操作可以利用二叉树的先根遍历递归算法加以实现。

（3）树后根遍历操作 CSPostRootTraverse(T)：若二叉树为空树，则执行空操作；否则，先从左到右依次后根遍历根结点的每棵子树，再输出根结点信息。由于树的后根遍历序列与树所对应的二叉树的中根遍历序列相同，因而树的后根遍历操作可以利用二叉树的中根遍历递归算法加以实现。

（4）计算树的深度操作 CSTreeDepth(T)：由树转换成二叉树的方法可知（如图 4-3 所示），树的第一棵子树（从左到右）的根结点（即 B）成为树的根结点（即 A）的左孩子结点，树的第二棵子树的根结点（即 C）成为树的根结点（即 A）的左孩子结点（即 B）的右孩子结点，因而计算树的深度时，需要先分别求出树中根结点的第一棵子树的深度和树中根结点的其他子树的深度，再比较出两者之间的较大者。需要注意的是，这里与计算二叉树的深度不一样，由于具有"左孩子右兄弟"的特点，故需要先对第一棵子树的深度进行加 1 后再进行比较。

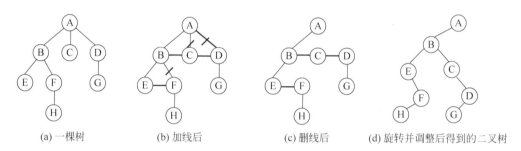

(a) 一棵树　　(b) 加线后　　(c) 删线后　　(d) 旋转并调整后得到的二叉树

图 4-3　树转换成二叉树的过程

5. 程序代码参考

```
# include < stdio.h >
# include < malloc.h >
# define OK 1
# define ERROR 0
typedef int Status;
typedef char TElemType;

typedef struct CSNode                          //结点结构
{    TElemType data;                           //数据域
     struct CSNode * FirstChild;               //左孩子域
     struct CSNode * NextSibling;              //右兄弟域
}CSNode, * CSTree;

Status CreateCSTree(CSTree &T)
//按树所对应的二叉树的先根遍历序列建立一棵以孩子兄弟链表为存储结构的树 T
{    char ch;
     scanf(" % c",&ch);
     if(ch == '♯ ')
             T = NULL;
```

```
        else
        {   T = (CSTree)malloc(sizeof(CSNode));        //生成根结点
            T->data = ch;
            CreateCSTree(T->FirstChild);               //构造左孩子
            CreateCSTree(T->NextSibling);              //构造右兄弟
        }
        return OK;
}


void CSPreRootTraverse(CSTree T)
//树 T 的先根遍历递归算法
{   if(T!= NULL)
    {   printf(" %c",T->data);                         //输出根结点信息
        CSPreRootTraverse(T->FirstChild);             //先根遍历树中根结点的第一棵子树
        CSPreRootTraverse(T->NextSibling);            //先根遍历树中根结点的其他子树
    }
}


void CSPostRootTraverse(CSTree T)
//树 T 的后根遍历递归算法
{   if(T!= NULL)
    {   CSPostRootTraverse(T->FirstChild);            //后根遍历树中根结点的第一棵子树
         printf(" %c",T->data);                        //输出根结点信息
        CSPostRootTraverse(T->NextSibling);           //后根遍历树中根结点的其他子树
    }
}


int CSTreeDepth(CSTree T)
//计算树 T(基于孩子兄弟链表存储结构)的深度
{   if(T!= NULL)
    {   int h1 = CSTreeDepth(T->FirstChild);          //计算树中根结点的第一棵子树的深度
        int h2 = CSTreeDepth(T->NextSibling);         //计算树中根结点的其他子树的深度
        return h1 + 1 > h2?h1 + 1 :h2;
    }
    return 0;
}
int main()
{   CSTree T;
    CreateCSTree(T);                                  //输入树对应的二叉树的先根遍历序列
    CSPreRootTraverse(T);                             //输出树的先根遍历序列
    printf("\n");
    CSPostRootTraverse(T);                            //输出树的后根遍历序列
    printf("\n");
    printf(" %d",CSTreeDepth(T));                     //输出树的深度
    return 0;
}
```

6. 运行结果参考

程序测试用例的运行结果如图 4-4 所示。

(a) 测试用例1的运行结果　　　(b) 测试用例2的运行结果　　　(c) 测试用例3的运行结果

图 4-4　程序测试用例的运行结果

7. 延伸思考

（1）本实践中针对树进行了先根遍历和后根遍历操作，还可以采用层次遍历方式对树进行遍历。树的层次遍历操作的实现过程需要引入一个队列作为辅助存储结构，并利用队列"先进先出、后进后出"的特点，依次对树中根结点的第一棵子树和其他子树进行操作。要达到这一用法，如何设计树的层次遍历操作函数？

（2）树的表示方法有多种，常见的有：树状表示法、文氏图表示法、凹入图表示法和广义表（括号）表示法。假如给定一棵树的广义表（括号）表示法，如何编写一个函数基于这棵树的广义表（括号）表示字符串来创建对应的孩子兄弟存储结构？

4.2　进　阶　实　践

4.2.1　对称同构二叉树的判定

1. 实践目的

（1）能够正确分析对称同构二叉树的判定中要解决的关键问题及其解决思路。

（2）能够根据对称同构二叉树的判定的操作特点选择恰当的存储结构。

（3）能够运用二叉树基本操作的实现方法设计对称同构二叉树的判定中的关键操作算法。

（4）能够编写程序实现对称同构二叉树的判定，并验证其正确性。

（5）能够对实践结果的性能进行辩证分析或优化。

2. 实践内容

所谓对称同构是指二叉树中任何结点的左、右子树结构是相同的。请编程实现对称同构二叉树的判定操作，并针对判定为对称同构的二叉树再判断其是否为一棵完全二叉树。

3. 实践要求

（1）根据对称同构二叉树判定的操作特性，自主分析选择恰当的数据存储结构。

（2）抽象出本实践中所涉及的关键性操作模块，并给出接口描述及其实现算法。

（3）输入输出说明：本实践要求输入的内容是需要建立的二叉树。输出的内容是有关这棵二叉树是否为对称同构的判定结果和是否为完全二叉树的判定结果。为了能使输入与输出信息更加人性化，可以在输入或输出信息之前适当添加有关输入或输出的提示信息。

4. 解决方案

1）数据结构

对称同构二叉树的判定和完全二叉树的判定问题都属于在二叉树遍历基本操作之上扩展的应用问题，因此，采用二叉链表存储结构最为方便，其描述具体如下：

```
typedef struct BiTNode
{    TElemType data;                        //数据域
     struct BiTNode * lchild, * rchild; //左孩子域和右孩子域
 }BiTNode, * BiTree;                        //BiTNode 为结点类型名,BiTree 为指向结点的指针类型名
```

其中 TElemType 在本实践中仍然定义为字符类型,其描述语句如下:

```
typedef char TElemType;
```

2)关键操作实现要点

本实践的关键操作涉及 3 项内容:第 1 项是需要先建立用于后续判定操作的二叉树,由于二叉树是递归定义的,因而最简便的方法仍是模拟二叉树遍历的递归算法来实现;第 2 项是二叉树的对称同构判定问题的解决,这个问题可以转化为先解决判定两棵二叉树是否是同构的问题,然后再用它来对一棵二叉树的左右子树进行同构判定来确定这棵二叉树是否为对称同构,所以,这项内容需要通过 2 个功能函数来实现;第 3 项是对已经判定为对称同构的二叉树进行是否为完全二叉树的判断。以上内容的实现要点简要说明如下。

(1)建立二叉树。

根据标明空子树的先根遍历序列建立一棵二叉树,具体实现方法请参看基础实践中的相关内容。

(2)判断两棵二叉树是否为同构。

可以通过两个示例来加以说明,图 4-5 中的两棵二叉树是同构的,即从直观上可见,这两棵二叉树的结构完全相同,但结点的数据域的值可以不同;而图 4-6 中的两棵二叉树不是同构的。

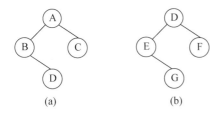

图 4-5　具有同构性质的两棵二叉树

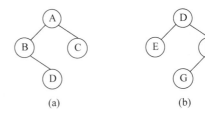

图 4-6　不具有同构性质的两棵二叉树

二叉树的许多应用问题都是递归问题,可以利用二叉树遍历算法的特点进一步拓展得到递归模型。从同构定义得到递归模型如下:

$$f(T1,T2) = \begin{cases} \text{true}, & \text{当 T1 和 T2 都为空时} \\ \text{false}, & \text{当 T1 和 T2 中有一个为空时} \\ f(T1\!-\!>\text{lchild},T2\!-\!>\text{lchild})\,\&\,\& \\ f(T1\!-\!>\text{rchild},T2\!-\!>\text{rchild}), & \text{其他情况} \end{cases}$$

可见,当 T1 和 T2 都为空时,这两棵二叉树是同构的,返回 true 值;当 T1 和 T2 中有一棵二叉树为空,则两者在结构上不可能相同,返回 false 值;其他情况,即为两棵二叉树都不为空,这时可以利用二叉树的特点,将这个问题拆成两个小问题:分别判断两棵左子树是否同构、两棵右子树是否同构,再用逻辑与运算加以连接。若它们左子树的判断结果是同构的且右子树也是同构的,则这两棵二叉树一定是同构的;相反,若它们的左子树或右子树不

是同构的,则这两棵二叉树肯定也不是同构的。

(3)判定一棵二叉树是否为对称同构。

对于一棵二叉树,若它为空树,则是对称同构的;否则只有当它的左子树和右子树是同构时才是对称同构的。图 4-7 中的二叉树是对称同构的,图 4-8 中的二叉树不是对称同构的。

(4)判断二叉树是否为完全二叉树。

根据完全二叉树的特点采用层次遍历的方法实现判断操作,也就是在层次遍历的过程中判断完全二叉树。对完全二叉树进行层次遍历时应满足以下条件:若某个结点没有左孩子,则它一定没有右孩子;若某个结点缺少左孩子或右孩子,则它在层次遍历中的所有的后继结点一定没有孩子结点或后继结点都是叶结点。按照这个规则在层次遍历中对每个结点进行操作,如果某个结点不满足以上条件中的任意一个,则这棵二叉树就不是完全二叉树,等到整棵二叉树中的所有结点都层次遍历结束,才能判别它是否为完全二叉树。图 4-7 和图 4-8 中的二叉树都不是完全二叉树,图 4-9 中的二叉树既是对称同构二叉树又是完全二叉树。

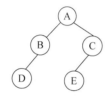

图 4-7　具有对称同构性质
的二叉树

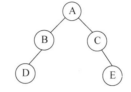

图 4-8　不具有对称同构性质
的二叉树

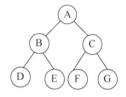

图 4-9　对称同构完全
二叉树示例

说明:层次遍历操作的实现过程中需要使用一个循环顺序队列作为辅助的存储结构。

3)关键操作接口描述

```
Status CreateBiTree(BiTree &T);
//由标明空子树的先根遍历序列建立一棵二叉树 T
bool Symm(BiTree T1,BiTree T2);
//判断两棵二叉树 T1 与 T2 是否同构
bool SymmBiTree(BiTree T);
//判定二叉树 T 是否为对称同构
bool ComBitree(BiTree T);
//判断二叉树 T 是否为完全二叉树
```

4)关键操作算法参考

(1)建立二叉树的算法。

```
Status CreateBiTree(BiTree &T)
// 由标明空子树的先根遍历序列建立一棵二叉树 T
{    char ch;
     scanf(" % c",&ch);
     if(ch == '#')
     T = NULL;                                    //"#"字符表示空二叉树
```

```
    else
    {    T = (BiTree)malloc(sizeof(BiTNode));              //生成根结点
         T->data = ch;
         CreateBiTree(T->lchild);                         //构造左子树
         CreateBiTree(T->rchild);                         //构造右子树
    }
    return OK;
}
```

（2）判断两棵二叉树是否为同构的算法。

```
bool Symm(BiTree T1,BiTree T2)
//判断两棵二叉树 T1 与 T2 是否为同构
{    if(T1 == NULL&&T2 == NULL)                     //若两棵子树都为空,则是同构的
          return true;
     else
          if(T1 == NULL||T2 == NULL)                //若两棵子树中一棵为空,则不是同构的
               return false;
          else
               return Symm(T1->lchild,T2->lchild)&&Symm(T1->rchild,T2->rchild);
                                                    //递归调用判断左子树、右子树
}
```

（3）判断二叉树是否为对称同构的算法。

```
bool SymmBiTree(BiTree T)
//判定二叉树 T 是否为对称同构
{    if(T == NULL)                                  //若二叉树为空树,则是对称同构的
          return true;
     else
          return Symm(T->lchild,T->rchild);        //判断左孩子和右孩子是否同构
}
```

（4）判断二叉树是否为完全二叉树的算法。

```
bool ComBitree(BiTree T)
//判断二叉树 T 是否为完全二叉树
{    BiTree que[MAXQSIZE],p;              //采用循环顺序队列结构,que 数组存放队列元素
     int rear = 0,front = 0;             //循环顺序队列的队首指针(队首元素的位置)
                                         //队尾指针(队尾元素的位置)
     bool comp = true;                   //表示二叉树是否为完全二叉树
     bool bitr = true;                   // 表示是否所有结点均有左右孩子
     if(T)
     {    rear = (rear + 1) % MAXQSIZE;  //队尾指针循环下移一位
          que[rear] = T;                 //根结点放入队列中
          while(rear!= front&&comp)      //队列不空且 comp 为 true 时循环
          {    front = (front + 1) % MAXQSIZE; //队首指针下移一位
```

```
            p = que[front];              //出队列
            if(p -> lchild == NULL)      //若结点没有左孩子
            {   bitr = false;
                if(p -> rchild!= NULL)   //若结点没有左孩子但有右孩子,不是完全二叉树
                    comp = false;
            }
            else                         //若结点有左孩子
            {   if(bitr)                 //若目前所有结点都有左孩子和右孩子
                {   rear = (rear + 1) % MAXQSIZE;    //队尾指针循环下移一位
                    que[rear] = p -> lchild;         //左孩子入队列
                    if(p -> rchild == NULL)          //若结点有左孩子但没有右孩子
                        bitr = false;
                    else                             //若结点有右孩子,则继续判断
                    {   rear = (rear + 1) % MAXQSIZE;  //队尾指针循环下移
                        que[rear] = p -> rchild;      //右孩子入队列
                    }
                }
                else                     //若结点没有左孩子或右孩子,不是完全二叉树
                    comp = false;
            }
        }
        return comp;
    }
    else
        return true;                     //空树是完全二叉树
}
```

5. 程序代码参考

扫码查看：4-2-1.cpp

6. 运行结果参考

程序运行的部分结果如图 4-10～图 4-12 所示。

（1）二叉树是对称同构的,且是完全二叉树。

 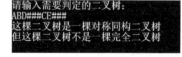

图 4-10　程序部分测试用例的运行结果　　　图 4-11　程序部分测试用例的运行结果

（2）二叉树是对称同构的,但不是完全二叉树。

（3）二叉树不是对称同构的。

说明：以上运行结果分别是图 4-9、图 4-7 和图 4-8 中的二叉树的判定结果。

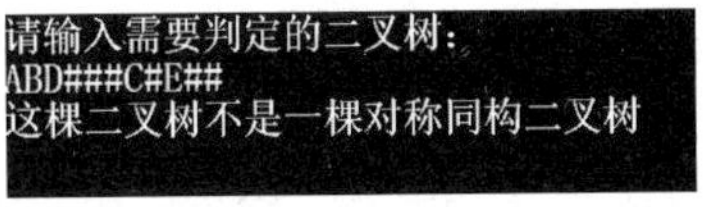

```
请输入需要判定的二叉树:
ABD###C#E##
这棵二叉树不是一棵对称同构二叉树
```

图 4-12　程序部分测试用例的运行结果

7. 延伸思考

（1）镜像对称二叉树的判定问题。与对称同构二叉树的判定相似,判定一棵二叉树是否是镜像对称的,只要判断这棵二叉树的左子树和右子树是否是镜像对称的。图 4-13 中的两棵二叉树都是镜像对称的,而图 4-14 中的两棵二叉树都不是镜像对称的。要实现此操作,该如何设计函数并编程实现?

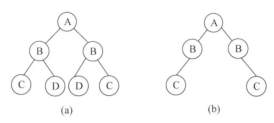

图 4-13　具有镜像对称性质的两棵二叉树

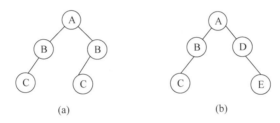

图 4-14　不具有镜像对称性质的两棵二叉树

（2）如果采用顺序存储结构存放二叉树,在判断一棵二叉树是否为完全二叉树时,可以直接通过判断第一个结点到最后一个结点之间是否存在空结点加以实现,则完全二叉树的判定算法该如何设计?

（3）本实践中是对判定为对称同构的二叉树再进行完全二叉树的判断,而事实上,如果一棵二叉树是对称同构的且是完全二叉树,那么这棵二叉树通常也是一棵满二叉树。一种简便的方法是直接利用满二叉树的性质加以实现:深度为 $h(h \geqslant 1)$ 的二叉树中最多有 $2^h - 1$ 个结点,若一棵二叉树的结点总数 n 等于 $2^h - 1$,则这棵二叉树为满二叉树。要达到这一用法,相应函数的代码该做何修改?

4.2.2 二叉树的树状格式显示

1. 实践目的

（1）能够正确分析以树状格式显示二叉树中要解决的关键问题及其解决思路。

（2）能够根据二叉树的树状格式显示的操作特点选择恰当的存储结构。

（3）能够运用二叉树基本操作的实现方法设计二叉树树状格式显示中的关键操作算法。

（4）能够编写程序实现二叉树的树状格式显示,并验证其正确性。

（5）能够对实践结果的性能进行辩证分析或优化。

2. 实践内容

请编程实现二叉树的树状格式显示的操作,先将此二叉树正向以树状格式显示,再将二叉树逆时针旋转 90°以树状格式显示,最后输出二叉树中的所有的叶结点,并给出指定叶结点到根结点的路径。

3. 实践要求

（1）根据二叉树树状格式显示的操作特性,自主分析选择恰当的数据存储结构。

（2）抽象出本实践中所涉及的关键性操作模块,并给出接口描述及其实现算法。

（3）输入输出说明:本实践要求输入的内容分为两部分。第一部分为建立一棵二叉树,由于二叉树的建立方法有很多种策略,本实践中考虑由先根遍历序列和后根遍历序列建立一棵二叉树。因此,先输入一个正整数 N,用来表示二叉树中的结点总数,再分别给出这棵二叉树的先根遍历序列和中根遍历序列,均为长度不超过 N 且不含重复字母的字符串。第二部分输入所需输出路径的指定叶结点的数据域的值。本实践的输出要求用两种方式显示二叉树的树状结构,且二叉树构建后能够输出所有的叶结点,并输出指定叶结点到根结点的路径,若指定的结点不是叶结点或该结点在二叉树中不存在,则显示相应的提示信息。因此,输出的内容分为两部分:当第一部分输入完成后,先输出这棵二叉树的正向树状结构,再给出其逆时针旋转 90°的树状结构显示,同时输出这棵二叉树中所有的叶结点;当第二部分输入完成后,根据查询结果分情况输出,若存在此叶结点,则输出此叶结点到根结点的路径,若此结点在二叉树中存在但不是叶结点,或此结点在二叉树中不存在,则分别给出相应的输出信息。为了输入与输出信息更加人性化,可以在输入或输出信息之前适当添加有关输入或输出的提示信息。

4. 解决方案

1）数据结构

二叉树的树状格式显示问题属于在二叉树遍历基本操作之上扩展的应用问题,因此,采用二叉链表存储结构最为方便,其描述具体如下:

```
typedef char TElemType;           //将树中的数据元素类型定义为字符型
typedef struct BiTNode
{    TElemType data;              //数据域
     int layer;                   //结点所在层次数
     struct BiTNode * lchild, * rchild;  //左孩子域和右孩子域
}BiTNode, * BiTree;               //BiTNode 为结点类型名,BiTree 为指向结点的指针类型名
```

2）关键操作实现要点

本实践可抽象出 7 项关键性操作:第 1 项是通过输入给定的结点总数以及先根遍历序列和中根遍历序列构建对应的二叉树;第 2 项是显示这棵二叉树的正向树状结构;但在输出正向树状结构时需要求二叉树的深度,为此第 3 项是二叉树的深度计算操作;第 4 项是将这棵二叉树进行逆时针旋转 90°后输出树状结构;第 5 项是输出二叉树中的所有叶结点;第 6 项是在二叉树中查找指定的结点;第 7 项是输出指定结点到根结点的路径。其中,从第 3 项到第 6 项都可以模拟二叉树遍历的递归算法加以实现,而第 7 项,可以通过建立一个递归模型来实现。以上内容的实现要点简要说明如下。

（1）建立二叉树。

实践要求利用二叉树已知的先根遍历序列和中根遍历序列，建立这棵二叉树。由于二叉树是由具有层次关系的结点所构成的非线性结构，而且二叉树中的每个结点的两棵子树具有左右次序之分，所以要建立一棵二叉树就必须明确：双亲结点和孩子结点之间的层次关系，以及兄弟结点之间的左右次序关系。下面给出建立二叉树的主要步骤：

步骤1：取先根遍历序列中的第一个结点作为根结点。

步骤2：在中根遍历序列中寻找根结点，确定根结点在中根遍历序列中的位置，假设为i（0≤i≤count−1），其中：count为二叉树遍历序列中结点的数量。

步骤3：在中根遍历序列中确定：根结点之前的i个结点序列构成左子树的中根遍历序列，根结点之后的count−i−1个结点序列构成右子树的中根遍历序列。

步骤4：在先根遍历序列中确定：根结点之后的i个结点序列构成左子树的先根遍历序列，剩下的count−i−1个结点序列构成右子树的先根遍历序列。

步骤5：由步骤3和步骤4又确定了左、右子树的先根遍历序列和中根遍历序列，接下来可用上述同样的方法来确定左、右子树的根结点，以此递归就可建立一棵二叉树。

例如：已知先根遍历序列为ABDEGCFH，中根遍历序列为DBGEAFHC，则按照上述步骤建立一棵二叉树的过程示意图如图4-15所示，具体执行过程如图4-16所示。

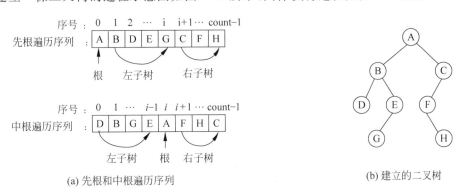

(a) 先根和中根遍历序列　　　　　　　(b) 建立的二叉树

图4-15　由已知的先根遍历序列和中根遍历序列建立一棵二叉树

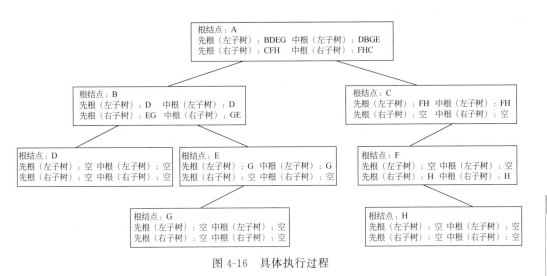

图4-16　具体执行过程

（2）正向显示二叉树的树状格式。

可以在二叉树的层次遍历的基础上加以实现,需要增加一个队列作为辅助的存储结构。在遍历开始时,首先将根结点入队列,然后每次从队列中取出队首元素进行处理。有两个需要注意的地方,一是当前结点的层次数与二叉树的深度相关,若当前结点的层次数与前一个结点的层次数不同,则进行换行;二是区分考虑当前结点有无左孩子结点、右孩子结点的情况。

（3）计算二叉树深度。

要计算二叉树的深度,先求出左子树的深度,再求出右子树的深度,二叉树的深度就是左子树的深度和右子树的深度中的较大值加 1,可以采用二叉树的后根遍历递归算法加以实现。

（4）逆时针旋转 90°显示二叉树的树状格式。

利用二叉树中根遍历的递归算法加以实现,要注意的是:由于对二叉树进行逆时针旋转 90°,导致二叉树根结点的右子树上的结点在它的上方显示,其左子树上的结点在它的下方显示,因而,算法中调用左子树的操作与调用右子树的操作需要互换。

（5）输出二叉树中所有叶结点。

利用二叉树先根遍历的递归算法,每当访问到的结点是叶结点时,则输出该结点。

（6）查找指定结点。

利用二叉树先根遍历的递归算法,将访问结点的操作改为判断该结点是否是需要查找的指定结点,若查找到指定结点,则返回指向该结点的指针。

（7）输出指定叶结点到根结点路径。

此操作可按如下递归模型实现:

$$f(\mathrm{T}, p) = \begin{cases} \text{FALSE}, & \text{当 T 为空时} \\ \text{输出,并返回 TRUE}, & \begin{array}{l}\text{当 T->data} == p\text{->data} \\ \| f(\mathrm{T}\text{->lchild}, p) \| f(\mathrm{T}\text{->rchild}, p) \text{ 时}\end{array} \\ \text{FALSE}, & \text{其他情况} \end{cases}$$

可见,当 T 为空时,返回 FALSE 值;当指定结点 p 与根结点 T 数据域的值相同或在左子树中存在该结点或在右子树中存在该结点,均输出结点数据域的值,返回 TRUE 值;其他情况,返回 FALSE 值。

3）关键操作接口描述

```
BiTree PICreateBiTree(char PreOrder[],char InOrder[],int PreIndex,int InIndex,int count);
//已知一棵二叉树的先根遍历序列 PreOrder 和中根遍历序列 InOrder,构建这棵二叉树。其中
PreIndex 和 InIndex 分别是先根和中根遍历序列的开始位置,count 是二叉树的结点数量
void PrintTree(BiTree T,int depth);
//正向显示二叉树 T 的树状格式,其中 depth 是二叉树 T 的深度
int Depth(BiTree T);
//计算二叉树 T 的深度,并返回其值
void PrintTreeTurn(BiTree T,int h);
//逆时针旋转 90°显示二叉树 T 的树状格式,其中 h 为输出的空格个数
void PrintLeaf(BiTree T);
//输出二叉树 T 中的所有叶结点
```

```
Void Locate(BiTree T,char x,BiTree &p);
//在二叉树 T 中查找指定结点,其数据域的值为 x,并通过 p 返回指向该结点的指针
Status Path(BiTree T, BiTree p);
//输出二叉树 T 中指定结点 p 到根结点的路径
```

4) 关键操作算法参考

(1) 建立二叉树的算法。

```
BiTree PICreateBiTree(char PreOrder[ ],char InOrder[ ],int PreIndex,int InIndex,int count)
//已知一棵二叉树的先根遍历和中根遍历序列,建立这棵二叉树
//需要引入 5 个参数,其中: PreOrder 是二叉树的先根遍历序列; InOrder 是二叉树的中根遍历序
//列; PreIndex 是先根遍历序列在 PreOrder 中的开始位置; InIndex 是中根遍历序列在 InOrder 中
//的开始位置; count 表示二叉树的结点数量
{     BiTree T;
      if(count > 0)                             //先根和中根非空,count 表示二叉树中结点总数
      {     char r = PreOrder[PreIndex];        //取先根遍历序列中的第一个元素
            int i = 0;
            for(;i < count;i++)                 //寻找根结点在中根遍历序列中的位置
            {    if(r == InOrder[i + InIndex])
                      break;
            }
            T = (BiTree)malloc(sizeof(BiTNode)); //建立根结点
            T -> data = r;                       //数据域赋值
            T -> lchild = PICreateBiTree(PreOrder,InOrder,PreIndex + 1,InIndex,i); //建立左子树
            T -> rchild = PICreateBiTree(PreOrder,InOrder,PreIndex + i + 1,InIndex + i + 1,
count - i - 1);
                                                 //建立右子树

      }
      else
            T = NULL;
      return T;
}
```

(2) 正向显示二叉树的树状格式的算法。

```
void PrintTree(BiTree T,int depth)
//正向显示二叉树 T 的树状格式,其中 depth 是二叉树 T 的深度
{    int pre = 0,flag = 1;
     q.data = (BiTree * )malloc(MAXSIZE * sizeof(BiTree));    //队列分配存储空间
     q.front = q.rear = 0;                                    //初始化为空队列
     q.size = MAXSIZE;
     T -> layer = 0;                                          //根结点层次数为 0
     push(T);                                                 //根结点入队
     while(1)
     {    BiTree node = pop();                                //当前队首元素出队
          if(node -> layer >= depth)  //若当前队首元素的层次数大于或等于二叉树深度,结束循环
                break;
          if(pre!= node -> layer||flag)  //当前结点层次数不等于前一个结点层次数或者 flag 值为 1
          {    printf("\n");
```

```
            for(int i = 1;i <(1 <<(depth - node - > layer));i++)
                                        //控制输出的空格数,"<<"为位运算中的左移运算符
                    printf(" ");
            printf(" % c",node - > data);   //输出当前结点数据域的值
            pre = node - > layer;           //将当前结点层次数赋值给 pre
            flag = 0;                       //flag 赋值为 0
        }
        else                                //若条件不满足
        {   for(int i = 1;i <(1 <<(depth - node - > layer + 1));i++)
                                        //控制输出的空格数,"<<"为位运算中的左移运算符
                    printf(" ");
            printf(" % c",node - > data);
        }
        if(node - > lchild)                 //若当前结点有左孩子
        {   node - > lchild - > layer = node - > layer + 1;
                                        //左孩子的层次数等于当前结点层次数 + 1
            push(node - > lchild);          //左孩子入队
        }
        else        //若当前结点无左孩子,补足信息,其左右孩子为空,数据域的值为' ',入队
        {   BiTree node_null = (BiTree)malloc(sizeof(BiTNode));
            node_null - > layer = node - > layer + 1;
            node_null - > lchild = node_null - > rchild = NULL;
            node_null - > data = ' ';
            push(node_null);
        }
    if(node - > rchild)                     //若当前结点有右孩子
        {   node - > rchild - > layer = node - > layer + 1;
                                        //右孩子的层次数等于当前结点层次数 + 1
            push(node - > rchild);          //右孩子入队
        }
        else        //若当前结点无右孩子,补足信息,其左右孩子为空,数据域的值为' ',入队
        {   BiTree node_null = (BiTree)malloc(sizeof(BiTNode));
            node_null - > layer = node - > layer + 1;
            node_null - > lchild = node_null - > rchild = NULL;
            node_null - > data = ' ';
            push(node_null);
        }
    }
}
```

(3) 计算二叉树深度的算法。

```
int Depth(BiTree T)
//求二叉树 T 的深度,并返回其值
{   int depthLeft,depthRight,depthval;
    if(T!= NULL)
    {   depthLeft = Depth(T - > lchild);
        depthRight = Depth(T - > rchild);
```

```
              depthval = ((depthLeft > depthRight)?depthLeft:depthRight) + 1;
        }
        else
          depthval = 0;
        return depthval;
    }
```

（4）逆时针旋转 90°显示二叉树的树状格式的算法。

```
    void PrintTreeTurn(BiTree T, int h)
    //逆时针旋转 90 度以树状格式显示二叉树 T,其中 h 为输出的空格个数
    {     int i;
          if(T!= NULL)
          {     PrintTreeTurn(T -> rchild, h + 6);          //在右子树上执行的递归操作
                for(i = 1; i <= h; i++)
                printf(" ");                                //输出空格
                printf("% c\n", T -> data);                 //输出根结点数据域的值
                PrintTreeTurn(T -> lchild, h + 6);          //在左子树上执行的递归操作
          }
    }
```

（5）输出二叉树中所有叶结点的算法。

```
    void PrintLeaf(BiTree T)
    //输出二叉树 T 中的所有叶结点
    {     if(T!= NULL)
          {     if (T -> lchild == NULL&&T -> rchild == NULL)
                                            //若判断为叶结点,则输出该结点的数据域的值
                printf("% c ", T -> data);
                PrintLeaf(T -> lchild);          //在左子树上执行的递归操作
                 PrintLeaf(T -> rchild);         //在右子树上执行的递归操作
          }
      }
```

（6）查找指定结点的算法。

```
    void Locate(BiTree T, char x, BiTree &p)
    //查找指定结点,其数据域的值为 x,并通过参数 p 返回指向该结点的指针
    {     if(T!= NULL)
          {     if (T -> data == x)          //找到所需的结点
                      p = T;
                Locate(T -> lchild, x, p);          //在左子树中执行的递归操作
                Locate(T -> rchild, x, p);          //在右子树中执行的递归操作
          }
    }
```

（7）输出指定结点到根结点的路径的算法。

```
Status Path(BiTree T, BiTree p)
//输出二叉树 T 中指定结点 p 到根结点的路径
{    if (T == NULL)
         return FALSE;
    if (T -> data == p -> data||Path(T -> lchild,p)||Path(T -> rchild,p))
    {    printf("%c ",T -> data);
         return TRUE;
    }
    return FALSE;
}
```

5. 程序代码参考

扫码查看：4-2-2.cpp

6. 运行结果参考

程序运行的部分结果如图 4-17～图 4-19 所示。

（1）以两种树状格式显示二叉树，并输出所有叶结点以及指定叶结点到根结点的路径。

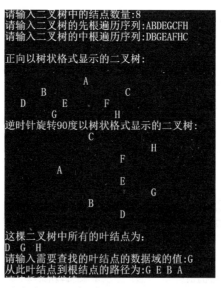

图 4-17　程序部分测试用例的运行结果（图 4-15（b）所示二叉树）

（2）以两种树状格式显示二叉树（左支树/左斜树），输入结点不是叶结点时给出提示信息。

（3）以两种树状格式显示二叉树（右支树/右斜树），输入结点不存在时给出提示信息。

7. 延伸思考

（1）本实践中采用已知一棵二叉树的先根遍历序列和中根遍历序列建立这棵二叉树，

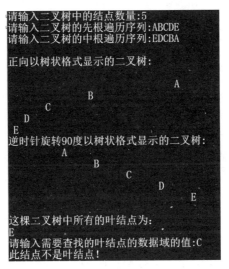

图 4-18　程序部分测试用例的运行结果

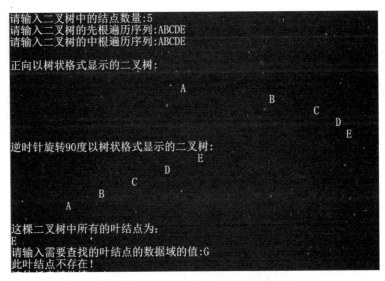

图 4-19　程序部分测试用例的运行结果

同样可以利用已知的后根遍历序列和中根遍历序列建立这棵二叉树;此外,由于层次遍历序列也反映二叉树中双亲结点与孩子结点之间的层次关系,故由已知的层次遍历序列和中根遍历序列也可以唯一确定一棵二叉树。要实现以上两种操作,该如何设计相关函数并编程实现?

　　(2) 本实践在输出指定叶结点到根结点的路径的操作中采用了递归算法加以实现,得到从叶结点到根结点的路径序列,若要得到从根结点到叶结点的路径序列,该如何修改此函数? 如果用非递归方式实现此操作,又该如何设计函数?

　　(3) 本实践给出的两种树状格式显示并没有给出结点与结点之间的连接线,在一定程度上会影响二叉树图形化的效果,若要以更形象化的方式(带连接线)给出二叉树的树状格式显示,该如何修改相应的函数?

4.2.3 森林树种数量的估算

1. 实践目的

（1）能够帮助学生理解"两山理念"的核心思想和深刻内涵，引导学生树立正确的生态价值观、塑造高尚的生态情怀和良好的生态素养。

（2）能够正确分析森林树种数量估算中要解决的关键问题及其解决思路。

（3）能够根据森林树种数量估算需实现的功能要求选择恰当的存储结构。

（4）能够运用二叉树基本操作的实现方法设计森林树种数量估算中的关键操作算法。

（5）能够编写程序模拟森林树种数量估算的实现，并验证其正确性。

（6）能够对实践结果的性能进行辩证分析和优化提升。

2. 实践背景

"绿水青山就是金山银山"理念（以下简称"两山"理念）是习近平生态文明思想的重要组成部分。党的十九大把"两山"理念写入了《中国共产党章程》，成为生态文明建设的行动指南。"两山"理念中的"绿水青山"喻指人类持久永续发展所必须依靠的优质生态环境，"金山银山"则喻指人类社会以物质生产为基础的一切社会物质生活条件，两者相互联系、相辅相成，生动反映社会经济发展与生态环境保护的辩证统一关系[1]。"两山"理念对于新时代加强社会主义生态文明建设，满足人民日益增长的优美生态环境需要，建设美丽中国具有重要而深远的意义。

在"两山"理念的科学指引下，各地积极探索符合自身特点的实施路径。"两山"理念萌发于浙江省，也最早践行于浙江省。安吉县是率先建成的全国第一个生态县，依托丰富的竹林资源，推广培育竹林栽培技术，建设竹子科技园区，发展竹木资源深加工产业，培育竹林乡村休闲旅游，用一根翠竹撑起了一方绿色经济。安徽省是全国矿业大省，传统粗放型的开采方式对生态环境造成了破坏，近几年矿区大力开展技术革新，实施复垦复绿工程，建设"绿色矿山"。如今，复绿的山坡上苍翠葱郁，护坡上栽种绿植、播种草籽，绿色成为高质量发展的最大底色。辽宁省桓仁满族自治县枫林谷景区红叶优美、溪水充沛，是热门的网红旅游打卡地，但过去这里是恒仁县重要的林木采伐基地。从砍树到植树，从发展红叶林到种植林下参、养殖林蛙，形成了生态保护与经济发展的良性互动，绿色青山成了当地群众的"绿色银行"[2]。

科技是第一生产力，对社会发展起着重要作用。在"两山"理念的践行中，越来越多的高科技产品得到运用。例如：无人机被用来执行林区测绘、森林消防、树种栽植、环境监测等任务，让以前无法完成的任务变得高效便捷。科技助力"两山"理念的深入实施，大幅度地提高了产业升级、乡村振兴的智能化水平，构建出一幅"生态美、产业兴、百姓富"的美好景象。

3. 实践内容

森林树种数量及占比率估算对于森林资源调查和管理、完善森林资源监测体系具有重要意义。采用常规抽样和统计的方法进行树种数量及占比率估算，较为费工费时，利用无人机遥感技术估算树种数量是一种快速高效、成本低且精度高的方法。林业研究机构通过无

---

① 北京市习近平新时代中国特色社会主义思想研究中心.深刻理解"两山"理论的科学蕴含.光明网——《光明日报》，2019年10月10日。

② 事例来源：学习强国。

人机航拍获取目标区域的高分辨率影像,先利用图像处理技术自动提取兴趣点,再利用模式识别和人工智能技术对树木进行种类识别。请编程模拟这一过程,帮助林业人员统计目标区域中每类树种的数量,并计算每类树种占所有类别树种总数的百分比。需要既能够对指定区域内每类树种的数量进行计算并得到对应的占比率,又可以快速查找到所需树种的相关信息。

4. 实践要求

(1) 分析森林树种数量估算中的关键要素及其操作特性,自主设计恰当的数据存储结构。

(2) 抽象出本实践内容中的关键操作功能模块,并给出其接口描述及其实现算法。

(3) 输入输出说明:本实践要求输入的内容分为两部分。第一部分先输入一个正整数N,用来表示指定森林区域内的树木数量,再分别给出每棵树木的中文名和英文名,其中:中文名长度不超过10个汉字;英文名由英文字母和空格组成,长度不超过20个字符;第二部分输入需要查找的树种的英文名。输出的内容分为两部分:当第一部分输入完成后,输出每类树种的中文名、英文名、数量及占比率;当第二部分输入完成后,输出相应的查询结果,即该类树种的中文名、英文名、数量及占比率。为了输入与输出信息便于理解,可以在输入或输出信息之前适当添加有关输入或输出的提示信息。

5. 解决方案

1) 数据结构

根据实践内容中对森林树种数量估算的描述,最简单的方法是建立一个由所有类别树种组成的线性表,每输入一棵树,就与线性表中已有的树种进行比较,整个操作过程在最坏情况下的时间复杂度为$O(N^2)$(每棵树都属于不同的树种)。二分法是一种利用“折半”思路实现的操作,基于二分法的查找操作时间复杂度可达到$O(\log_2 N)$,执行过程相比于顺序查找要快得多,但是二分法有一个前提条件,即线性表中的数据元素要求有序,因而不适用于需要经常对线性表中的数据元素进行变动的情况,且在增加排序算法后,整个操作过程的最坏时间复杂度为$O(N^2)$。很显然,以上两种方法都无法满足题目中要求的快速操作的需求。

二叉排序树是一种二叉树的特殊形态,它是具有如下性质的二叉树。

(1) 若其左子树不空,则其左子树上所有结点的数据域的值均小于根结点的数据域的值;

(2) 若其右子树不空,则其右子树上所有结点的数据域的值均大于根结点的数据域的值;

(3) 它的左子树和右子树本身也都是二叉排序树。

图 4-20 所示的就是一棵二叉排序树。

可见,采用二叉排序树方式可以有效地提高执行效率,若二叉排序树的左、右子树是平衡的(二叉树中左子树和右子树的深度之差的绝对值不超过1),整个操作过程的平均时间复杂度可达到$O(N\log_2 N)$。其次,对二叉排序树进行中根遍历,将会得到一个按照数据域的值从小到大排序的序列,若数据域的值为字符串,就可得到按照字符串的字典序递增排列的有序序列。本实践

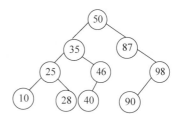

图 4-20 二叉排序树示例

中的二叉排序树采用二叉链表存储结构,其描述具体如下:

```
typedef struct BSTNode
{      char Ctreename[MAXSIZE + 1];       //树种中文名
       char Etreename[MAXSIZE + 1];       //树种英文名
       int number;                         //计数器,存放该树种的数量
       struct BSTNode * lchild;            //左孩子域
       struct BSTNode * rchild;            //右孩子域
}BSTNode, * BSTree;                         // BSTNode 为结点类型名,BSTree 为指向结点的指针类型名
```

2) 关键操作实现要点

本实践的关键操作涉及 3 项内容:第 1 项是将树种插入二叉排序树,这是一个边搜索边建立的过程,若树种在二叉排序树中已经存在,则只进行数量计数,此操作可以利用二叉排序树的递归性质加以实现;第 2 项是输出所有类别树种的中英文名及其数量和占比率,由于对二叉排序树中根遍历可以得到一个有序序列,故模拟二叉树中根遍历的递归算法来实现这一过程;第 3 项是查找所需的某类树种的相关信息,同样可以利用二叉排序树的定义和特点来设计算法。以上内容的实现要点说明如下:

(1)树种插入以及数量累计。

若二叉排序树为空,则将第一棵树木作为新树种插入二叉排序树中,成为二叉排序树的根结点树种,并赋予相应的树种信息,该树种计数为 1;否则,将待插入的树种英文名与根结点树种的英文名进行比较,当字符串相等时,表示该树种已经存在,仅对该树种执行数量加 1 操作;当待插入的树种英文名小于根结点树种的英文名时,则将该树种插入其左子树上;当待插入的树种英文名大于根结点树种的英文名时,则将该树种插入其右子树上。由于每次插入的新树种结点都是作为叶结点插入二叉排序树中,因而整个操作过程中并没有移动其他树种结点,大大节省了执行时间。

(2)有序输出树种相关信息。

对二叉排序树进行中根遍历操作,得到按照每类树种的英文名从小到大排列的有序序列,每类树种提供中文名、英文名、数量以及占比率的信息。

(3)查找某类树种的数量及占比率。

如果二叉排序树为空,则表示指定区域内没有此类树种。如果二叉排序树非空,则若需要查找的树种的英文名等于根结点树种的英文名,则查找成功,得到该树种的相关信息;若需要查找的树种的英文名小于根结点树种的英文名,则继续在左子树中进行查找;否则,若需要查找的树种的英文名大于根结点树种的英文名,则继续在右子树中进行查找。

3) 关键操作接口描述

```
void InsertTree (BSTree &T, char CName[], char EName[]);
//将树种插入二叉排序树 T 中(以树种的英文名次序),若树种已存在则进行数量累计,其中 CName 和
//EName 分别为树种中文名和英文名
void InRootCount(BSTree T, int n);
//有序输出二叉排序树 T 中所有树种的中英文名、数量及占比率,其中 n 为树种的总数量
void SearchDST(BSTree T, char treekey[], int n);
//在二叉排序树 T 中查找某类树种的数量及占比率,其中 treekey 是需要查找的某类树种的英文名,
//n 为树种的总数量
```

4）关键操作算法参考

（1）树种插入以及数量累计的算法。

```
void InsertTree (BSTree &T,char CName[ ],char EName[ ])
//将树种插入二叉排序树 T 中(以树种的英文名次序),若树种已存在则进行数量累计
//其中 CName 和 EName 分别为树种中文名和英文名
  {   int comp;
      if (T == NULL)                              //建立第一个根结点树种
      {     T = (BSTree)malloc(sizeof(BSTNode));   //生成根结点树种
            strcpy(T -> Ctreename,CName);          //树种的中文名赋值
            strcpy(T -> Etreename,EName);          //树种的英文名赋值
            T -> number = 1;                       //树种计数为 1
            T -> lchild = T -> rchild = NULL;      //左右子树均为空
      }
      else
      {     comp = strcmp(EName,T -> Etreename);
                            //将树种的英文名字符串值与根结点树种的英文名字符串值进行比较
            if(comp < 0)
                  InsertTree(T -> lchild,CName,EName);    //若小于,则将该树种插入左子树中
            else
                  if (comp > 0)
                     InsertTree(T -> rchild,CName,EName);  //若大于,则将该树种插入右子树中
                  else
                     T -> number++;                //若相等,则表示该树种已存在,计数加 1
      }
  }
```

（2）有序输出树种相关信息的算法。

```
void InRootCount(BSTree T,int n)
//有序输出二叉排序树 T 中所有树种的中英文名、数量及占比率,其中 n 为树种的总数量
{    if(T!= NULL)
     {     InRootCount(T -> lchild,n);                   //中根遍历左子树
           printf("中文名: % s 英文名: % s 数量: % 3d 占比: %.2f % c \n",T -> Ctreename,T ->
Etreename,T -> number,(float)T -> number/n * 100,'% ');
                                                         //输出树种中英文名及数量占比
           InRootCount(T -> rchild,n);                   //中根遍历右子树
     }
}
```

（3）查找某类树种的数量及占比率的算法。

```
void SearchDST(BSTree T,char treekey[ ],int n)
//在二叉排序树 T 中查找某类树种的数量及占比率,
//其中 treekey 是需要查找的某类树种的英文名,n 为树种的总数量
{    if(T!= NULL)
     {     if (strcmp(T -> Etreename,treekey) == 0)
```

```
                    //若需查找树种的英文名字符串值等于根结点树种的英文名字符串值,则查找成功
                        printf("相关信息如下: %s %s 数量: %d 占比: %.2f%c",T->Ctreename,T->
    Etreename,T->number,(float)T->number/n*100,'%');
                    else
                        if(strcmp(T->Etreename,treekey)>0)
                //若需查找树种的英文名字符串值小于根结点树种的英文名字符串值,则在左子树中继续查找
                            SearchDST(T->lchild,treekey,n);
                        else
                //若需查找树种的英文名字符串值大于根结点树种的英文名字符串值,则在右子树中继续查找
                            SearchDST(T->rchild,treekey,n);
                }
            else
                printf("\n指定区域中没有这类树种\n");
        }
```

6. 程序代码参考

扫码查看：4-2-3.cpp

7. 运行结果参考

程序运行的部分结果如图 4-21 所示。

8. 延伸思考

(1) 二叉排序树的查找效率与它的形状有关,当二叉排序树的左子树、右子树均匀分布时,整个操作过程的平均时间复杂度可达到 $O(N\log_2 N)$,但若需要输入的数据量较大或这些数据本身就基本有序,则建立的二叉排序树会出现什么问题？整个操作过程的时间复杂度会变成多少？面对这种情况可以采取怎样的调整策略？

(2) 查找某类树种的数量及占比率的操作模拟了二叉树遍历的递归算法,这一过程也可以采用非递归方式加以实现。要实现此操作,该如何设计函数并编程实现？

(3) "树冠检测"技术是指结合遥感影像中树冠的颜色、纹理等特征,将树冠从复杂的背景中分割出来,从而得到树木的树冠面积等信息。随着无人机技术不断更新迭代,"树冠检测"技术的成熟度和精准性也越来越高。若需要对本实践内容进行调整,即获取某块区域中各种树种的覆盖率,则需要对输入输出做怎样的修改？相应的函数又该做何改动？

9. 结束语

在日新月异的发展进程中,科技在人类文明进步中发挥了决定性作用。党的十八大以来,我们党把生态文明建设作为中国特色社会主义"五位一体"总体布局和"四个全面"战略布局的重要内容,提出了美丽中国的全新理念,描绘了生态文明建设的美好前景,同时也强调用科技创新来驱动发展。生态文明离不开科技创新,绿色发展需要科技支撑。大学生是生态文明建设的受益者和传承人,要依靠科技创新的驱动和引领,不断增强生态文明意识,形成崇尚科学、生态友好的人类社会共识。

```
请输入指定区域中树种的总数量:
15
请分别输入每棵树种的中文名和英文名,两者之间用回车分隔:
雪松
Cedrus
山毛榉
Fagus
冷杉
Grandfir
榕树
Ficus microcarpa
榕树
Ficus microcarpa
柚树
Citrus grandis
雪松
Cedrus
冷杉
Grandfir
榕树
Ficus microcarpa
山毛榉
Fagus
榕树
Ficus microcarpa
柚树
Citrus grandis
雪松
Cedrus
冷杉
Grandfir
雪松
Cedrus

按树种英文名字符串有序输出每类树种名及数量占比:
中文名:雪松 英文名: Cedrus 数量:   4 占比: 26.67%
中文名:柚树 英文名: Citrus grandis 数量:  2 占比: 13.33%
中文名:山毛榉 英文名: Fagus 数量:   2 占比: 13.33%
中文名:榕树 英文名: Ficus microcarpa 数量:  4 占比: 26.67%
中文名:冷杉 英文名: Grandfir 数量:   3 占比: 20.00%
```

```
1-需要查找某类树种     2-不需要查找某类树种:1
请输入要查找的树种的英文名:
Fagus
相关信息如下: 山毛榉 Fagus 数量: 2 占比: 13.33%
1-需要查找某类树种     2-不需要查找某类树种:1
请输入要查找的树种的英文名:
Ficus micaocarpa

指定区域中没有这类树种

1-需要查找某类树种     2-不需要查找某类树种:2
```

图 4-21   程序部分测试用例的运行结果

4.3   拓展实践

4.3.1   算术表达式的求值

1. 实践目的

(1)能够正确分析算术表达式的组成要素及其逻辑特征。

(2)能够根据算术表达式求值的运算规则选择恰当的数据结构。

(3)能够运用二叉树基本操作的实现方法设计算术表达式求值过程中的关键操作算法。

(4)能够编写程序测试算术表达式求值算法的正确性。

(5)能够对实践结果的性能进行辩证分析和优化提升。

2. 实践内容

算术表达式是由操作数、运算符和分隔符所组成的式子。为了方便，假设算术表达式仅包含二元运算符加法（＋）、减法（－）、乘法（＊）、除法（/）和取模（％），且只有圆括号（（和））、操作数是一位正整数。算术表达式在计算机中有 3 种表示形式，分别为：前缀表达式、中缀表达式和后缀表达式。其中：前缀表达式是将运算符放在两个操作数之前；中缀表达式是将运算符放在两个操作数中间；后缀表达式是将运算符放在两个操作数之后。

例如：

算术表达式：(1+2)＊(5－2)/2+5％3

转换成：

前缀表达式：＋/＊＋12－522％53

中缀表达式：(1+2)＊(5－2)/2+5％3

后缀表达式：12+52－＊2/53％＋

可见，中缀表达式与算术表达式的描述一致，是最符合人类思维方式的一种表达方式。那么，为什么还需要前缀表达式和后缀表达式呢？这是由于运算符是有优先级的，在计算机中使用中缀表达式时，括号的约束使得计算很不方便。而后缀表达式不需要使用括号就能明确给出表达式中每个部分的运算次序，即不需要考虑优先级问题，这种表达方式最符合计算机的处理方式。同样，前缀表达式也是如此。

请先利用二叉树基本操作的实现方法设计算术表达式的求值算法，再将此算术表达式以后缀表达式形式输出并计算其值，编程测试其正确性。

3. 实践要求

（1）输入要求：算术表达式用一棵二叉树来形象地表述，假设在构建二叉树时已考虑运算符的优先级，并以二叉链表形式存储表达式二叉树。如上面例子中的算术表达式，其对应的表达式二叉树如图 4-22 所示。

由图 4-22 可见，二叉树中每棵子树的根结点用于存储运算符，叶结点存放操作数。输入时采用表达式二叉树的标明空子树（以"＃"表示）的先根遍历序列。

（2）输出要求：创建表达式二叉树后，将表达式二叉树对应的算术表达式输出，需要将括号加上，并计算算术表达式的值；再输出算术表达式对应的后缀表达式，同样计算后缀表达式的值。

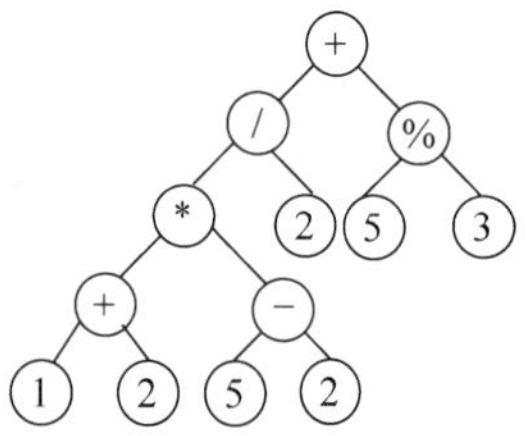

图 4-22　表达式二叉树示例

（3）测试样例（只供参考，但不局限于此）。

表 4-4 给出图 4-22 所示的表达式二叉树的输入输出样例。

表 4-4　表达式二叉树样例

输　入	输　　出	说　明
＋/＊＋1＃＃2＃＃－5＃＃2＃＃2＃＃％5＃＃3＃＃<回车>	算术表达式为：(1+2)＊(5－2)/2+5％3 算术表达式的值：6.50 此算术表达式的后缀表达式为：12+52－＊2/53％＋ 后缀表达式的值为：6.50	图 4-22 所示的表达式二叉树

4. 解决思路

1）数据存储结构的设计要点提示

表达式二叉树采用二叉链表存储结构,另外,在后缀表达式求值的过程中需要用到栈结构,可以使用顺序栈的存储结构描述。

2）关键操作的实现要点提示

本实践的关键操作有输出算术表达式、求解算术表达式的值、输出后缀表达式的值、求解后缀表达式的值这 4 种操作,其他还需要建立表达式二叉树、比较两个运算符的优先级、判断字符是否为运算符,以及与栈相关的初始化栈、判栈空、入栈和出栈等操作。建立表达式二叉树操作可以利用二叉树先根遍历的递归算法来实现。比较两个运算符的优先级操作建立在数学四则运算法则之上,加法和减法为第一级运算,乘法、除法和取模为第二级运算,第二级运算的优先级高于第一级运算。判断字符是否为运算符操作比较简单,当字符属于运算符时返回 true 值,否则返回 false 值。与栈相关的 4 个栈操作可以采用基于顺序栈存储结构的算法实现。

（1）输出算术表达式。

模拟中根遍历递归算法输出表达式二叉树要注意的是:当根结点的左孩子不空,且根结点和左孩子的数据域的值都是运算符时,比较两者的优先级,如果前者的优先级高于后者的优先级则需要加上括号;同样,当根结点的右孩子不空,且根结点和右孩子的数据域的值都是运算符时,比较两者的优先级,如果前者的优先级高于后者的优先级则需要加上括号。这里需要用到比较两个运算符的优先级算法。

（2）求解算术表达式的值。

模拟先根遍历递归算法求解算术表达式的值先用递归算法求出左子树表示的子表达式的值,再用递归算法求出右子树表示的子表达式的值,最后根据根结点数据域的值（运算符）的类型分别对上面获得的两个子表达式的值进行加法、减法、乘法、除法或取模运算。这里需要用到判断字符是否为运算符算法。

（3）输出后缀表达式。

通过对表达式二叉树进行后根遍历,输出后缀表达式并得到存放后缀表达式的字符串,此过程可以采用二叉树的后根遍历递归算法加以实现。

（4）求解后缀表达式的值。

要计算后缀表达式的值只要从左到右扫描后缀表达式,遇到操作数就将原来字符类型的操作数转化成数值后入栈,遇到运算符就从栈中将栈顶两个操作数出栈,运算符以及两个操作数构成了一个最小的算术表达式,然后根据运算符类型进行加法、减法、乘法、除法或取模运算,将得到的运算结果入栈。如此循环,直到后缀表达式结束,这时栈中只有一个数值,即为后缀表达式的值。在计算过程中需要用到一个栈结构,用来保存后缀表达式中还未参加运算的操作数,因而也称为操作数栈。

5. 程序代码参考

扫码查看: 4-3-1.cpp

6. 延伸思考

（1）本实践中涉及的运算符有 5 种，分别是加法（＋）、减法（－）、乘法（＊）、除法（/）和取模（％），此外，幂（＾）也是一种常见的运算符，它的优先级比前面 5 种运算的优先级高。如果要将幂运算也放入算术表达式中，对应函数的代码应如何修改？

（2）本实践中利用一棵二叉树来存放算术表达式，使得在二叉树基本操作之上实现的输出算术表达式、求解算术表达式的值、输出后缀表达式等操作的算法简便，但在构建表达式二叉树时需要两个前提：一是考虑算术表达式中运算符的优先级，二是要求严格按照二叉树的标明空树的完整先根遍历序列（带"♯"）输入表达式二叉树中的结点。如果想省去构建表达式二叉树的步骤，直接从算术表达式转换成后缀表达式，该如何设计算法实现这个转换过程？输出后缀表达式操作采用的两种不同方法（通过建立表达式二叉树实现转换、直接转换）的时间复杂度分别为多少？

4.3.2 农场栏杆的修理

1. 实践目的

（1）能够正确分析农场栏杆修理的组成要素及其逻辑特征。

（2）能够根据农场栏杆修理需实现的功能要求选择恰当的数据结构。

（3）能够运用哈夫曼树的实现方法设计农场栏杆修理过程中的关键操作算法。

（4）能够编写程序测试农场栏杆修理算法的正确性。

（5）能够对实践结果的性能进行辩证分析和优化提升。

2. 实践内容

王力要修理农场的一段木质栏杆，经过测量需要 N 段木块拼接而成，假定每段木块长度为正整数 $L_i(1 \leqslant i \leqslant N)$。于是，他购买了一条很长的、能够锯成 N 段的木头，该木头的长度就是 $L_i(1 \leqslant i \leqslant N)$ 的总和（忽略锯木头产生的额外长度损耗）。王力找人将整条木头锯成 N 段，锯 $N-1$ 次木头需要支付 $N-1$ 次费用（费用单位：元），支付费用等于要锯开的这段木头的长度。例如：要将长度为 80m 的木头锯成 6 段，长度分别为 14,5,7,28,16 和 10m，第 1 次把长度为 80m 的整条木头锯成两段（长度分别为 30 和 50m），需要支付费用 80 元；第 2 次将长度为 30m 的木头锯成两段（长度分别为 14 和 16m），需要支付费用 30 元；第 3 次将长度为 50m 的木头锯成两段（长度分别为 22 和 28m），需要支付费用 50 元；第 4 次将长度为 22m 的木头锯成两段（长度分别为 10 和 12m），需要支付费用 22 元；第 5 次将长度为 12m 的木头锯成两段（长度分别为 5 和 7m），需要支付费用 12 元，总共需要支付费用 194 元。也可以采取其他的锯木头方案，如第 1 次把整条木头锯成两段（长度分别为 26 和 54m），需要支付费用 80 元；第 2 次将长度为 26m 的木头锯成两段（长度分别为 7 和 19m），需要支付费用 26 元；第 3 次将长度为 54m 的木头锯成两段（长度分别为 26 和 28m），需要支付费用 54 元；第 4 次将长度为 19m 的木头锯成两段（长度分别为 5 和 14m），需要支付费用 19 元；第 5 次将长度为 26m 的木头锯成两段（长度分别为 10 和 16m），需要支付费用 26 元，总共需要支付费用 205 元。显然，前者锯木头需要支付的费用少于后者需要支付的费用，第一种方案优于第二种方案。

由于王力需要支付的总费用与锯木头的策略相关，请设计算法帮助王力寻求一种最优的锯木头策略，能够将整条木头锯成 N 段且支付最少的费用，并编程测试其正确性。

3. 实践要求

（1）输入要求：先输入一个正整数 N，表示需要将整条木头锯成的段数；再依次输入 N 个正整数 $L_i(1 \leqslant i \leqslant N)$，表示每段木块的长度。

（2）输出要求：输出一个正整数，即将整条木头锯成 N 段木块总共需要支付的最少费用。

（3）测试用例（只供参考，但不局限于此）。

表 4-5 给出两种不同的输入输出用例。

表 4-5　输入输出样例

序号		输入/输出	说明
1	输入	请输入需要将一根木头锯成的木块的段数：6<回车> 请输入第 1 段木块的长度：14<回车> 请输入第 2 段木块的长度：5<回车> 请输入第 3 段木块的长度：7<回车> 请输入第 4 段木块的长度：28<回车> 请输入第 5 段木块的长度：16<回车> 请输入第 6 段木块的长度：10<回车>	对应的哈夫曼树如图 4-23 所示
	输出	将木头锯成 6 段，最少需要支付费用：194	
2	输入	请输入需要将一根木头锯成的木块的段数：1<回车> 请输入第 1 段木块的长度：1<回车>	只有一根木头不需要锯开
	输出	将木头锯成 1 段，最少需要支付费用：0	

4. 解决思路

1）数据存储结构的设计要点提示

首先来分析锯木头这个过程，由于每次锯木头会产生两段木块，整条木头经过一层层的锯开，最后得到需要的段数和长度，整个过程与树结构类似，因而可以用二叉树来形象地模拟。对应到二叉树结构中，初始的整条木头可视作这棵二叉树的根结点，木头的总长度用根结点的权值来表述；二叉树中的叶结

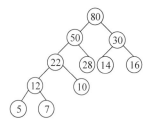

图 4-23　哈夫曼树示例

点就是最终需要锯开的木块，若将木头锯成 N 段，就会产生 N 个叶结点，第 i 个叶结点的权值就是第 i 段木块的长度 L_i；每次锯木头的过程相当于将一棵二叉树分成左右两棵子树，左右子树上的叶结点的权值就是两段木头的长度，分支结点的权值等于左右子树上两个叶结点的权值之和，也即两段木块的长度之和；锯开这棵树需要支付的总费用为二叉树中所有非叶结点（含根结点）的权值之和，其值与所有叶结点权值与它到根结点的路径长度乘积之和相等，即为树的带权路径长度，记为 $WPL = \sum_{i}^{n} w_i I_i$。

若没有加以限制，这样的二叉树有很多棵，但这里对 WPL 有最小值的要求，也就是要得到一棵 WPL 最小的二叉树，这就是经典的哈夫曼树问题。哈夫曼树的存储结构可采用静态的三叉链表表示，链表中每个结点设置 3 个指针域和 1 个数据域，其中：3 个指针域分别指向双亲结点、左孩子和右孩子，1 个数据域存放权值。

2）关键操作的实现要点提示

本实践的关键操作有初始化哈夫曼树、选择两段长度（权值）最小的结点、构造具有 N 段木块长度（权值）结点的哈夫曼树 3 种操作。本实践并不需要真正建立哈夫曼树，而是利

用建树的过程计算需要支付的锯木头费用,简便的方法是在每次挑选出两段长度(权值)最小的结点作为左右子树合并成一棵新的二叉树后,将这些新的二叉树的根结点权值累加得出所需支付的总费用。

（1）初始化哈夫曼树。

由于 N 个叶结点的哈夫曼树共有 $2 \times N - 1$ 个结点,故先为 $2 \times N - 1$ 个结点赋初值。

（2）选择两段长度(权值)最小的结点。

分别挑选出最小和次小权值的结点。

（3）构造具有 N 段木块长度(权值)结点的哈夫曼树。

先调用初始化哈夫曼树函数,并进行叶结点数量和权值的输入,再调用选择两段长度(权值)最小结点的函数,将挑选出来的权值最小的两个结点进行权值相加,作为新建立二叉树的根结点权值,并进行所需支付费用的累加操作。

5. 程序代码参考

扫码查看：4-3-2.cpp

6. 延伸思考

（1）哈夫曼树中结点的存储结构可以有多种形式,假定哈夫曼树中结点的存储结构描述如下,相应的函数代码该做何修改?

```
typedef struct HTNode
{   int weight;                //权值域
    struct HTNode * left;      //左孩子域
    struct HTNode * right;     //右孩子域
  }HTNode, * PtrHTree;
```

（2）在本实践给出的解决思路中,没有单独编写计算结点权值之和的函数,而是在创建哈夫曼树的过程中直接计算所需支付的总费用,即对树中所有非叶结点(含根结点)权值进行累加。若需要设计一个函数实现此功能,并基于树的带权路径长度 WPL 的计算公式计算支付费用,该如何设计算法? 采用上面(1)中给出的存储结构,编写函数 int SumNodeWeight(PtrHTree p,int len),其中：p 指向哈夫曼树中的当前结点,len 表示当前结点的路径长度。

（3）基于逆向思考锯木头的过程设计的算法：假设有 N 块已锯开的木块,以这 N 段木块的长度为关键字,构建小顶堆(即二叉树中根结点的权值小于其左右子树结点的权值);每次从堆中取出最小和次小权值的结点(权值分别为 $w1$ 和 $w2$),合并成为一个权值为 $(w1+w2)$ 的结点后再插入小顶堆中,所需支付的费用总和也相应增加 $(w1+w2)$,经过 $N-1$ 次合并后,堆中仅留一个结点,即为需要支付的最小总费用。要达到这一用法,相应函数的代码该做何修改?

4.3.3　中国共产党人精神谱系树的构造

1. 实践目的

（1）能够帮助学生深刻认识"中国共产党人精神谱系"的来源与生成、构筑与赓续、精髓与实质，准确把握伟大建党精神与中国共产党人精神谱系的关系，引导学生把人生价值追求融入国家与民族事业。

（2）能够正确分析中国共产党人精神谱系树构造中要解决的关键问题及其解决思路。

（3）能够根据中国共产党人精神谱系树构造需实现的功能要求选择恰当的存储结构。

（4）能够运用树基本操作的实现方法设计中国共产党人精神谱系树构造中的关键操作算法。

（5）能够编写程序模拟中国共产党人精神谱系树构造的实现，并验证其正确性。

（6）能够对实践结果的性能进行辩证分析和优化提升。

2. 实践背景

党的十八大以来，习近平总书记在不同场合多次谈到中国精神的力量，提出了"中国共产党人的精神谱系"这一整体性概念。在庆祝中国共产党成立 100 周年大会上的重要讲话中，习近平总书记首次提出和概括了伟大建党精神，他指出："一百年前，中国共产党的先驱们创建了中国共产党，形成了坚持真理、坚守理想、践行初心、担当使命、不怕牺牲、英勇斗争、对党忠诚、不负人民的伟大建党精神，这是中国共产党的精神之源。一百年来，中国共产党弘扬伟大建党精神，在长期奋斗中构建起中国共产党人的精神谱系，锤炼出鲜明的政治品格[1]。"伟大建党精神凝结着中国共产党百年奋斗的初心使命和伟大品格，铸就了具有丰富时代内涵和民族特征的伟大精神，是中国共产党人精神谱系的精神原点[2]。

中国共产党人精神谱系的构筑，是与中国共产党带领人民实现民族独立和人民解放、国家富裕和人民幸福的历程紧密联系在一起的，贯穿于中国革命、建设和改革伟大实践的不同历史时期，是中国共产党人的精神支撑和宝贵财富[3]。新民主主义革命时期，中国共产党在争取民族独立和人民解放的战斗中，形成了红船精神、井冈山精神、长征精神、延安精神、西柏坡精神等；社会主义革命和建设时期，中国共产党在为改变贫穷落后面貌的艰辛探索中，形成了抗美援朝精神、雷锋精神、"两弹一星"精神等；改革开放和社会主义现代化建设新时期，中国共产党把工作重心转移到社会主义现代化建设上来并实行改革开放，创造培育了以改革开放精神为代表的系列精神；中国特色社会主义进入新时代，党中央推动党和国家事业取得历史性成就、发生历史性变革，形成了以奋斗为主题、以脱贫攻坚精神和抗疫精神为代表的系列精神[2]。

2021 年 9 月 29 日，党中央批准了 46 个第一批纳入中国共产党人精神谱系的伟大精神，这些精神集中彰显了中华民族和中国人民长期以来形成的伟大创造精神、伟大奋斗精神、伟大团结精神、伟大梦想精神[4]。习近平总书记对这些伟大精神都有重要论述。例如，2020 年 4 月 24 日，习近平给参与"东方红一号"任务的老科学家的回信中写道："老一代航天人的功勋已经牢牢铭刻在新中国史册上。不管条件如何变化，自力更生、艰苦奋斗的志气不能丢。新时代的航天工作者要以老一代航天人为榜样，大力弘扬"两弹一星"精神，敢于战胜一切艰难险阻，勇于攀登航天科技高峰，让中国人探索太空的脚步迈得更稳更远，早日实现建设航天强国的伟大梦想[5]。"

---

① 习近平.在庆祝中国共产党成立 100 周年大会上的讲话.新华社,2021 年 7 月 1 日。
② 王易.弘扬伟大建党精神 赓续中国共产党精神谱系.光明日报,2021 年 7 月 20 日。
③ 佘双好.百年中国共产党人的精神谱系.中国社会科学网,2021 年 7 月 2 日。
④ 中国共产党人精神谱系第一批伟大精神正式发布.新华社,2021 年 9 月 29 日。
⑤ 习近平给参与"东方红一号"任务的老科学家的回信.新华社,2021 年 4 月 24 日。

3. 实践内容

采用目录树构造的方法建立中国共产党人精神谱系树。谱系树的根为"中国共产党人精神谱系",四个历史时期的名称视为谱系树中的分支结点,不同的中国精神以树中叶结点的方式呈现,并且每种中国精神后面都包含与之相关的重要论述被提出的时间。请编程模拟中国共产党人精神谱系树的构造。

4. 实践要求

(1)输入要求:输入信息的第1行为谱系树的根结点,从第2行开始依次输入谱系树中不同层次上的各个结点。为了加以区分,用"♯/"表示该结点为根结点;用"♯"表示该结点是除根结点以外的分支结点;用"()"将同一层次上的兄弟结点括起;叶结点后面给出代表时间(年、月)的字符串。例如:2021年10月用"202110"表示,分支结点后面的时间用"0"表示。以上输入信息可以从磁盘文件 4_3_3_inputdata.txt 中直接读入,此磁盘文件可通过右边的二维码下载。

4_3_3_
inputdata.txt

(2)输出要求:从根结点开始,竖向输出谱系树中每一层次上的结点,兄弟结点在同一列中输出,需要根据上下层次的相对关系使用空格进行缩进;若是叶结点,则用方括号括起代表时间的信息。构造的谱系树不仅要求在屏幕上显示,而且还要以磁盘文件 4_3_3_outputdata.txt 加以存储。

(3)测试用例(只供参考,但不局限于此),如表4-6所示。

表 4-6　测试用例

序号	输入/输出		说　明
1	输入	♯/中国共产党人精神谱系 0 (建党精神 202110 ♯新民主主义革命时期 0 ♯社会主义革命和建设时期 0 ♯改革开放和社会主义现代化建设新时期 0 ♯中国特色社会主义新时代 0) (红船精神 200506 延安精神 202004 西柏坡精神 201307) (抗美援朝精神 202010 "两弹一星"精神 202004)(改革开放精神 201812 特区精神 201804)(脱贫攻坚精神 202102 抗疫精神 202009 科学家精神 202105)	
	输出	_♯/中国共产党人精神谱系 　|_建党精神［202110］ 　|_♯新民主主义革命时期 　|　|_红船精神［200506］ 　|　|_延安精神［202004］ 　|　|_西柏坡精神［201307］ 　|_♯社会主义革命和建设时期 　|　|_抗美援朝精神［202010］ 　|　|_"两弹一星"精神［202004］ 　|_♯改革开放和社会主义现代化建设新时期 　|　|_改革开放精神［201812］ 　|　|_特区精神［201804］ 　|_♯中国特色社会主义新时代 　|_脱贫攻坚精神［202102］ 　|_抗疫精神［202009］ 　|_科学家精神［202105］	具体输入信息见磁盘文件 4_3_3inputdata.txt

5．解决思路

1）数据存储结构的设计要点提示

谱系树是一棵普通树,不是二叉树,但仍然可以用左孩子右兄弟的二叉树链表存储。首先建立树中的根结点,然后在扫描每个结点的数据时逐层将结点插入相应的链表中。可以采用树的孩子兄弟链表存储结构加以描述,并根据需要增加或修改结构体中的成员变量。

2）关键操作的实现要点提示

本实践的关键操作有生成谱系树中的新结点、建立谱系树、输出谱系树3种操作。

（1）生成谱系树中的新结点。

根据读入的字符串中不同字符做相应的处理,并对谱系树中的结点进行成员变量赋值。当遇到字符"♯"时,则处理分支结点;当遇到非空字符(非数字字符)时,则处理谱系树中结点的名字信息;当遇到数字字符时,则处理谱系树中结点的时间信息。

（2）建立谱系树。

从磁盘文件 4_3_3_inputdata.txt 中每读入一行数据就处理一行数据,谱系树的建立过程与文件的读入操作同时进行,需要重点处理同一层次上的兄弟结点及其所在子树的构建。

（3）输出谱系树。

采用先根遍历递归算法输出谱系树中的结点;在输出每个结点时,注意不同层次上的结点输出对应不同的缩进。

提示：程序运行时若屏幕上显示中文出现乱码,是由编码问题引起的,简便的解决方法是保存文本文件时选择 ANSI 编码方式。

6．程序代码参考

扫码查看：4-3-3.cpp

7．延伸思考

（1）树的存储结构有多种方式,在本实践的参考代码中采用的是孩子兄弟链表存储结构,若换成其他的存储结构,则相应函数的代码该如何修改?

（2）采用本实践中给出的输入数据,每行的数据会受到每行字数的限制,若要打破这一局限,该如何设计输入数据? 与此相关的函数代码应如何修改?

8．结束语

中国共产党人的精神谱系如同基因一样,深深融入中国人民的精神血脉中,已然成为中华民族最鲜明的精神标识。当代大学生要不断从中国共产党人的精神谱系中汲取智慧与力量,发扬红色传统、传承红色基因,赓续中国共产党人的精神血脉,构建艰苦奋斗、顽强意志、乐于奉献、开拓进取的精神品质和完整人格,为实现中华民族伟大复兴的中国梦凝聚起砥砺前行的精神动力。

第5章 图

5.1 基础实践

5.1.1 基于邻接矩阵的广度优先搜索遍历

1. 实践目的

(1) 能够正确描述图的邻接矩阵存储在计算机中的表示。

(2) 能够正确编写在邻接矩阵存储表示的图上进行广度优先搜索遍历的实现算法。

(3) 能够编写程序验证广度优先搜索遍历算法的正确性。

2. 实践内容

(1) 用邻接矩阵作为图的存储表示创建一个图。

(2) 在邻接矩阵存储表示的图上完成广度优先搜索遍历操作。

3. 实践要求

1) 数据结构

由于实践内容指定是在邻接矩阵存储表示的图上实现操作,而对于一个具有 n 个顶点的图来说,邻接矩阵是一个 n 阶方阵,定义如下:

$$A[i][j] = \begin{cases} 1, & (v_i, v_j) \in E \text{ 或} \{v_i, v_j\} \in E \\ 0, & (v_i, v_j) \notin E \text{ 或} \{v_i, v_j\} \notin E \end{cases}$$

其中,$0 \leqslant i, j \leqslant n-1$。而对于网来说,假设 w_{ij} 代表边 (v_i, v_j) 或 $\{v_i, v_j\}$ 上的权值,则网的邻接矩阵也是一个 n 阶方阵,定义如下:

$$A[i][j] = \begin{cases} w_{ij}, & (v_i, v_j) \in E \text{ 或} \{v_i, v_j\} \in E \\ \infty, & (v_i, v_j) \notin E \text{ 或} \{v_i, v_j\} \notin E \end{cases}$$

其中,$0 \leqslant i, j \leqslant n-1$。由此定义,可以将图的邻接矩阵存储在一个二维数组中,而对于图或网来说又有"无向"与"有向"之分,为此,它的存储结构具体描述如下:

```
# define INFINITY INT_MAX              //最大值∞
# define MAX_VERTEX_NUM 20             //约定的最大顶点数
typedef enum
{   UDG,                               //无向图(UnDirected Graph)
    DG,                                //有向图(Directed Graph)
    UDN,                               //无向网(UnDirected Network)
    DN                                 //有向网(Directed Network)
} GraphKind;
```

```
typedef char * VertexType;          //VertexType 是顶点类型,一般表示顶点名等信息,这里采用字符串
typedef int VRType;                                 //VRType 是顶点关系类型
                                                    //对图,用 1 或 0 表示是否相邻
                                                    //对网,则为权值类型

typedef struct                                      //图的类型定义
    { VertexType vexs[MAX_VERTEX_NUM];              //顶点信息
      VRType arcs [MAX_VERTEX_NUM][MAX_VERTEX_NUM]; // 邻接矩阵
      int vexnum, arcnum;                           // 顶点数和边数
      GraphKind kind;                               // 图的种类标志
    } MGraph;
```

2）函数接口说明

```
VertexType GetVex(MGraph G, int v)
//获取指定顶点值的操作: v 是已知图 G 的某个顶点号,返回顶点 v 的值
int LocateVex(MGraph G, VertexType u)
//顶点定位操作: 在已知图 G 中查找指定的顶点 u,若 G 中存在顶点 u,则返回该顶点在图中位置;
//否则返回"空"
int FirstAdjVex(MGraph G, int v)
//求首个邻接点的操作: v 是已知图 G 的某个顶点,返回 v 的首个邻接点,若顶点在 G 中没有邻接点,
//则返回"空"
int NextAdjVex(MGraph G, int v, int w)
//求下一个邻接点的操作: v 是已知图 G 的某个顶点,w 是 v 的邻接点,返回 v 的(相对于 w 的)下一个
//邻接点;若 w 是 v 的最后一个邻接点,则返回"空"
Status CreateUDG(MGraph &G)
// 采用数组(邻接矩阵)表示法,构造无向图 G
Status CreateDG(MGraph &G)
//采用数组(邻接矩阵)表示法,构造有向图 G
Status CreateUDN(MGraph &G)
// 采用数组(邻接矩阵)表示法,构造无向网 G
Status CreateDN(MGraph &G)
// 采用数组(邻接矩阵)表示法,构造有向网 G
Status CreateGraph(MGraph& G)
// 采用数组(邻接矩阵)表示法,构造图 G
void BFS(MGraph G, int v)
//从顶点 v 开始按广度优先搜索遍历图 G 中 v 所在的连通分量,使用辅助队列 Q 和访问标志数
//组 visited
void BFSTraverse(MGraph G)
//按广度优先搜索遍历图 G
```

3）输入输出说明

输入说明:输入信息的第 1 行为图的类型,其中 0 表示无向图 UDG,1 表示有向图 DG,2 表示无向网 UDN,3 表示有向网 DN;第 2 行为构造无向图的顶点数 m;第 3 行为边的数目 n。其次输入的 m 行是每个顶点信息,最后输入的 n 行是每条边的顶点对信息。

输出说明:最后一行输出所构造图的广度优先搜索遍历序列。为了能使输入与输出信息时更加人性化,可以在指定的输入或输出信息之前适当添加相关提示信息。

4）测试用例

测试用例信息如表 5-1 所示。

表 5-1　测试用例

序号	输入	输　出	说　　明
1	0	请输入图的种类：	
	6	输入顶点数 G. vexnum：	
	8	输入边数 G. arcnum：	
	v0	输入顶点 G. vexs[0]：	
	v1	输入顶点 G. vexs[1]：	
	v2	输入顶点 G. vexs[2]：	构造如下图所示无向图，如果正常输入，测试结果正确
	v3	输入顶点 G. vexs[3]：	
	v4	输入顶点 G. vexs[4]：	
	v5	输入顶点 G. vexs[5]：	
	v0 v1	输入第 1 条边(vi vj)：	
	v0 v2	输入第 2 条边(vi vj)：	
	v0 v3	输入第 3 条边(vi vj)：	
	v1 v2	输入第 4 条边(vi vj)：	
	v1 v4	输入第 5 条边(vi vj)：	
	v2 v5	输入第 6 条边(vi vj)：	
	v3 v5	输入第 7 条边(vi vj)：	
	v4 v5	输入第 8 条边(vi vj)：	
		广度优先搜索遍历序列：	
		v0 v1 v2 v3 v4 v5	
2	1	请输入图的种类：	
	5	输入顶点数 G. vexnum：	
	5	输入边数 G. arcnum：	
	v0	输入顶点 G. vexs[0]：	
	v1	输入顶点 G. vexs[1]：	
	v2	输入顶点 G. vexs[2]：	构造如下图所示有向图，如果正常输入，测试结果正确 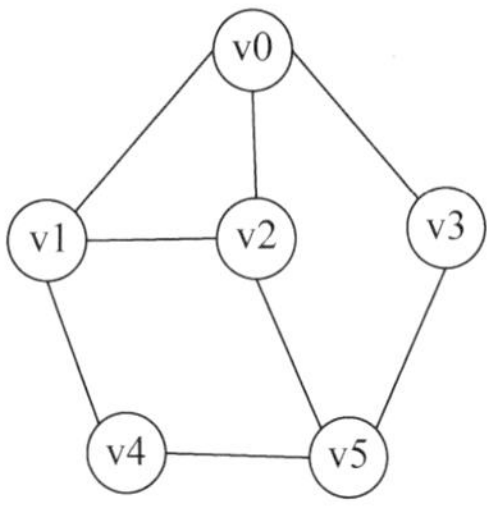
	v3	输入顶点 G. vexs[3]：	
	v4	输入顶点 G. vexs[4]：	
	v0 v1	输入第 1 条边< vi vj >：	
	v0 v2	输入第 2 条边< vi vj >：	
	v2 v3	输入第 3 条边< vi vj >：	
	v3 v0	输入第 4 条边< vi vj >：	
	v3 v4	输入第 5 条边< vi vj >：	
		广度优先搜索遍历序列：	
		v0 v1 v2 v3 v4	

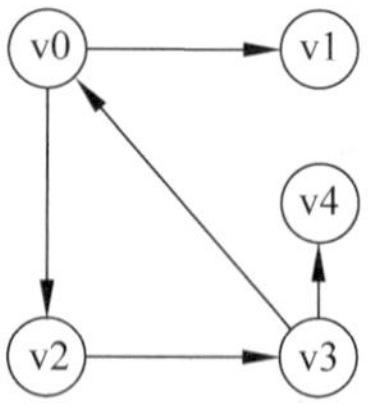

序号	输入	输 出	说 明
3	2 6 6 A B C D E F A B 10 A C 2 B D 7 B F 5 D E 2 E F 5	请输入图的种类： 输入顶点数 G. vexnum： 输入边数 G. arcnum： 输入顶点 G. vexs[0]： 输入顶点 G. vexs[1]： 输入顶点 G. vexs[2]： 输入顶点 G. vexs[3]： 输入顶点 G. vexs[4]： 输入顶点 G. vexs[5]： 输入第 1 条边 vi、vj 和权值 w： 输入第 2 条边 vi、vj 和权值 w： 输入第 3 条边 vi、vj 和权值 w： 输入第 4 条边 vi、vj 和权值 w： 输入第 5 条边 vi、vj 和权值 w： 输入第 6 条边 vi、vj 和权值 w： 广度优先搜索遍历序列： A B C D F E	构造如下图所示无向网，如果正常输入，测试结果正确
4	3 4 5 A B C D A B 1 A C 4 C D 7 D A 6 D C 4	请输入图的种类： 输入顶点数 G. vexnum： 输入边数 G. arcnum： 输入顶点 G. vexs[0]： 输入顶点 G. vexs[1]： 输入顶点 G. vexs[2]： 输入顶点 G. vexs[3]： 输入第 1 条边 vi、vj 和权值 w： 输入第 2 条边 vi、vj 和权值 w： 输入第 3 条边 vi、vj 和权值 w： 输入第 4 条边 vi、vj 和权值 w： 输入第 5 条边 vi、vj 和权值 w： 广度优先搜索遍历序列： A B C D	构造如下图所示有向网，如果正常输入，测试结果正确

4. 解决方案

上述接口的实现方法分析如下。

(1) 获取指定顶点值的操作 GetVex(G，v)：输入参数为图 G 和顶点编号 v，由于图 G 中的顶点信息保存在 vexs 数组中，因此，只需返回 vexs 数组中下标为 v 的元素值即可；若编号 v 越界，则退出。该操作只需随机存取顶点数组，则对一个具有 n 个顶点的图 G，其时间复杂度是 O(1)。

(2) 顶点定位操作 LocateVex(G，u)：输入参数为图 G 和要找的顶点 u，由于图 G 中的顶点信息保存在 vexs 数组中，因此，只需要在 vexs 数组中通过依次比对其中的顶点信息来查找到顶点 u,若查找成功,则返回该顶点在数组中的序号,否则返回−1。该操作需遍历顶点数组。对一个具有 n 个顶点的图 G,其时间复杂度是 O(n)。

(3) 求首个邻接点的操作 FirstAdjVex(G,v):已知 v 是图 G 的某个顶点(0≤v<G. vexnum),要求返回 v 的首个邻接点,则需遍历邻接矩阵 arcs 的第 v 行,找到首个非 0,或非无穷大的值的元素,并返回其列标值;若找不到,意味着顶点 v 在 G 中没有邻接点,则返回−1。该操作对一个具有 n 个顶点的图 G,其时间复杂度是 O(n)。

(4) 求下一个邻接点的操作 NextAdjVex(G, v, w):已知 v 是已知图 G 的某个顶点,w 是 v 的邻接点(0≤v, w<G.vexNum),要返回 v 的(相对于 w 的)下一个邻接点,则需从 w+1 位置开始遍历邻接矩阵 arcs 的第 v 行,找到第一个非 0,或非无穷大的值的元素,并返回其列下标值;若找不到,意味着顶点 v(相对于 w 的)没有下一个邻接点,则返回−1。该操作对一个具有 n 个顶点的图 G,其时间复杂度是 O(n)。

(5) 采用数组(邻接矩阵)表示法,构造无向图 G 操作 CreateUDG(&G):首先输入顶点数和边数确定邻接矩阵的大小,再根据顶点数输入各个顶点的具体信息,根据边数输入各条边依附的两个顶点信息,根据顶点定位操作获取顶点的位置,最后将邻接矩阵中对应位置的元素值置为1。

特别注意:由于无向图的邻接矩阵是对称的,所以在输入一条边的信息后,则需对邻接矩阵的相应位置的两个对称元素值都置为1。

(6) 采用数组(邻接矩阵)表示法,构造有向图 G 操作 CreateDG(&G):本操作与操作(5)的区别是在构造有向图时,如果输入一条孤的信息后,只需对邻接矩阵中的相应位置上的一个元素值置为1。

(7) 采用数组(邻接矩阵)表示法,构造无向网 G 操作 CreateUDN(&G):本操作与操作(5)的区别是在构造无向网时,如果输入一条边的信息后,需对邻接矩阵的相应位置的两个对称元素值置为权值。

(8) 采用数组(邻接矩阵)表示法,构造有向网 G 操作 CreateDN(&G):本操作与操作(6)的区别是在构造有向网时,如果输入一条孤的信息后,需对邻接矩阵中的相应位置上的一个元素值置为权值。

(9) 采用数组(邻接矩阵)表示法,构造图 G 操作 CreateGraph(&G):这是一个主控函数,根据输入的图的种类,调用操作(5)、(6)、(7)、(8)之一即可。

(10) 广度优先搜索遍历连通分量的操作 BFS(G, v):首先需要说明的是,图的遍历要比树的遍历复杂,因为图中一般存在回路,也就是说,在访问了某个顶点后,可能会沿着某条路径再次回到该顶点。为了避免顶点的重复访问,在遍历图的过程中,必须记下已访问过的顶点。为此,需要增设一个辅助数组 visited[MAX_VERTEX_NUM],其初始值为"假",一旦访问了顶点 v_i,则置 visited[i]为"真"。

本操作是从图中的某个顶点 v 开始,先访问该顶点,再依次访问该顶点的每一个未被访问过的邻接点,假设为 w_1,w_2,…;然后按此顺序访问顶点 w_1,w_2,…的各个还未被访问过的邻接点。重复上述过程,直到图中的所有顶点都被访问过为止。也就是说,广度优先搜索遍历的过程是一个以顶点 v 为起始点,由近及远,依次访问和顶点 v 有路径相通且路径长度为1,2,3…的顶点,并且遵循"先被访问的顶点,其邻接点就先被访问"。广度优先搜索是一种分层的搜索过程,每向前走一步就可能访问一批顶点。因此,在广度优先搜索遍历中,需要使用队列,依次记住被访问过的顶点。因此,本操作开始时,访问起始点 v,并将其插入队列中,以后每次从队列中删除一个数据元素,就依次访问它的每一个未被访问的邻接点,并将其插入队列中。这样,当队列为空时,表明所有与起始点相通的顶点都已被访问完毕,遍历结束。

例如:在如图 5-1 所示的无向图 G 中,从顶点 v_0 出发进行广度优先搜索遍历的过程如图 5-2 所示。在访问过程中,队列的状态及操作过程如表 5-2 所示。

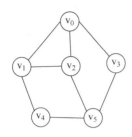

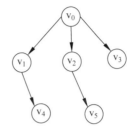

图 5-1 无向图 G   图 5-2 无向图 G 的广度优先搜索的过程

表 5-2 广度优先搜索遍历过程中队列的状态及操作过程

步骤	队列的状态	队列的操作过程
1	v_0	从顶点 v_0 开始执行广度优先搜索,将顶点 v_0 入队
2	v_1,v_2,v_3	将顶点 v_0 从队列中取出,将顶点 v_0 的邻接点 v_1,v_2 和 v_3 依次入队
3	v_2,v_3,v_4	将顶点 v_1 从队列中取出,然后,按照先访问顶点 v_1 未被访问过的邻接点,再访问顶点 v_2 未被访问过的邻接点,最后访问顶点 v_3 未被访问过的邻接点的次序,将 v_1 的邻接点 v_4 入队,由于顶点 v_1 的邻接点 v_2 已被访问过,故不必入队
4	v_3,v_4,v_5	将顶点 v_2 从队列中取出,再将顶点 v_2 未被访问过的邻接点 v_5 入队
5	v_4,v_5	将顶点 v_3 从队列中取出,访问顶点 v_3 的邻接点,由于顶点 v_3 的邻接点 v_5 已被访问过,故不必入队
6		按照先访问顶点 v_4 未被访问过的邻接点,再访问顶点 v_5 未被访问过的邻接点的次序,由于顶点 v_4 和 v_5 的邻接点都被访问过。将顶点 v_4 和 v_5 依次从队列中取出。此时队列为空,广度优先搜索遍历结束,顶点出队的顺序,就是广度优先搜索遍历的序列,即〈v_0,v_1,v_2,v_3,v_4,v_5〉

(11) 广度优先搜索遍历图的操作 BFSTraverse(G):操作(10)仅能遍历顶点 v 所在的连通分量,如果图为非连通图,则需要另选图中一个未曾被访问的顶点作为起始点,重复上述过程,直到图中所有顶点都被访问到为止。

5. 程序代码参考

```
# include < stdio. h >
# include < stdlib. h >
# include < string. h >
# include "LinkQueue. h"
# define ERROR 0
# define OK 1
```

```
#define OVERFLOW  - 2
typedef int Status;

#define INFINITY INT_MAX                          //最大值∞
#define MAX_VERTEX_NUM 20                         //最大顶点个数
typedef enum {
    UDG,                                          //无向图(UnDirected Graph)
    DG,                                           //有向图(Directed Graph)
    UDN,                                          //无向网(UnDirected Network)
    DN                                            //有向网(Directed Network)
} GraphKind;
typedef char * VertexType;     //VertexType 是顶点类型,为了表示地名等信息,这里采用字符串
typedef int VRType;                               //VRType 是顶点关系类型
                                                  //对图,用 1 或 0 表示是否相邻
                                                  //对网,则为权值类型


typedef struct {                                  // 图的定义
    VertexType vexs[MAX_VERTEX_NUM];              //顶点信息
    VRType arcs[MAX_VERTEX_NUM][MAX_VERTEX_NUM];  // 邻接矩阵
    int vexnum, arcnum;                           // 顶点数和边数
    GraphKind kind;                               // 图的种类标志
} MGraph;

int visited[MAX_VERTEX_NUM];                      // 访问标志数组

VertexType GetVex(MGraph G, int v)
//获取指定顶点值的操作,v 是已知图 G 的某个顶点号,返回顶点 v 的值
{    if (v < 0 || v > = G.vexnum)
        exit(0);
    return G.vexs[v];
}

int LocateVex(MGraph G, VertexType u)
//顶点定位操作,在已知图 G 中查找指定的顶点 u,若 G 中存在顶点 u,则返回该顶点在图中位置;
//否则返回"空"
{    int i;
    for (i = 0; i < G.vexnum; i++)
        if (strcmp(G.vexs[i], u) == 0)
            return i;
    return - 1;
}

int FirstAdjVex(MGraph G, int v)
//求首个邻接点的操作,v 是已知图 G 的某个顶点,返回 v 的首个邻接点,若顶点在 G 中没有邻接点,
//则返回"空"
{    if (v < 0 || v > = G.vexnum)
        return - 1;
    for (int j = 0; j < G.vexnum; j++)           //遍历邻接矩阵第 v 行
        if (G.arcs[v][j] != 0 && G.arcs[v][j] < INFINITY)
```

```
            return j;
    return -1;
}

int NextAdjVex(MGraph G, int v, int w)
//求下一个邻接点的操作,v 是已知图 G 的某个顶点,w 是 v 的邻接点,返回 v 的(相对于 w 的)下一
//个邻接点;若 w 是 v 的最后一个邻接点,则返回"空"
{   if (v < 0 || v >= G.vexnum)
        return -1;
    for (int j = w + 1; j < G.vexnum; j++)    //遍历邻接矩阵第 v 行
        if (G.arcs[v][j] != 0 && G.arcs[v][j] < INFINITY)
            return j;
    return -1;
}

Status CreateUDG(MGraph& G)
{                                          // 采用数组(邻接矩阵)表示法,构造无向图 G
    int i, j, k;
    VertexType v1 = (char *)malloc(20), v2 = (char *)malloc(20);
    printf("输入顶点数 G.vexnum: ");
    scanf("%d", &G.vexnum);
    printf("输入边数 G.arcnum: ");
    scanf("%d", &G.arcnum);
    for (i = 0; i < G.vexnum; i++) {
        printf("输入顶点 G.vexs[%d]: ", i);
        G.vexs[i] = (char *)malloc(20);
        scanf("%s", G.vexs[i]);
    }                                      // 构造顶点向量
    for (i = 0; i < G.vexnum; i++)         // 初始化邻接矩阵
        for (j = 0; j < G.vexnum; j++)
            G.arcs[i][j] = 0;
    for (k = 0; k < G.arcnum; k++) {       // 构造邻接矩阵
        printf("输入第 %d 条边(vi vj)(用空格隔开): ", k + 1);
        scanf("%s %s", v1, v2);            // 输入一条边依附的顶点
        i = LocateVex(G, v1); j = LocateVex(G, v2);    // 确定 v1 和 v2 在 G 中位置
        G.arcs[i][j] = 1;                  //边(v1,v2)
        G.arcs[j][i] = G.arcs[i][j];       // 置(v1,v2)的对称边(v2,v1)
    }
    return OK;
}

Status CreateDG(MGraph& G)
{                                          // 采用数组(邻接矩阵)表示法,构造有向图 G
    int i, j, k;
    VertexType v1 = (char *)malloc(20), v2 = (char *)malloc(20);
    printf("输入顶点数 G.vexnum: ");
    scanf("%d", &G.vexnum);
    printf("输入边数 G.arcnum: ");
    scanf("%d", &G.arcnum);
```

第 5 章

图

```
    for (i = 0; i < G.vexnum; i++) {
        printf("输入顶点 G.vexs[ %d]: ", i);
        G.vexs[i] = (char *)malloc(20);
        scanf("%s", G.vexs[i]);
    }                                    // 构造顶点向量
    for (i = 0; i < G.vexnum; i++)       // 初始化邻接矩阵
        for (j = 0; j < G.vexnum; j++)
            G.arcs[i][j] = 0;
    for (k = 0; k < G.arcnum; k++) {     // 构造邻接矩阵
        printf("输入第 %d 条边<vi vj>(用空格隔开): ", k + 1);
        scanf("%s %s", v1, v2);          // 输入一条边依附的顶点
        i = LocateVex(G, v1);            // 确定 v1 和 v2 在 G 中位置
        j = LocateVex(G, v2);
        G.arcs[i][j] = 1;                // 弧<vi,vj>
    }
    return OK;
}                                        // CreateDG

Status CreateUDN(MGraph& G)
{
                                         // 采用数组(邻接矩阵)表示法,构造无向网 G
    int i, j, k, w;
    VertexType v1 = (char *)malloc(20), v2 = (char *)malloc(20);
    printf("输入顶点数 G.vexnum: ");
    scanf("%d", &G.vexnum);
    printf("输入边数 G.arcnum: ");
    scanf("%d", &G.arcnum);
    for (i = 0; i < G.vexnum; i++) {
        printf("输入顶点 G.vexs[ %d]: ", i);
        G.vexs[i] = (char *)malloc(20);
        scanf("%s", G.vexs[i]);
    }                                    // 构造顶点向量
    for (i = 0; i < G.vexnum; i++)       // 初始化邻接矩阵
        for (j = 0; j < G.vexnum; j++)
            G.arcs[i][j] = INFINITY;
    for (k = 0; k < G.arcnum; k++) {     // 构造邻接矩阵
        printf("输入第 %d 条边 vi、vj 和权值 w(用空格隔开): ", k + 1);
        scanf("%s %s %d", v1, v2, &w);   // 输入一条边依附的顶点及权值
        i = LocateVex(G, v1);            // 确定 v1 和 v2 在 G 中位置
        j = LocateVex(G, v2);
        G.arcs[i][j] = w;                // 边(v1,v2)的权值
        G.arcs[j][i] = G.arcs[i][j];     // 置(vi,vj)的对称边(vj,vi)
    }
    return OK;
}                                        // CreateUDN

Status CreateDN(MGraph& G)
{
                                         // 采用数组(邻接矩阵)表示法,构造有向网 G
    int i, j, k, w;
    VertexType v1 = (char *)malloc(20), v2 = (char *)malloc(20);
```

```
            printf("输入顶点数 G.vexnum: ");
            scanf("%d", &G.vexnum);
            printf("输入边数 G.arcnum: ");
            scanf("%d", &G.arcnum);
            for (i = 0; i < G.vexnum; i++) {
                printf("输入顶点 G.vexs[%d]: ", i);
                G.vexs[i] = (char *)malloc(20);
                scanf("%s", G.vexs[i]);
            }                                       // 构造顶点向量
            for (i = 0; i < G.vexnum; i++)          // 初始化邻接矩阵
                for (j = 0; j < G.vexnum; j++)
                    G.arcs[i][j] = INFINITY;
            for (k = 0; k < G.arcnum; k++) {        // 构造邻接矩阵
                printf("输入第%d条边 vi、vj 和权值 w(用空格隔开): ", k + 1);
                scanf("%s %s %d", v1, v2, &w);      // 输入一条边依附的顶点及权值
                i = LocateVex(G, v1);               // 确定 v1 和 v2 在 G 中位置
                j = LocateVex(G, v2);
                G.arcs[i][j] = w;                   // 弧<vi,vj>的权值
            }
            return OK;
        }                                           // CreateDN


Status CreateGraph(MGraph& G)
// 采用数组(邻接矩阵)表示法,构造图 G
{   printf("请输入图的种类: 0 表示无向图 UDG,1 表示有向图 DG,2 表示无向网 UDN,3 表示有向
网 DN\n");
        scanf("%d", &G.kind);                       // 自定义输入函数,读入一个随机值
        switch (G.kind) {
        case UDG: return CreateUDG(G);              // 构造无向图 G
        case DG: return CreateDG(G);                // 构造有向图 G
        case UDN: return CreateUDN(G);              // 构造无向网 G
        case DN: return CreateDN(G);                // 构造有向网 G
        default: return ERROR;
        }
}                                                   // CreateGraph


void BFS(MGraph G, int v)
//按广度优先搜索遍历连通分量 G.使用辅助队列 Q 和访问标志数组 visited
{   int u, w;
    VertexType V;
    LinkQueue Q;
    InitQueue(&Q);                                  // 置空的辅助队列 Q
    visited[v] = 1;
    V = GetVex(G, v);
    printf("%s ", V);
    EnQueue(&Q, v);                                 // v 入队
    while (!QueueEmpty(Q))                          // 队列不空
    {
```

```
            DeQueue(&Q, &u);                    //元素出队并置为u
            for (w = FirstAdjVex(G, u); w >= 0; w = NextAdjVex(G, u, w))
                if (!visited[w])                // w为u的尚未访问的邻接顶点
                {
                    visited[w] = 1;
                    V = GetVex(G, w);
                    printf("%s ", V);
                    EnQueue(&Q, w);             // w入队
                }
        }
    }
}

void BFSTraverse(MGraph G)
//按广度优先搜索遍历图 G
{   int v;
    for (v = 0; v < G.vexnum; v++)
        visited[v] = 0;                         // 置初值
    for (v = 0; v < G.vexnum; v++)              // 如果是连通图,只 v = 0 就遍历全图
        if (!visited[v])                        // v 尚未访问
            BFS(G, v);
}

int main()
{   MGraph G;
    CreateGraph(G);
    printf("广度优先搜索遍历序列：");
    BFSTraverse(G);
}
```

6. 运行结果参考

程序测试用例的运行结果如图 5-3 所示。

7. 延伸思考

（1）给定一个图,对于固定的存储结构,按给定的广度优先搜索遍历算法得到的搜索结果是否唯一？

（2）如果在图的邻接表存储结构上实现图的广度优先搜索遍历,其算法该如何编写？同时比较并分析在两种不同的存储结构上实现同一种遍历,其时间性能的优劣。

5.1.2 基于邻接表的深度优先搜索遍历

1. 实践目的

（1）能够正确描述图的邻接表存储在计算机中的表示。

（2）能够正确编写邻接表存储表示的图上进行深度优先搜索遍历的实现算法。

（3）能够编写程序验证深度优先搜索遍历算法的正确性。

2. 实践内容

（1）用邻接表作为图的存储结构创建一个图。

（2）在邻接表存储表示的图上完成深度优先搜索遍历操作。

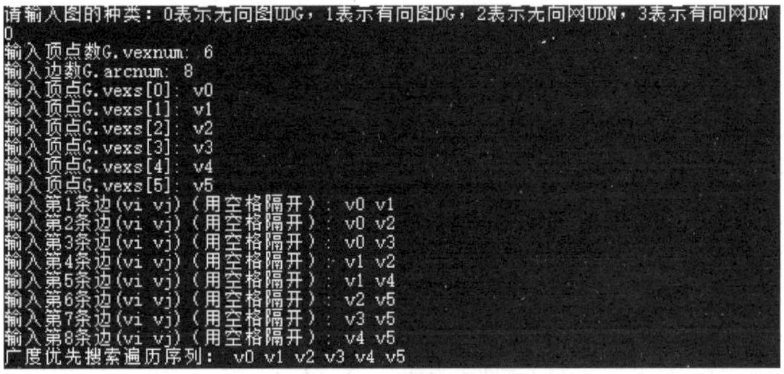

(a) 测试用例1

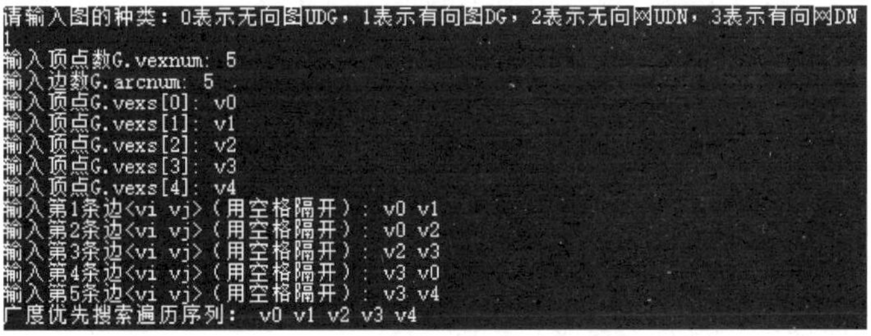

(b) 测试用例2

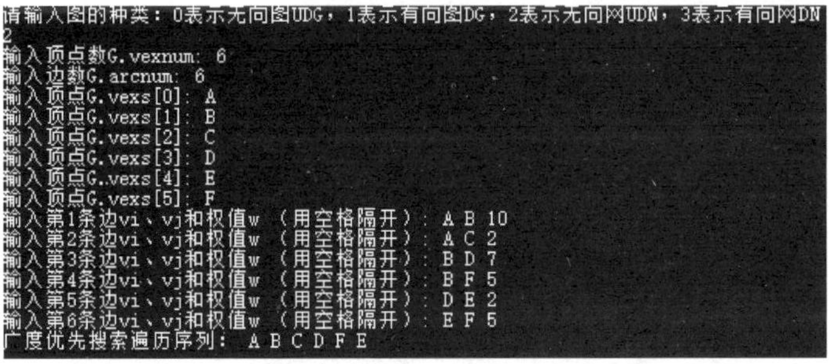

(c) 测试用例3

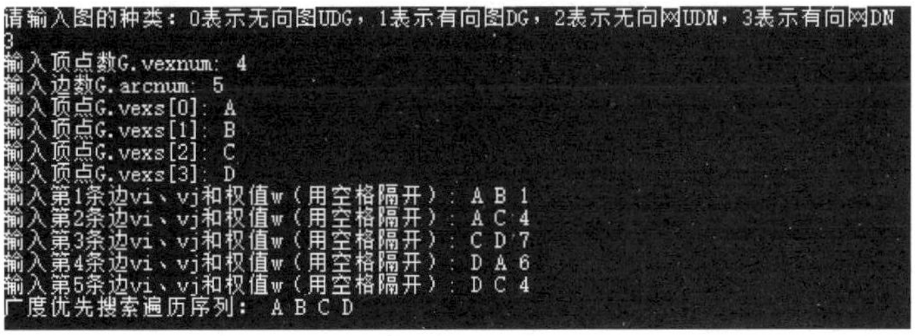

(d) 测试用例4

图 5-3　程序部分测试用例的运行结果

3. 实践要求

1）数据结构

由于实践内容中指定是在邻接表存储表示的图上实现指定操作,而邻接表是由一个顺序存储的顶点表和 n 个链式存储的边表组成的。其中:顶点表由顶点结点组成;边表是由边(或弧)结点组成的一个单链表,表示所有依附于顶点 v_i 的边(对于有向图就是所有以 v_i

为始点的弧)。例如,图 5-1 的无向图 G 所对应的邻接表存储表示如图 5-4 所示。

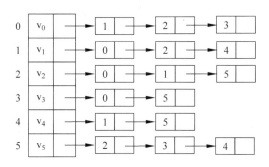

图 5-4 无向图 G_1 的邻接表

图的邻接表存储结构描述如下:

```
//边(或弧)结点类型定义
typedef struct ArcNode
{    int   adjVex;          //该边(弧)所指向的顶点的位置
     int   value;           //该边的权值
     ArcNode  * nextArc;    //指向下条弧的指针
}ArcNode;
typedef char * VertexType;  //VertexType 是顶点类型,一般表示顶点名等信息,这里采用字符串
//顶点结点类型定义
typedef struct VNode
{    VertexType  data;      //存放一个顶点的信息
     ArcNode  * firstArc;   //第一个表结点的地址,指向第一条依附该顶点的边(弧)的指针
}VNode, AdjList[MAX_VERTEX_NUM];
//图的邻接表存储结构类型定义
typedef struct
{    AdjList vertices;      //存放所有顶点信息的顶点数组
     int   vexNum, arcNum;  //图的顶点数和弧数
     int      kind;         //图的种类标志
}ALGraph;
```

2)函数接口说明

```
VertexType GetVex(ALGraph G, int v)
//获取指定顶点值的操作:v 是已知图 G 的某个顶点号,返回顶点 v 的值
int LocateVex(ALGraph G, VertexType u)
//顶点定位操作:在已知图 G 中查找指定的顶点 u,若 G 中存在顶点 u,则返回该顶点在图中位置;
//否则返回"空"
int FirstAdjVex(ALGraph G, int v)
//求首个邻接点的操作:v 是已知图 G 的某个顶点,返回 v 的首个邻接点,若顶点在 G 中没有邻接点,
//则返回"空"
int NextAdjVex(ALGraph G, int v, int w)
//求下一个邻接点的操作:v 是已知图 G 的某个顶点,w 是 v 的邻接点,返回 v 的(相对于 w 的)下一个
//邻接点。若 w 是 v 的最后一个邻接点,则返回"空"
Status CreateUDG(ALGraph &G)
// 采用邻接表表示法,构造无向图 G
```

Status CreateDG(ALGraph &G)

//采用邻接表表示法,构造有向图 G

Status CreateUDN(ALGraph &G)

// 采用邻接表表示法,构造无向网 G

Status CreateDN(ALGraph &G)

// 采用邻接表表示法,构造有向网 G

Status CreateGraph(ALGraph& G)

// 采用邻接表表示法,构造图 G

void DFS(ALGraph G, int v)

//从顶点 v 开始,按深度优先搜索遍历图 G 中 v 所在的连通分量。使用访问标志数组 visited

void DFSTraverse(ALGraph G)

//按深度优先搜索遍历图 G

3) 输入输出说明

输入说明:输入信息的第 1 行为图的类型,其中 0 表示无向图 UDG,1 表示有向图 DG,2 表示无向网 UDN,3 表示有向网 DN;第 2 行为构造无向图的顶点数 m;第 3 行为边的数目 n。其次输入的 m 行是每个顶点的信息,最后输入的 n 行是每条边的信息。

输出说明:最后一行输出所构造图的深度优先搜索得到的遍历序列。

4) 测试用例

测试用例信息如表 5-3 所示。

表 5-3　测试用例

序号	输入	输　出	说　明
1	0	请输入图的种类:	
	6	输入顶点数 G.vexnum:	
	8	输入边数 G.arcnum:	
	v0	输入顶点 G.vexs[0]:	
	v1	输入顶点 G.vexs[1]:	
	v2	输入顶点 G.vexs[2]:	
	v3	输入顶点 G.vexs[3]:	构造如下图所示无向图,如果正常输入,测试结果正确
	v4	输入顶点 G.vexs[4]:	
	v5	输入顶点 G.vexs[5]:	
	v0 v1	输入第 1 条边(vi vj):	
	v0 v2	输入第 2 条边(vi vj):	
	v0 v3	输入第 3 条边(vi vj):	
	v1 v2	输入第 4 条边(vi vj):	
	v1 v4	输入第 5 条边(vi vj):	
	v2 v5	输入第 6 条边(vi vj):	
	v3 v5	输入第 7 条边(vi vj):	
	v4 v5	输入第 8 条边(vi vj):	
		深度优先搜索遍历序列:	
		v0 v3 v5 v4 v1 v2	

序号	输入	输　　出	说　　　明
2	1 5 5 v0 v1 v2 v3 v4 v0 v1 v0 v2 v2 v3 v3 v0 v3 v4	请输入图的种类： 输入顶点数 G.vexnum： 输入边数 G.arcnum： 输入顶点 G.vexs[0]： 输入顶点 G.vexs[1]： 输入顶点 G.vexs[2]： 输入顶点 G.vexs[3]： 输入顶点 G.vexs[4]： 输入第 1 条边< vi vj>： 输入第 2 条边< vi vj>： 输入第 3 条边< vi vj>： 输入第 4 条边< vi vj>： 输入第 5 条边< vi vj>： 深度优先搜索遍历序列： v0 v2 v3 v4 v1	构造如下图所示有向图，如果正常输入，测试结果正确 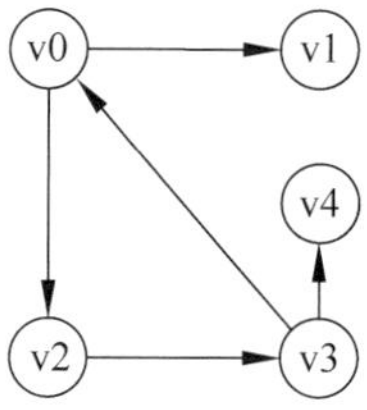
3	2 6 6 A B C D E F A B 10 A C 2 B D 7 B F 5 D E 2 E F 5	请输入图的种类： 输入顶点数 G.vexnum： 输入边数 G.arcnum： 输入顶点 G.vexs[0]： 输入顶点 G.vexs[1]： 输入顶点 G.vexs[2]： 输入顶点 G.vexs[3]： 输入顶点 G.vexs[4]： 输入顶点 G.vexs[5]： 输入第 1 条边 vi、vj 和权值 w： 输入第 2 条边 vi、vj 和权值 w： 输入第 3 条边 vi、vj 和权值 w： 输入第 4 条边 vi、vj 和权值 w： 输入第 5 条边 vi、vj 和权值 w： 输入第 6 条边 vi、vj 和权值 w： 深度优先搜索遍历序列： A C B F E D	构造如下图所示无向网，如果正常输入，测试结果正确 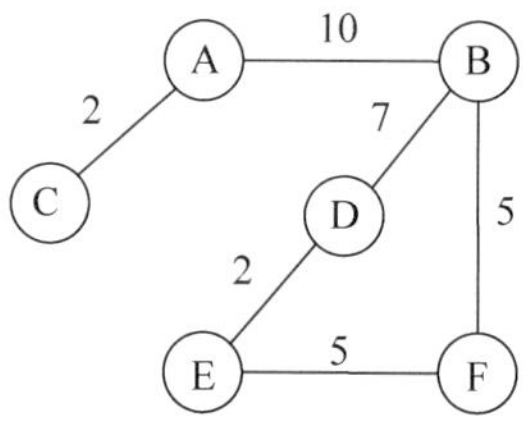
4	3 4 5 A B C D A B 1 A C 4 C D 7 D A 6 D C 4	请输入图的种类： 输入顶点数 G.vexnum： 输入边数 G.arcnum： 输入顶点 G.vexs[0]： 输入顶点 G.vexs[1]： 输入顶点 G.vexs[2]： 输入顶点 G.vexs[3]： 输入第 1 条边 vi、vj 和权值 w： 输入第 2 条边 vi、vj 和权值 w： 输入第 3 条边 vi、vj 和权值 w： 输入第 4 条边 vi、vj 和权值 w： 输入第 5 条边 vi、vj 和权值 w： 深度优先搜索遍历序列： A C D B	构造如下图所示有向网，如果正常输入，测试结果正确 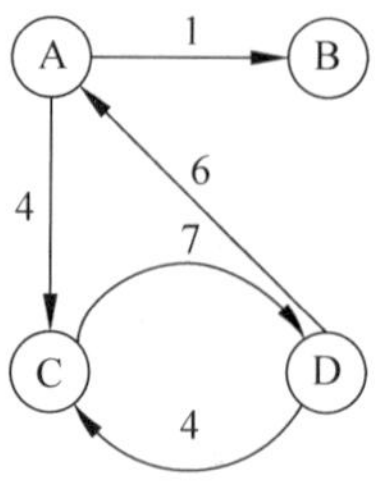

4. 解决方案

上述接口的实现方法分析如下。

（1）获取指定顶点值的操作 GetVex(G,v)：输入参数为图 G 和顶点编号，由于图 G 中的顶点信息保存在 vertices 数组的 data 数据域中，因此，只需返回 vertices 数组 v 号元素的 data 值即可；若编号 v 越界，则退出。该操作只需随机存取顶点数组，则对一个具有 n 个顶点的图 G，其时间复杂度是 $O(1)$。

（2）顶点定位操作 LocateVex(G,u)：输入参数为图 G 和要找的顶点 u，由于图 G 中的顶点信息保存在 vertices 数组的 data 数据域中，因此，只需要在 vertices 数组中通过依次比对其中的顶点信息来查找到顶点 u，若查找成功，则返回该顶点在数组中的序号，否则返回 -1。该操作需遍历顶点数组。对一个具有 n 个顶点的图 G，其时间复杂度是 $O(n)$。

（3）求首个邻接顶点的操作 FirstAdjVex(G,v)：已知 v 是图 G 的某个顶点($0 \leqslant v <$ G.vexnum)，要求返回 v 的首个邻接顶点。首先，要定位顶点 v 对应的序号；其次，根据序号在顶点数组中直接找到对应顶点，再通过顶点结点中的 firstArc 域的值找到该顶点指向的首个边或弧结点的指针，如果指针值为空，说明没有邻接顶点，否则返回该指针指向的边或弧结点中 adjVex 域的顶点位置值。该操作需要通过访问顶点顺序表去确定 v 顶点的位置，再直接去找这个位置上的边或弧表上的首个结点，其时间复杂度是 $O(1)$。

（4）求下一个邻接顶点的操作 NextAdjVex(G, v, w)：已知 v 是已知图 G 的某个顶点，w 是 v 的邻接点($0 \leqslant v$, $w <$ G.vexNum)，要返回 v 的(相对于 w 的)下一个邻接顶点，则只需在依附于顶点 v 的边或弧表中沿着边结点的后继指针依次去查找 v 的邻接顶点 w，若找到，则该边弧结点的后继结点即为顶点 v 相对于顶点 w 的下一个邻接点。若此邻接顶点存在，则返回该邻接顶点的序号值，否则返回 -1。该操作需要通过访问顶点顺序表去确定 v 顶点的位置，然后再在这个位置上的边或弧表上去寻找边或弧结点 w 的下一个边弧结点，其时间复杂度为 $O(e/n)$。

（5）采用邻接表表示法，构造无向图 G 操作 CreateUDG(&G)：本操作在建立边结点时，输入的都是边依附的顶点值，而不是顶点的位置，因此在建立每个边结点时，先要通过操作(2)确定顶点的位置，其时间复杂度是 $O(n)$，最后在邻接表对应的两个边表上采用头插法分别插入一个对称的边结点。因此，构造一个有 n 个顶点和 e 条边的图时，该操作的时间复杂度是 $O(n \times e)$。

（6）采用邻接表表示法，构造有向图 G 操作 CreateDG(&G)：本操作与操作(5)的区别是在构造有向图时，只需在邻接表对应的一个弧表中插入一个弧结点即可。

（7）采用邻接表表示法，构造无向网 G 操作 CreateUDN(&G)：本操作与操作(5)的区别是在构造无向网时，对边结点数据域赋值时需填入权值。

（8）采用邻接表表示法，构造有向网 G 操作 CreateDN(&G)：本操作与操作(6)的区别是在构造有向网时，对弧结点数据域赋值时需填入权值。

（9）采用邻接表表示法，构造图 G 操作 CreateGraph(&G)：这是一个主控函数，根据输入的图的种类，调用操作(5)、(6)、(7)、(8)之一即可。

（10）深度优先搜索遍历连通分量的操作 DFS(G,v)：从图的某个顶点 v 开始访问，然后访问它的任意一个邻接点，假定为 w_1；再从 w_1 出发，访问与 w_1 邻接但未被访问的顶点，假定为 w_2；然后再从 w_2 出发，进行类似访问，如此进行下去，直至所有的邻接点都被访问过为止。接着，回退一步，退到前一次刚访问过的顶点，看是否还有其他未被访问的邻接点。如果有，则访问此顶点，之后再从此顶点出发，进行与前述类似的访问。重复上述过程，直到连通图中的所有顶点都被访问过为止。该遍历的过程是一个递归的过程。

例如：在图 5-5 所示的无向图 G 中，从顶点 v0 出发进行深度优先搜索遍历的过程如图 5-6 所示[①]。

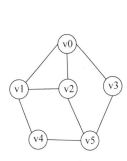

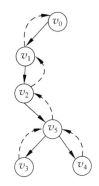

图 5-5　无向图 G　　　　　　　图 5-6　无向图 G 的深度优先搜索的过程

（11）深度优先搜索遍历图的操作 DFSTraverse(G)：操作(10)仅能遍历顶点 v 所在的连通分量，如果图为非连通图，则需要另选图中一个未曾被访问的顶点作为起始点，重复上述过程，直到图中所有顶点都被访问到为止。

5. 程序代码参考

```
# include < stdio. h >
# include < stdlib. h >
# include < string. h >
# include "LinkQueue. h"
# define ERROR 0
# define OK 1
# define OVERFLOW  - 2
typedef int Status;

# define INFINITY INT_MAX                //最大值∞
# define MAX_VERTEX_NUM 20               //最大顶点个数
typedef enum {
    UDG,                                 //无向图(UnDirected Graph)
    DG,                                  //有向图(Directed Graph)
    UDN,                                 //无向网(UnDirected Network)
    DN                                   //有向网(Directed Network)
} GraphKind;
typedef char * VertexType;      //VertexType 是顶点类型,为了表示地名等信息,这里采用字符串
// ----- 图的邻接表存储表示 -----

//边(或弧)结点
```

① 图中以带箭头的实线表示遍历时的访问路径，以带箭头的虚线表示回溯的路径。

```
typedef struct ArcNode {
    int        adjVex;              //该边(弧)所指向的顶点的位置
    int value;                      //该边的权值
    ArcNode * nextArc;              //指向下条弧的指针
}ArcNode;

//头结点
typedef struct VNode {
    VertexType data;               //顶点信息
    ArcNode * firstArc;            //边表的头指针,指向首条依附该顶点的边(弧)的指针
}VNode, AdjList[MAX_VERTEX_NUM];

typedef struct {
    AdjList vertices;
    int   vexnum, arcnum;          //图的顶点数和弧数
    int      kind;                 //图的种类标志
}ALGraph;

int visited[MAX_VERTEX_NUM];       //访问标志数组,全局变量

VertexType GetVex(ALGraph G, int v)
//获取指定顶点值的操作,v是已知图 G 的某个顶点号,返回顶点 v 的值
{    if (v < 0 || v >= G.vexnum)
            exit(0);
    return G.vertices[v].data;
}

int LocateVex(ALGraph G, VertexType u)
//顶点定位操作,在已知图 G 中查找指定的顶点 u,若 G 中存在顶点 u,则返回该顶点在图中位置;
//否则返回"空"
{    int i;
    for (i = 0; i < G.vexnum; ++i)
        if (strcmp(G.vertices[i].data, u) == 0)
                return i;
    return -1;
}

int FirstAdjVex(ALGraph G, int v)
//求首个邻接点的操作,v是已知图 G 的某个顶点,返回 v 的首个邻接点,若顶点在 G 中没有邻接点,
//则返回"空"
{    ArcNode * p;
    p = G.vertices[v].firstArc;
    if (p)
        return p->adjVex;
    else
        return -1;
}

int NextAdjVex(ALGraph G, int v, int w)
```

```
//求下一个邻接点的操作,v是已知图G的某个顶点,w是v的邻接点,返回v的(相对于w的)下一
//个邻接点;若w是v的最后一个邻接点,则返回"空"
{   ArcNode * p;
    p = G.vertices[v].firstArc;
    while (p && p->adjVex != w)               //指针p不空且所指边结点不是w
        p = p->nextArc;
    if (!p || !p->nextArc)                    //没找到w或w是最后一个邻接点
        return -1;
    else
        return p->nextArc->adjVex;            //返回v的(相对于w的)下个邻接点的序号

}


Status CreateUDG(ALGraph& G)
//采用邻接表存储表示,构造无向图G
{   int i, j, k;
    ArcNode * pi, * pj;
    VertexType v1 = (char * )malloc(20), v2 = (char * )malloc(20);
    printf("输入顶点数 G.vexnum: ");
    scanf("%d", &G.vexnum);
    printf("输入边数 G.arcnum: ");
    scanf("%d", &G.arcnum);
    for (i = 0; i < G.vexnum; i++)
    {                                         //构造顶点表
        printf("输入顶点 G.vertices[%d].data: ", i);
        G.vertices[i].data = (char * )malloc(20);
        scanf("%s", G.vertices[i].data);      //输入顶点值
        G.vertices[i].firstArc = NULL;        //初始化链表头指针为"空"
    }
    for (k = 0; k < G.arcnum; k++)
    {                                         //输入各边并构造邻接表
        printf("输入第%d条边的两个顶点: ", k + 1);
        scanf("%s %s", v1, v2);               //输入一条边的始点和终点
        i = LocateVex(G, v1);                 //确定v1和v2在G中位置,即顶点的序号
        j = LocateVex(G, v2);
        if (!(pi = (ArcNode * )malloc(sizeof(ArcNode))))     //创建新的结点pi
            exit(OVERFLOW);
        pi->adjVex = j;                       //对弧结点pi赋邻接点"位置"信息
        pi->nextArc = G.vertices[i].firstArc; //将结点pi插入链表G.vertices[i]的头部
        G.vertices[i].firstArc = pi;

        if (!(pj = (ArcNode * )malloc(sizeof(ArcNode))))     //创建新的结点pj
            exit(OVERFLOW);
        pj->adjVex = i;                       //对弧结点pj赋邻接点"位置"信息
        pj->nextArc = G.vertices[j].firstArc; //将结点pj插入链表G.vertices[j]的头部
        G.vertices[j].firstArc = pj;
    }
    return OK;
}
```

```
Status CreateDG(ALGraph& G)
//采用邻接表存储表示,构造有向网 G
{    int i, j, k;
     ArcNode * pi;
     VertexType v1 = (char * )malloc(20), v2 = (char * )malloc(20);
     printf("输入顶点数 G.vexnum: ");
     scanf(" % d", &G.vexnum);
     printf("输入边数 G.arcnum: ");
     scanf(" % d", &G.arcnum);
     for (i = 0; i < G.vexnum; ++i)
     {                                          //构造顶点表
          printf("输入顶点 G.vertices[ % d].data: ", i);
          G.vertices[i].data = (char * )malloc(20);
          scanf(" % s", G.vertices[i].data);        //输入顶点值
          G.vertices[i].firstArc = NULL;            //初始化链表头指针为"空"
     }                                              //endfor
     for (k = 0; k < G.arcnum; k++)
     {                                          //输入各边并构造邻接表
          printf("输入第 % d 条边的两个顶点: ", k + 1);
          scanf(" % s % s", v1, v2);                //输入一条边的始点和终点
          i = LocateVex(G, v1); j = LocateVex(G, v2); //确定 v1 和 v2 在 G 中位置,即顶点的序号
          if (!(pi = (ArcNode * )malloc(sizeof(ArcNode))))   //创建新的结点 pi
                  exit(OVERFLOW);
          pi - > adjVex = j;                         //对弧结点 pi 赋邻接点"位置"信息
          pi - > nextArc = G.vertices[i].firstArc;  //将结点 pi 插入链表 G.vertices[i]的头部
          G.vertices[i].firstArc = pi;
     }
     return OK;
}


Status CreateUDN(ALGraph& G)
//采用邻接表存储表示,构造无向网 G
{    int i, j, k, w;
     ArcNode * pi, * pj;
     VertexType v1 = (char * )malloc(20), v2 = (char * )malloc(20);
     printf("输入顶点数 G.vexnum: ");
     scanf(" % d", &G.vexnum);
     printf("输入边数 G.arcnum: ");
     scanf(" % d", &G.arcnum);
     for (i = 0; i < G.vexnum; i++)
     {                                          //构造顶点表
          printf("输入顶点 G.vertices[ % d].data: ", i);
          G.vertices[i].data = (char * )malloc(20);
          scanf(" % s", G.vertices[i].data);        //输入顶点值
          G.vertices[i].firstArc = NULL;            //初始化链表头指针为"空"
     }
     for (k = 0; k < G.arcnum; k++)
     {                                          //输入各边并构造邻接表
          printf("输入第 % d 条边 vi、vj 和权值 w : ", k + 1);
```

第 5 章

图

```
            scanf("% s % s % d", v1, v2, &w);
            i = LocateVex(G, v1);                    //确定 v1 和 v2 在 G 中位置,即顶点的序号
            j = LocateVex(G, v2);
            if (!(pi = (ArcNode * )malloc(sizeof(ArcNode))))        //创建新的结点 pi
                    exit(OVERFLOW);
            pi-> adjVex = j;                          //对弧结点 pi 赋邻接点"位置"信息
            pi-> value = w;
            pi-> nextArc = G.vertices[i].firstArc; //将 pi 结点插入链表 G.vertices[i]的头部
            G.vertices[i].firstArc = pi;
            if (!(pj = (ArcNode * )malloc(sizeof(ArcNode))))        //创建新的结点 pj
                    exit(OVERFLOW);
            pj-> adjVex = i;                          //对弧结点 pj 赋邻接点"位置"信息
            pj-> value = w;
            pj-> nextArc = G.vertices[j].firstArc; //将 pj 结点插入链表 G.vertices[j]的头部
            G.vertices[j].firstArc = pj;
        }
        return OK;
    }


    Status CreateDN(ALGraph& G)
    //采用邻接表存储表示,构造有向网 G
    {   int i, j, k, w;
        ArcNode * pi;
        VertexType v1 = (char * )malloc(20), v2 = (char * )malloc(20);
        printf("输入顶点数 G.vexnum: ");
        scanf("% d", &G.vexnum);
        printf("输入边数 G.arcnum: ");
        scanf("% d", &G.arcnum);
        for (i = 0; i < G.vexnum; ++i)
            {                                         //构造顶点表
                printf("输入顶点 G.vertices[ % d].data: ", i);
                G.vertices[i].data = (char * )malloc(20);
                scanf("% s", G.vertices[i].data);     //输入顶点值
                G.vertices[i].firstArc = NULL;        //初始化链表头指针为"空"
            }                                         //endfor
        for (k = 0; k < G.arcnum; k++)
            {                                         //输入各边并构造邻接表
                printf("输入第 % d 条边 vi、vj 和权值 w : ", k + 1);
                scanf("% s % s % d", v1, v2, &w);
                i = LocateVex(G, v1);                 //确定 v1 和 v2 在 G 中位置,即顶点的序号
                j = LocateVex(G, v2);
                if (!(pi = (ArcNode * )malloc(sizeof(ArcNode))))        //创建新的结点 pi
                        exit(OVERFLOW);
                pi-> adjVex = j;                      //对弧结点 pi 赋邻接点"位置"信息
                pi-> value = w;
                pi-> nextArc = G.vertices[i].firstArc; //将 pi 结点/插入链表 G.vertices[i]的头部
                G.vertices[i].firstArc = pi;
            }
        return OK;
```

```
}

Status CreateGraph(ALGraph& G)
//采用邻接表,构造图
{    printf("请输入图的种类: 0 表示无向图 UDG, 1 表示有向图 DG, 2 表示无向网 UDN, 3 表示有向
网 DN\n");
     scanf("% d", &G.kind);
     switch (G.kind) {
     case UDG: return CreateUDG(G);           //构造无向图 G
     case DG: return CreateDG(G);             //构造有向图 G
     case UDN: return CreateUDN(G);           //构造无向网 G
     case DN: return CreateDN(G);             //构造有向网 G
     default: return ERROR;
     }
}

void DFS(ALGraph G, int v)
//从顶点 v 开始,按深度优先搜索遍历图 G 中 v 所在的连通分量。使用访问标志数组 visited
{    int w;
     VertexType v1;

     visited[v] = 1;                          //设置访问标志为 1(已访问)
     v1 = GetVex(G, v);
     printf("% s ", v1);                      //访问第 v 个顶点
     for (w = FirstAdjVex(G, v); w >= 0; w = NextAdjVex(G, v, w))
          if (!visited[w])
               DFS(G, w);                     //对 v 的尚未访问的邻接点 w 递归调用 DFS
}

void DFSTraverse(ALGraph G)
//按深度优先搜索遍历图 G
{ int v;
     for (v = 0; v < G.vexnum; v++)
          visited[v] = 0;                     //访问标志数组初始化
     for (v = 0; v < G.vexnum; v++)
          if (!visited[v])
               DFS(G, v);                     //对尚未访问的顶点调用 DFS
}

int main()
{    ALGraph G;
     CreateGraph(G);
     printf("深度优先搜索遍历序列: ");
     DFSTraverse(G);
}
```

6. 运行结果参考

程序测试用例的运行结果如图 5-7 所示。

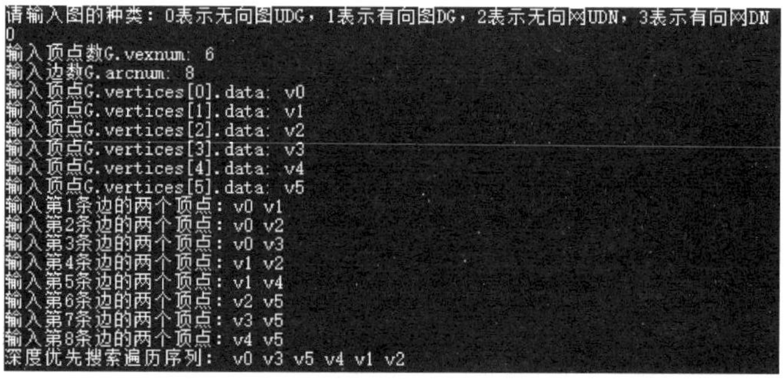

```
请输入图的种类：0表示无向图UDG，1表示有向图DG，2表示无向网UDN，3表示有向网DN
0
输入顶点数G.vexnum: 6
输入边数G.arcnum: 8
输入顶点G.vertices[0].data: v0
输入顶点G.vertices[1].data: v1
输入顶点G.vertices[2].data: v2
输入顶点G.vertices[3].data: v3
输入顶点G.vertices[4].data: v4
输入顶点G.vertices[5].data: v5
输入第1条边的两个顶点: v0 v1
输入第2条边的两个顶点: v0 v2
输入第3条边的两个顶点: v0 v3
输入第4条边的两个顶点: v1 v2
输入第5条边的两个顶点: v1 v4
输入第6条边的两个顶点: v2 v5
输入第7条边的两个顶点: v3 v5
输入第8条边的两个顶点: v4 v5
深度优先搜索遍历序列:  v0 v3 v5 v4 v1 v2
```

(a) 测试用例1

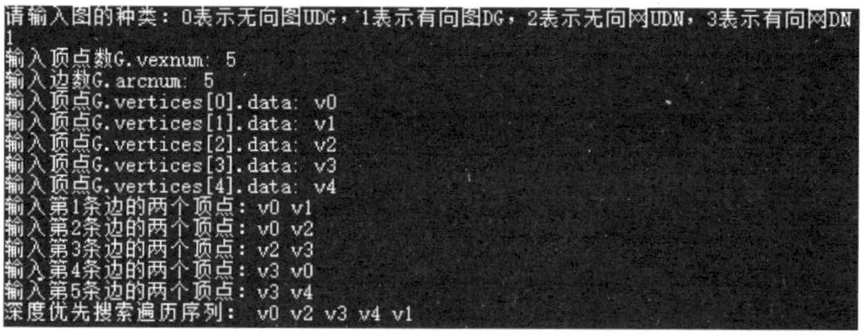

```
请输入图的种类：0表示无向图UDG，1表示有向图DG，2表示无向网UDN，3表示有向网DN
1
输入顶点数G.vexnum: 5
输入边数G.arcnum: 5
输入顶点G.vertices[0].data: v0
输入顶点G.vertices[1].data: v1
输入顶点G.vertices[2].data: v2
输入顶点G.vertices[3].data: v3
输入顶点G.vertices[4].data: v4
输入第1条边的两个顶点: v0 v1
输入第2条边的两个顶点: v0 v2
输入第3条边的两个顶点: v2 v3
输入第4条边的两个顶点: v3 v0
输入第5条边的两个顶点: v3 v4
深度优先搜索遍历序列:  v0 v2 v3 v4 v1
```

(b) 测试用例2

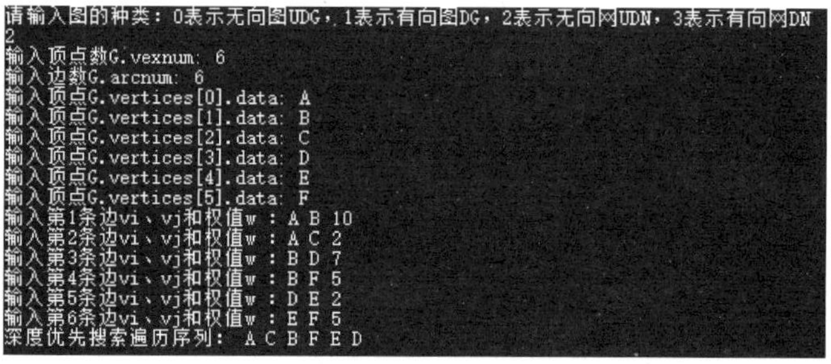

```
请输入图的种类：0表示无向图UDG，1表示有向图DG，2表示无向网UDN，3表示有向网DN
2
输入顶点数G.vexnum: 6
输入边数G.arcnum: 6
输入顶点G.vertices[0].data: A
输入顶点G.vertices[1].data: B
输入顶点G.vertices[2].data: C
输入顶点G.vertices[3].data: D
输入顶点G.vertices[4].data: E
输入顶点G.vertices[5].data: F
输入第1条边vi、vj和权值w : A B 10
输入第2条边vi、vj和权值w : A C 2
输入第3条边vi、vj和权值w : B D 7
输入第4条边vi、vj和权值w : B F 5
输入第5条边vi、vj和权值w : D E 2
输入第6条边vi、vj和权值w : E F 5
深度优先搜索遍历序列:  A C B F E D
```

(c) 测试用例3

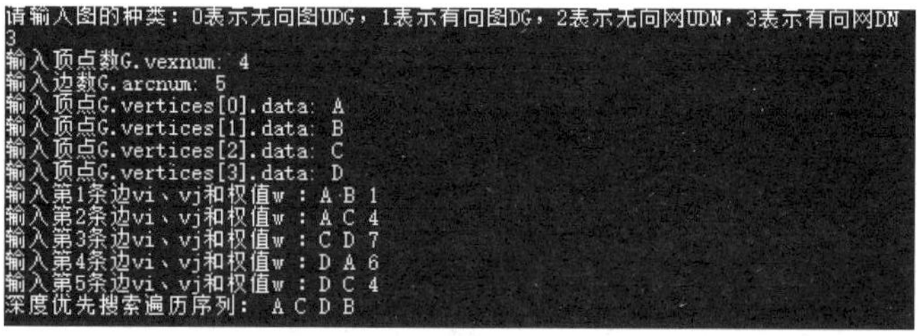

```
请输入图的种类：0表示无向图UDG，1表示有向图DG，2表示无向网UDN，3表示有向网DN
3
输入顶点数G.vexnum: 4
输入边数G.arcnum: 5
输入顶点G.vertices[0].data: A
输入顶点G.vertices[1].data: B
输入顶点G.vertices[2].data: C
输入顶点G.vertices[3].data: D
输入第1条边vi、vj和权值w : A B 1
输入第2条边vi、vj和权值w : A C 4
输入第3条边vi、vj和权值w : C D 7
输入第4条边vi、vj和权值w : D A 6
输入第5条边vi、vj和权值w : D C 4
深度优先搜索遍历序列:  A C D B
```

(d) 测试用例4

图 5-7　程序部分测试用例的运行结果

7. 延伸思考

(1) 给定一个图,对于固定的存储结构,按给定的深度优先搜索遍历算法得到搜索结果是否唯一?

(2) 如果在图的邻接矩阵存储结构上实现图的深度优先搜索遍历,其算法该如何编写?同时比较分析在两种不同的存储结构上实现这同一种遍历,其时间性能的优劣。

(3) 如何将上述深度优先搜索遍历算法 DFS(G, v)改为非递归算法?

5.2 进阶实践

5.2.1 红色警报问题

1. 实践目的

(1) 能够正确分析红色警报问题要解决的关键问题及其解决思路。

(2) 能够根据红色警报问题的操作特点选择适当的存储结构。

(3) 能够运用图的相关基本操作的实现方法设计红色警报问题的关键操作算法。

(4) 能够编写程序模拟红色警报问题的实现,并验证其正确性。

(5) 能够对实践结果的性能进行辩证分析或优化。

2. 实践内容

战争中保持一个国家各个城市间的连通性是非常重要的。本实践要求编写一个报警程序,当失去一个城市导致国家被分裂为多个无法连通的区域时,就发出红色警报。若该国家本来就不完全连通,是分裂的 k 个区域,失去一个城市并不改变其他城市之间的连通性,则不发出警报。

如图 5-8(a)所示,一个国家初始有两个连通区域。当失去 1 号城市时,该国家仍然有两个连通区域,如图 5-8(b)所示,并未影响连通性,无须发出警报;若此时再失去 2 号城市,使得该国家剩下一个区域,如图 5-8(c)所示,也无须发出警报;但若再失去 0 号城市,使得该国家分裂成两个区域,如图 5-8(d)所示,其中 3 号城市与 4 号城市之间又不连通,此时需要发出警报。

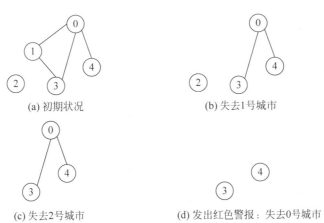

(a) 初期状况　　　　　　　　　　(b) 失去1号城市

(c) 失去2号城市　　　　(d) 发出红色警报:失去0号城市

图 5-8　红色警报示意图

3. 实践要求

(1) 为使算法具有普适性,各城市之间的地图信息可由用户自主设定。

(2) 根据问题的处理对象及其操作特性,选择恰当的存储结构。

(3) 抽象出红色警报问题中的关键性操作模块,并给出其接口描述及其实现算法。

(4) 输入输出说明:本实践要求输入的内容分为两个部分:第一个部分构建一个国家城市之间的地图信息对应的无向图;第二个部分先是以一行输入失去城市的数量,再以一行输入失去城市编号序列,之间用空格隔开。本实践的输出内容由输入的失去城市数量和城市序号值决定,按失去城市的序号依次判断是否需要报警,每个城市一行,如果无须报警则仅显示"City ×× is lost."，如果需要报警,则显示"Red Alert：City ×× is lost!"。最后,如果失去了所有的城市,则显示"Game Over."。

4. 解决方案

1) 数据结构

本实践关键是要对国家各城市之间的连通性做出判断,用图的顶点表示城市,图的边表示城市间的道路,那么国家各城市之间的交通状况可以用无向图进行表示,即用无向图表示国家城市间的交通地图信息。由于现代城市之间的交通往往比较发达,从而决定城市间的交通地图是一个较为稠密的无向图,为此,本实践拟采用邻接矩阵存储表示,其存储结构描述如下:

```
typedef char * VertexType;                              //VertexType 表示城市名
typedef int VRType;                    //VRType 表示城市间是否有道路相通,1 表示"有",0 表示"无"
typedef struct                                          //城市间的交通地图结构信息
{    VertexType   vexs[MAX_VERTEX_NUM];                  //各城市名信息
     VRType   arcs [MAX_VERTEX_NUM][MAX_VERTEX_NUM];     //两个城市间是否有路相通的信息
     int   vexnum, arcnum;                               //城市数和道路数
   } MGraph;
```

2) 关键操作实现要点

由前面的分析可知,本实践中失去一个城市意味着在无向图中删除一个顶点以及与该顶点所有相关联的边,如果这一操作使得图的连通分量变多了,则说明需要报警。因此本实践最核心的操作是在给定的地图中,确定连通分量的数量。

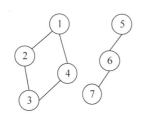

当无向图是非连通图时,从图中的一个顶点出发遍历图,不能访问该图的所有顶点,而只能访问包含该顶点的连通分量中的所有顶点。因此,从无向图的每个连通分量中的一个顶点出发遍历图,则可求得无向图的所有连通分量。例如,图 5-9 是由两个连通分量组成的非连通图。

图 5-9　由两个连通分量组成的非连通图

因此,我们可以通过将无向图的遍历算法进行改造,如果无向图是个连通图,只从一个顶点出发就能遍历全图;如果无向图是非连通的,从一个顶点完成遍历后,图中还存在未访问到的点,需要再次从未访问到的点出发进行遍历。

根据上述分析可知:本实践中可抽象出 3 个关键操作模块,其实现要点说明如下。

(1) 广度或深度优先搜索遍历连通分量。

只是为了说明问题,在本实践的实现中选择了广度优先搜索遍历。该遍历的实现方法可参见 5.1.1 节中解决方案中的操作(10)BFS(G，v),此处不再赘述。

(2) 求图的连通分量数。

上面的操作仅能遍历起始顶点所在的连通分量,如果图为非连通图,则需要另选图中一个未曾被访问的顶点作为起始点,重复上述过程,直到图中所有顶点都被访问到为止。这与图的遍历操作方法相同。但为了求图的连通分量数,可以在此操作中引进一计数器,初值为0,每次选择图中一个未曾被访问的顶点作为起始点时,计数器值增 1。最后计数器的终值

就为该无向图连通分量的数量。

　　最后,还有一个问题需要加以说明,本实践中失去一个城市意味着在无向图中删除该顶点以及与该顶点所有相关联的边,而在计算机中实现时,并不会真正删去该城市对应的顶点,只是删除了与该顶点相关联的所有边,这样,该顶点成为一个孤立点,自身就成为一个连通分量,因此在失去城市判断是否需要报警时,判断标准为失去城市后连通分量数量大于原来连通分量数量加 1。

　　3) 关键操作接口描述

void BFS(MGraph G, int v)
//按广度优先搜索遍历连通分量。使用辅助队列 Q 和访问标志数组 visited
int CC_BFSTraverse (MGraph G)
//按广度优先搜索遍历图 G,计数连通分量的个数,并返回其值

　　4) 关键操作算法参考
　　(1) 广度优先搜索遍历连通分量的算法。

```
void BFS(MGraph G, int v)
//按广度优先遍历连通图 G。使用辅助队列 Q 和访问标志数组 visited
{    int u, w;
     LinkQueue Q;
     InitQueue(&Q);                          //置空的辅助队列 Q
     visited[v] = 1;
     EnQueue(&Q, v);                         //v 入队
     while (!QueueEmpty(Q))                  //队列不空
     {
         DeQueue(&Q, &u);                    // 队头元素出队并置为 u
         for (w = FirstAdjVex(G, u); w >= 0; w = NextAdjVex(G, u, w))
             if (!visited[w])                // w 为 u 的尚未访问的邻接顶点
             {
                 visited[w] = 1;
                 EnQueue(&Q, w);             // w 入队
             }
     }
}
```

　　(2) 求图的连通分量数(广度优先搜索遍历图)的算法。

```
int CC_BFSTraverse(MGraph G)
//按广度优先遍历图 G,记数连通分量的个数
{    int v, count = 0;                       //count 用于记数连通分量的个数
     LinkQueue Q;
     for (v = 0; v < G.vexnum; ++v)
         visited[v] = 0;                     // 置初值
     InitQueue(&Q);                          // 置空的辅助队列 Q
     for (v = 0; v < G.vexnum; v++)          // 如果是连通图,只 v = 0 就遍历全图
         if (!visited[v])                    // v 尚未访问
         {
             count++;
```

```
                    BFS(G, v);
            }
        return count;
    }
```

5. 程序代码参考

扫码查看：5-2-1.cpp

6. 运行结果参考

程序的运行结果如图 5-10 所示。

(a) 运行结果1

(b) 运行结果2

图 5-10　程序运行结果参考

7. 延伸思考

（1）本实践如果采用在深度优先搜索遍历的操作过程中求得连通分量该如何实现？同时比较并分析在两种不同的优先搜索遍历的操作基础上实现同一问题求解，其时间性能的优劣如何？

（2）如果问题改为判断攻占哪些城市会触发红色警报，那么其中关键操作的算法又该如何设计和实现呢？

5.2.2　"村村通"公路工程问题

1. 实践目的

（1）能够深刻理解我国"村村通"公路工程的目标和任务，激发学生对新农村的向往和对祖国建设的热爱之情，增强学生投入到乡村振兴战略的自觉性。

（2）能够根据"村村通"公路工程问题的操作特点，选择恰当的存储结构。

（3）能够运用图的相关基本操作的实现方法设计"村村通"公路工程问题的关键操作算法。

（4）能够编写程序模拟"村村通"公路工程问题的实现，并验证其正确性。

（5）能够对实践结果的性能进行辩证分析和优化提升。

2. 实践背景

"晴天一身灰,雨天一身泥。"很多曾经在农村生活过的人,对于乡村公路的泥泞不堪有着刻骨铭心的记忆。行路难给广大农村地区的生产生活带来严重影响,修路一度成了农民们的最大渴盼。

"要致富,先修路""经济发展,交通先行",农村公路建设已经成为推进社会主义新农村建设的重要内容。便利的交通能够促进农村地区经济发展,从而增加农民的收入。基于对农村地区交通问题的深刻认识,为支持新农村建设,国家在1998年提出"村村通"工程,2006年进入正式实施阶段。这项系统工程包括电力、饮用水、电话网、有线电视网、互联网等,而公路则是其中至关重要的一环。"村村通"公路工程又称"五年千亿元"工程,是指中国力争在5年时间实现所有村庄通沥青路或水泥路,以打破农村经济发展的交通瓶颈,解决9亿农民的出行难[①]。

2003年以来,中央加大了对农村公路的投资力度,农村公路建设突飞猛进,截至2019年底,全国农村公路里程已达420万千米,实现具备条件的乡镇和建制村100%通硬化路,为决战决胜脱贫攻坚,为全面建成小康社会提供了坚实的交通保障。

3. 实践内容

岭头乡位于浙江省永嘉县东北部,东邻乐清市,北界台州市黄岩区,南接西源乡、鹤盛乡,西连鲤溪乡、张溪乡,一鸡鸣三县是真实写照,有高山上的平原之称。

岭头乡从2004年至2006年,用三年时间累计投资400多万元,通车里程14.1千米,完成黄宙坑、塘堀、后村、徐洋、龙洋、钵下、富楼源等"村村通"公路建设工程。

根据岭头乡的村庄间道路的统计数据,用图5-11所示描绘出了各村庄间有可能建设成标准公路中的部分公路规划及其建设的预算成本。其中圆圈表示村庄名,边表示两个村庄可以建成的标准公路,边上的数据值表示公路建设的预算成本(单位:10万元)。

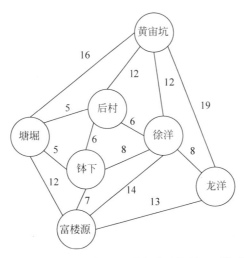

图5-11 岭头乡各村庄部分公路的建设规划及预算成本图

① "十一五"期间农村公路逐步实现村村通[J].轮胎工业,2006,26(4):197.

编程模拟求出岭头乡的公路"村村通"的设计方案和投资成本最低的工程设计方案。

4. 实践要求

（1）根据"村村通"公路工程问题中的处理对象及操作特性，请自主设计恰当的存储结构。

（2）抽象出本实践的关键性操作模块，并给出其接口描述及其实现算法。

（3）输入输出说明：先输入村庄数目 n 和可建公路数目 e（即图 5-11 中的顶点数和边数）；随后输入 n 个村庄的名称；最后输入每条公路连接的两个村名及其建设的预算成本信息，并且分行输入每条公路的这 3 个值。输出的信息就是"村村通"公路工程应建的公路以及所需要的最低成本。

5. 解决方案

1）数据结构

本实践可以用无向网来表示如图 5-11 所示的信息。由于理论上任意两个村庄之间都有可能建设道路，因此本实践涉及的"村村通"公路建设图就是一个稠密图。为此，本实践宜采用邻接矩阵存储表示，其存储结构的描述如下：

```
typedef char * VertexType;                          //VertexType 表示村庄名
typedef int VRType;                                 //VRType 表示可能建设的公路成本
typedef struct                                      //村庄之间有可能建设的公路信息
{       VertexType   vexs[MAX_VERTEX_NUM];          //村庄名信息
        VRType   arcs [MAX_VERTEX_NUM][MAX_VERTEX_NUM];  //可能建设的公路成本信息
        int   vexnum, arcnum;                       //村庄数和公路数
    } MGraph;
```

我们知道，对于 n 个顶点的连通网可以建立许多不同的生成树，每一棵生成树都是一个最小的连通子网。从实践内容及要求可知，问题的求解结果就是要由如图 5-11 所示的连通网来确定一棵生成树，并使其总的代价最低。显然，本实践要解决的关键问题转化为构造已经连通网的最小代价生成树（minimum cost spanning tree）（简称为最小生成树）的问题。一棵生成树的代价就是树上各边的投资成本之和。

常见的构造最小生成树的算法有普里姆（Prim）算法和克鲁斯卡尔（Kruskal）算法。其中普里姆算法更适用于稠密图，而克鲁斯卡尔算法更适用于稀疏图。根据前面的分析，公路建设图可能是一个接近于完全图的稠密图，为此本实践宜采用普里姆算法来求最小生成树。

而在应用普里姆算法对当前生成树进行扩展时，每次要对最小边权（投资成本）的那个点继续进行扩展，因此需要一个辅助数组记录从生成树顶点集 U 到图中剩余顶点集 V-U 的代价最小的边。数组的存储结构描述如下：

```
struct Record{
  VertexType adjvex;
  VRType         lowcost;
}closedge[MAX_VERTEX_NUM];       //其中 MAX_VERTEX_NUM 为约定的最大顶点(城市)数
```

2）关键操作实现要点

普里姆算法的基本思想是从任意一顶点 v_0 开始选择其最近的邻点 v_1 构成树 T_1，再连接与 T_1 最近的邻点 v_2 构成树 T_2，如此重复直到所有顶点均在所构成树中为止。因此，这里涉及两个重要操作：

（1）求出与当前生成树最近的邻点。

从记录顶点集 U 到 V-U 的代价最小的边的辅助数组中查找最小值，对应的顶点即为所求与生成树最近的邻点。

（2）用普里姆算法构造网 G 的最小生成树 T。

从无向连通网 G 的某一顶点 v_0 出发，选择与它关联的具有最小权值的边(v_0,v_1)，将其顶点加入到生成树顶点集 U 中。以后每一步从一个顶点在 U 中而另一个顶点不在 U 中的各条边中选择权值最小的边(u,v)，把它的顶点加入到集合 U 中。如此继续下去，直到网络中的所有顶点都加入到生成树顶点集 U 中为止。

3）关键操作接口描述

```
int Minimum(Record closedge[ ])
//求出与当前生成树最近的邻点,其中 closedge 是一个辅助数组,记录 U 到 V-U 具有最小代价的边
int MiniSpanTree_PRIM(MGraph G, VertexType u)
//用普里姆算法从第 u 个顶点出发构造网 G 的最小生成树 T,输出 T 的各条边
```

4）关键操作算法参考

（1）求出与生成树最近的邻点的算法。

```
int Minimum(Record closedge[ ])
//求出与当前生成树最近的邻点
{   int i = 0, min, adj;
    while (!closedge[i].lowcost)
        i++;
    min = closedge[i].lowcost;          //首个不为 0 的值
    adj = i;
    i++;
    for (; i < MAX_VERTEX_NUM; i++)
        if (closedge[i].lowcost > 0 && closedge[i].lowcost < min)
        {
            min = closedge[i].lowcost;
            adj = i;
        }
    return adj;
}
```

（2）普里姆算法。

```
int MiniSpanTree_PRIM(MGraph G, VertexType u)
//用普里姆算法从第 u 个顶点出发构造网 G 的最小生成树 T,输出 T 的各条边
{   int i, j, k, weight = 0;
    k = LocateVex(G, u);
    closedge[k].lowcost = 0;              // 初始,U={u}
    for (i = 0; i < G.vexnum; i++)        // 辅助数组初始化
        if (i != k)
        {
            closedge[i].adjvex = u;
```

```
                closedge[i].lowcost = G.arcs[k][i];
        }
    for (i = 1; i < G.vexnum; i++)                //选择其余 N-1 个顶点
    {
        k = minimum(closedge);                     //求出加入生成树的下一个顶点 k
        weight += closedge[k].lowcost;
        //此时 closedge[k].lowcost = MIN{closedge[vi].lowcost|closedge[vi].lowcost > 0,
Vi∈V-U}
        printf("(%s,%s)", closedge[k].adjvex, G.vexs[k]);
                                                   //输出生成树上一条边的两个顶点
        closedge[k].lowcost = 0;                   // 第 k 顶点并入 U 集
        for (j = 0; j < G.vexnum; j++)             // 修改其他顶点的最小边
            if (G.arcs[k][j] < closedge[j].lowcost)  //新顶点并入 U 后重新选择最小边
            {
                closedge[j].adjvex = G.vexs[k];
                closedge[j].lowcost = G.arcs[k][j];  //{adjvex, lowcost}
            }
    }
    return weight;
}
```

6. 程序代码参考

扫码查看：5-2-2.cpp

7. 运行结果参考

程序运行的结果如图 5-12 所示。

```
输入公路数：14
输入第1个村庄名：黄宙坑
输入第2个村庄名：塘堀
输入第3个村庄名：后村
输入第4个村庄名：徐洋
输入第5个村庄名：龙洋
输入第6个村庄名：钵下
输入第7个村庄名：富楼源
输入第1条公路及其建设成本：黄宙坑 塘堀 39
输入第2条公路及其建设成本：黄宙坑 后村 12
输入第3条公路及其建设成本：黄宙坑 徐洋 12
输入第4条公路及其建设成本：黄宙坑 龙洋 19
输入第5条公路及其建设成本：塘堀 后村 5
输入第6条公路及其建设成本：塘堀 钵下 5
输入第7条公路及其建设成本：塘堀 富楼源 12
输入第8条公路及其建设成本：后村 徐洋 6
输入第9条公路及其建设成本：后村 钵下 6
输入第10条公路及其建设成本：徐洋 龙洋 8
输入第11条公路及其建设成本：徐洋 钵下 8
输入第12条公路及其建设成本：徐洋 富楼源 14
输入第13条公路及其建设成本：龙洋 富楼源 13
输入第14条公路及其建设成本：钵下 富楼源 7
请输入首个访问的村庄：黄宙坑
"村村通"公路工程中应建的公路有：
(黄宙坑,后村) (后村,塘堀) (塘堀,钵下) (后村,徐洋) (钵下,富楼源) (徐洋,龙洋)
最低投资成本是：43
```

图 5-12　程序运行结果参考

8. 延伸思考

（1）上面实现的算法要保证图是连通图，如果输入的数据不足以保证各村庄之间的连通性，则输出－1，表示需要建设更多条公路，那么相关核心算法应该如何修改？

（2）普里姆算法比较适合于稠密图，如果在稀疏图上构造最小生成树该采用什么算法？其实现算法又该如何编写？

9. 结束语

"村村通"公路工程给我国农村地区的发展带来了契机和希望。主要有以下两方面的作用：其一，在经济发展方面，村道公路拉通了村与村、居民与居民之间的距离。条件具备的村可实行规模化大生产，集合优势资源、集中农村劳动力，更充分地利用人力、财力和物力。投入成本相应降低、产量增加，同时公路的便捷使得销售渠道大开，大大节省了从资源转化为利润的时间；其二，在人民生活方面，交通的便捷、收入的增加使得整个乡村地区面目一新，也带动了当地就学、就医、娱乐休闲及健身配套设施的兴起和完善，使得整个乡村地区的幸福指数显著提高。

5.3　拓 展 实 践

5.3.1　最大食物链计数问题

1. 实践目的

（1）能够正确分析最大食物链计数问题要解决的关键问题及其解决思路。

（2）能够根据最大食物链计数问题的特点选择适当的存储结构。

（3）能够运用图的相关基本操作的实现方法设计最大食物链计数问题中关键操作的算法。

（4）能够编写程序验证最大食物链计数问题的正确性。

（5）能够对实践结果的性能进行辩证分析或优化提升。

2. 实践内容

这里的"最大食物链"指的是生物学意义上的食物链，如图 5-13 所示，正方形顶点表示的是不会捕食其他生物的生产者，五边形顶点表示的是不会被其他生物捕食的消费者。如果把这个食物网转换为一个图，这个食物网中的捕食关系一定是单向的，因此这个食物网可以抽象成一个有向图；同时，这个食物网中的捕食关系一定要是无环的，因此考虑将这个食物网转换为一个有向无环图（Directed Acyclic Graph），简称为 DAG。而"最大食物链"定义就是一条从入度为 0 的顶点开始到出度为 0 的顶点结束的路径。

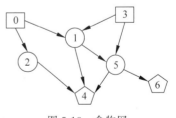

图 5-13　食物网

编程实现求解出如图 5-13 所示的食物网中"最大食物链"的数目。

3. 实践要求

（1）根据"最大食物链"计数问题中数据的逻辑结构特征，自主设计恰当的数据存储结构。

（2）抽象出本实践问题的关键操作功能模块，并给出接口描述及其实现算法。

（3）输入要求：第 1 行输入顶点的数目；第 2 行输入弧的数目；再分行输入各顶点的值；最后分行输入各条弧的信息。

（4）输出要求：输出求得的最大食物链的数目。

4. 解决思路

1）数据存储结构的设计要点提示

本实践的处理对象是食物网，而食物网可以用有向无环图表示，其中图的顶点表示生物，图的弧表示生物之间的捕食关系，弧的始点为被捕食者，终点为捕食者，由于生物的食物具有针对性，因此本实践涉及的食物网一般是一个稀疏图。那么，基于以上分析，你觉得本实践应该采用何种存储结构更为合适呢？

2）关键操作的实现要点提示

由于"最大食物链"就是一条从入度为 0 的顶点开始到出度为 0 的顶点结束的路径。对于如图 5-13 所示食物网，正方形所示的顶点入度为 0，五边形所示的顶点出度为 0，其中 0→1→5→6 就是一条"最大食物链"。那么这个食物网中到底有多少条"最大食物链"呢？从图中可以看出，我们需要将所有从 0 和 3 开始，最终到达 4 和 6 的路径数统计出来即可。比如，能到达 4 号顶点的边有 3 条，分别是从 1→4、2→4、5→4，而能到达 1 的边有 2 条，分别是 0→1 和 3→1，到达 2 的边有 1 条，是 0→2，能到达 5 的边有 2 条，是 1→5 和 3→5，因此，最终能到达 4 的路径条数有 2+1+(2+1)=6 条。

可用一个函数 $f(x)$ 的值表示从任意一个入度为 0 的顶点到顶点 x 的食物链计数值。注意考虑以下情况。

（1）初始时，对于任意一个入度为 0 的点，$f(x)=1$。

（2）对于任意一个入度非 0 的顶点，$f(x)=\sum\limits_{\text{顶点}u\text{能到达顶点}x} f(u)$，即 $f(x)$ 的值等于能到达 x 的所有点的函数值之和。

（3）"最大食物链"计数为 $\sum\limits_{\text{出度为0的顶点}x} f(x)$，即所有出度为 0 的顶点的函数值之和。

所以，求"最大食物链"的过程是一个递推过程，可以由入度为 0 的顶点开始递推，依次从图中去掉入度为 0 的顶点及其关联的边，即将关联的边终点的入度减 1，函数值累加。

图 5-14 模拟了食物链的求解过程，最后如图 5-14(f) 所示的最大食物链计数为 $f(4)+f(6)=9$。这一递推顺序与图的拓扑排序是一致的。整个拓扑排序过程的关键操作包括 3 项，分别是求各个顶点的出度、求各个顶点的入度和求拓扑排序序列。以上操作的实现要点提示如下。

（1）求各顶点出度。

要求各顶点的出度，需要遍历各顶点对应的边表，边表长度就是该顶点的出度，这就需要遍历整个邻接表。对于包含 n 个顶点和 e 条弧的有向图而言，求各个顶点出度算法的时间复杂度为 $O(n+e)$。

（2）求各顶点入度。

要求各顶点的入度，也需要遍历整个邻接表，边表边结点的 adjVex 域的值出现的次数指示了其对应顶点的入度。这也需要遍历整个邻接表。对于包含 n 个顶点和 e 条弧的有向图而言，求各个顶点入度算法的时间复杂度为 $O(n+e)$。

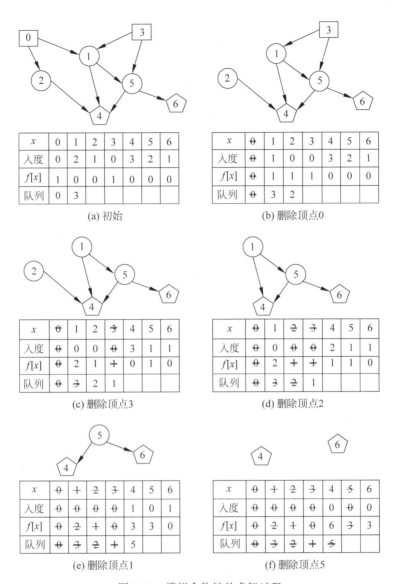

(a) 初始　　　　　　　　　　　　(b) 删除顶点0

(c) 删除顶点3　　　　　　　　　(d) 删除顶点2

(e) 删除顶点1　　　　　　　　　(f) 删除顶点5

图 5-14　模拟食物链的求解过程

（3）求拓扑排序序列。

求解拓扑排序序列的具体步骤如下。

步骤 1：在有向图中选择一个没有前驱的顶点并输出。

步骤 2：从有向图中删除该顶点以及从它出发的弧。

步骤 3：重复步骤 1 和步骤 2 直至有向图为空（即已输出所有的顶点），或者剩余子图中不存在没有前驱的顶点。后一种情况则说明该有向图中存在有向环。

在计算机中实现该算法时，需要以"入度为零"作为"没有前驱"的量度，而"删除顶点及以它为尾的弧"的这类操作不必真正对图的存储结构执行，可用"弧头顶点的入度减 1"的办法来替代。并且为了方便查询入度为零的顶点，该算法中附设了"队列"，用于保存当前出现的入度为零的顶点。本实践最终要求解的"最大食物链"计数为所有出度为 0 的顶点的函数值之和。

5. 程序代码参考

扫码查看：5-3-1.cpp

6. 延伸思考

（1）本实践实际是拓扑排序的一个应用问题，那么能否利用深度优先搜索遍历实现本实践？ 如果可以，应该怎么进行，思考一下利用了深度优先搜索遍历的什么特性。

（2）大学中某专业的课程学习，有些课程是基础课，它们可独立于其他课程，即无先修课；有些课程则必须在某些课程学习完成以后才能开始。如果把课程作为顶点，则课程的学习安排构成一个有向图，现在要找出一个合理的课程学习流程图，以便顺利进行课程学习，那么该如何解决这个问题？

5.3.2 北斗卫星导航系统

1. 实践目的

（1）能够加深理解我国研发"北斗卫星导航系统"的重大意义，激发学生的学习热情，引导学生把"卡脖子"清单变成"学习任务"清单，培养学生创新精神和责任担当。

（2）能够正确分析北斗卫星导航系统中要解决的关键问题及其解决思路。

（3）能够根据北斗卫星导航系统需实现的功能要求选择恰当的存储结构。

（4）能够运用图的相关基本操作的实现方法设计北斗卫星导航系统的关键操作算法。

（5）能够编写程序测试北斗卫星导航系统设计的正确性。

（6）能够对实践结果的性能进行辩证分析和优化提升。

2. 实践背景

"司南之杓，投之于地，其柢指南。"苍茫夜空，7颗排列成勺形的星星，被古人赋予一个诗意的名字——北斗。中国自己的卫星导航系统，就是以这个寓意光明和方向的星座——"北斗"命名，叫北斗卫星导航系统（BeiDou Navigation Satellite System，BDS）。它是中国自行研制的全球卫星导航系统，也是继GPS，GLONASS之后的第三个成熟的卫星导航系统[①]。

1994年，中国在财政十分拮据的情况下，为什么要建立自己的卫星导航系统？

其直接原因，可以用两个事件说明：第一，"海湾战争"引发新军事革命。1991年，"海湾战争"开创了以空中打击力量决胜的先例；最亮眼的是精确制导武器，美国GPS为精确制导提供了关键技术支持。"海湾战争"引发了一场世界性的新军事革命，GPS定位系统成为各国关注的焦点；第二，20世纪90年代末的"印巴战争"中，美国切断了两国的GPS信号，让双方遭遇了巨大损失，同时也给其他国家敲响了警钟。

各国政府主导的卫星定位系统，除了常见的民用领域外，核心功能依然是为军事和国防安全服务，很大程度上是出于打破完全被美国政府控制的GPS垄断的考虑。

北斗卫星导航系统，经历的艰难险阻实在太多，我们只能了解其"冰山一角"。最艰难险

---

① 凌云.中国向全球卫星导航系统迈进第4颗北斗卫星升空.国际展望，2007.

阻的是原子钟的研制。原子钟的精度,直接决定着卫星导航系统的精度。按北斗总设计师杨长风制定的目标,原子钟误差要达到 10^{-12} s,即每 10 万年只出现 1s 误差[①]。原子钟对整个工程的重要性如同人的心脏,这种核心技术别人绝不会给我们,中国只能靠自己。中国组建了中科院、航天科技、航天科工三支队伍同时攻关。经过两年拼搏,国产星载原子钟被研制出来,性能比欧洲原子钟还要好。目前,北斗卫星导航系统的原子钟 1000 万年才误差 1s。

3. 实践内容

在智能驾驶中,高精度定位技术已成为核心要素。2020 年 7 月 31 日,千寻位置网络有限公司宣布,已于近日启动业内首个高精度定位大规模路测,将在全国所有高速公路和主要城市高速路展开算法验证。这标志着北斗高精度定位量产技术将在智能驾驶领域大规模落地,为智能驾驶提供时空智能基础设施的安全保障。

根据北斗高精度定位技术绘制出了全国部分高速公路地图,全国部分主体骨干网络如图 5-15 所示。其中圆圈中是城市名,连线及连线上的数分别代表两个城市之间的公路及路程模拟数值。

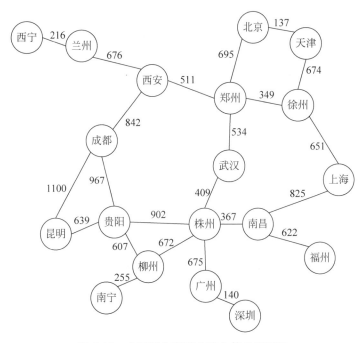

图 5-15　全国部分高速公路主体骨干网络

智能驾驶需要计算从源点到终点的最短路径长度,并显示出具体路径。根据如图 5-15所示的信息,输入源点和终点,编程实现模拟智能驾驶。

4. 实践要求

(1) 为使算法具有普适性,要求输入的源点和终点由用户自主设定。

(2) 输入要求:输入的内容只有 1 行,即路径的源点和终点,用空格分开。

(3) 输出要求:输出的内容有 2 行,第 1 行是从源点到终点的最短路径,以箭头指向各

①　北斗简史:一文读懂国产导航的 26 年成长路. https://www.mscbsc.com/viewnews-2290211.html.

途经城市，第 2 行显示最短路径长度。

（4）测试用例信息如表 5-4 所示。

表 5-4　测试用例

序号	输　　入	输　　出
1	北京 上海	最短路径是：北京→天津→徐州→上海 最短路径长度是：1462km
2	郑州 福州	最短路径是：郑州→武汉→株洲→南昌→福州 最短路径长度是：1932km
3	上海 成都	最短路径是：上海→徐州→郑州→西安→成都 最短路径长度是：2353km
4	兰州 南昌	最短路径是：兰州→西安→郑州→武汉→株洲→南昌 最短路径长度是：2497km

5. 解决思路

1）数据存储结构的设计要点提示

本系统的处理对象是如图 5-16 所示的中国高速公路地图，用图的顶点表示城市，图的边表示城市之间的高速公路，边上的权值表示城市之间的距离，一般来说高速公路网应该是一个稀疏图。那么，你在本系统实现中会选择何种存储结构来表示此图？

2）关键操作的实现要点提示

本实践要解决的核心问题就是在给定的地图中，找到从源点到终点的最短路径。求图的最短路径可根据戴克斯特拉 (Dijkstra) 提出的一个"按最短路径长度递增的次序"产生最短路径的算法来实现。其实现要点说明如下。

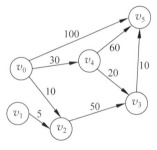

图 5-16　有向网 G

给定一有向网，若从源点到某个终点存在路径，则必定存在一条最短路径。这些从某个源点到其余各顶点的最短路径彼此之间的长度不一定相等，下面分析这些最短路径的特点。

首先，在这些最短路径中，长度最短的这条路径上必定只有一条弧，且它的权值是从源点出发的所有弧上权值的最小值。例如：在如图 5-16 有向网 G 中，从源点 v_0 出发有 3 条弧，其中以弧 $\langle v_0, v_2 \rangle$ 的权值为最小。因此，(v_0, v_2) 不仅是 v_0 到 v_2 的一条最短路径，并且它是从源点到其他各个终点的最短路径中长度最短的路径。

其次，第二条长度次短的最短路径只可能有两种情况：它或者只含一条从源点出发的弧且弧上的权值大于已求得最短路径的那条弧的权值，但小于其他从源点出发的弧上的权值；或者是一条只经过已求得最短路径的顶点的路径。

以此类推，按照戴克斯特拉算法先后求得的每一条最短路径必定只有两种情况，或者是由源点直接到达终点，或者是只经过已经求得最短路径的顶点到达终点。

例如：有向网 G 中从源点 v_0 到其他终点的最短路径的过程。从这个过程中可见，类似于普里姆算法，在该算法中应保存当前已得到的从源点到各个终点的最短路径，初值为：若从源点到该顶点有弧，则存在一条路径，路径长度即为该弧上的权值。每求得一条到达某个终点 w 的最短路径，就需要检查是否存在经过这个顶点 w 的其他路径（即是否存在从顶点

w 出发到尚未求得最短路径顶点的弧），若存在，判断其长度是否比当前求得的路径长度短，若是，则修改当前路径。

该算法中需要引入一个辅助向量 D，它的每个分量 $D[i]$ 存放当前所找到的从源点到各个终点 v_i 的最短路径的长度。戴克斯特拉算法求最短路径的过程为：

① 令 $S=\{v\}$，其中 v 为源点，并设定 $D[i]$ 的初始值为 $D[i]=|v,v_i|$。

② 选择顶点 v_j 使得

$$D[j]=\min_{v_i\in V-S}\{D[i]\}$$

并将顶点 v_j 并入到集合 S 中。

③ 对集合 $V-S$ 中所有顶点 v_k，若 $D[j]+|v_j,v_k|<D[k]$，则修改 $D[k]$ 的值为

$$D[k]=D[j]+|v_j,v_k|$$

④ 重复操作②、③共 $n-1$ 次，由此求得从源点到所有其他顶点的最短路径是依路径长度递增的序列。

6. 程序代码参考

扫码查看：5-3-2.cpp

7. 延伸思考

（1）迪杰斯特拉算法能否适用于带负权的图，为什么？

（2）迪杰斯特拉算法会找出从源点到所有其他顶点的最短路径，但在实际应用中，一般只需找出从源点到某一终点的最短路径，则此情况下，迪杰斯特拉算法的时间复杂度又是如何？

8. 结束语

"河汉纵且横，北斗横复直。"自古以来，北斗如天河中的一座灯塔，指引着人类前行的方向。从京张高铁应用北斗系统实现自动驾驶，到 C919 大飞机通过北斗短报文平台实现全程位置追踪，这一切应用的起点，都始于北斗三号全球定位系统的全面建成。该系统由 30 颗北斗卫星组成，其中 20 颗卫星的导航分系统、天线分系统、星间链路子系统等全部有效载荷，均由中国航天科技集团五院西安分院北斗三号研制团队提供。

这支研制团队共 120 人，其中 35 岁以下青年占比 89.2%。2021 年 4 月 11 日，这支团队被授予"中国青年五四奖章集体"称号。在与北斗卫星相伴的日日夜夜里，这群年轻人把青春芳华融入祖国的航天事业，用青春热血点亮星空[①]。正在加速融入世界的"北斗"，未来将以崭新的姿态、更强的能力和更好的服务，服务全球，造福人类。

追求卓越、注重学习，把好核心竞争"定盘星"。不驰于空想，不骛于虚声。当今社会，最大的挑战是能力的挑战，作为一名大学生，要以空杯心态，终身学习，涵养科技报国的情怀，增强国家的道路自信，把"卡脖子"清单变成科研任务清单，早日摆脱祖国关键领域核心技术受制于人的局面。

第6章 内 排 序

6.1 基 础 实 践

6.1.1 多种简单排序方法性能比较

1. 实践目的

(1) 能够正确描述直接插入排序、冒泡排序和直接选择排序的基本原理。

(2) 能够正确编写上述三种简单排序方法的实现算法。

(3) 能够编写程序对上述三种简单排序方法的性能进行比较。

2. 实践内容

输入一组待排序的关键字序列,分别使用直接插入排序、冒泡排序和直接选择排序等简单排序方法对序列进行从小到大排序,并通过不同排序方法在排序过程中的比较次数和移动次数进行性能比较。

3. 实践要求

1) 数据结构

直接插入排序、冒泡排序和直接选择排序均属于内部排序方法中的简单排序方法,时间复杂度均为 $O(n^2)$,它们都可以在顺序存储结构下实现。为简单起见,设定待排序序列中单个记录的关键字数据类型为整型,因此,顺序表的存储结构描述如下:

```
# define MAXSIZE 80              //顺序表的最大长度
typedef int KeyType;            //将关键字类型定义为整型
typedef int InfoType;           //将其他数据项类型定义为整型
typedef struct
{    KeyType key;               //关键字项
     InfoType otherinfo;        //其他数据项
}RecdType;                      //记录类型
typedef struct
{    RecdType  r[MAXSIZE + 1];  //一般情况将 r[0]闲置
     int   length;             //顺序表长度
}SqList;                        //顺序表的类型
```

此外,定义如下数据结构类型,记录不同排序方法的比较次数和移动次数:

```
typedef struct
{    int cpn;                   //记录比较次数
```

```
    int mvn;                          //记录移动次数
}PfComparison;                        //记录排序的比较和移动次数的数据类型
```

2）函数接口说明

```
void Sort_Insert(SqList &L)
//对顺序表 L 进行带监视哨的直接插入排序
void Sort_Bubble(SqList &L)
//对顺序表 L 进行冒泡排序
void Sort_Select(SqList &L)
//对顺序表 L 进行直接选择排序
```

3）输入输出说明

输入说明：输入信息分为 2 行，第 1 行输入待排序序列的长度，序列长度最大值为 80，第 2 行输入待排序的整数序列，数据之间用一个空隔隔开。

输出说明：针对每种排序方法，在排序后其输出信息分为 4 行，第 1 行是排序前的原始数据序列，第 2 行是排序后的数据序列，第 3 行是排序过程中发生的比较次数，第 4 行是排序过程中发生的移动次数。

为了提升程序运行时用户交互的体验，可以在输入或输出信息之前适当添加有关提示信息。

4）测试用例

测试用例信息如表 6-1 所示。

表 6-1   测试用例

序号	输　　入	输　　出	说　　明
1	6 15 4 56 12 5 1	Direct Insertion Sort： unsorted records：15 4 56 12 5 1 sorted records：1 4 5 12 15 56 the comparing numbers is：16 the moving numbers is：19 Bubble Sort： unsorted records：15 4 56 12 5 1 sorted records：1 4 5 12 15 56 the comparing numbers is：15 the moving numbers is：33 Select Sort： unsorted records：15 4 56 12 5 1 sorted records：1 4 5 12 15 56 the comparing numbers is：15 the moving numbers is：9	输入 6 个数，分别使用直接插入法、冒泡法、直接选择法进行排序

续表

序号	输　入	输　　出	说　明
2	8 32 12 44 22 11 3 99 23	Direct Insertion Sort： unsorted records：32 12 44 22 11 3 99 23 sorted records：3 11 12 22 23 32 44 99 the comparing numbers is：22 the moving numbers is：25 Bubble Sort： unsorted records：32 12 44 22 11 3 99 23 sorted records：3 11 12 22 23 32 44 99 the comparing numbers is：27 the moving numbers is：45 Select Sort： unsorted records：32 12 44 22 11 3 99 23 sorted records：3 11 12 22 23 32 44 99 the comparing numbers is：28 the moving numbers is：15	输入 8 个数，分别使用直接插入法、冒泡法、直接选择法进行排序

4. 解决方案

上述接口的实现方法分析如下。

（1）直接插入排序操作 Sort_Insert(&L)：先将待排序序列的第一条记录组成一个有序的子表，剩下的记录序列则构成无序子序列。然后每次将无序序列中的第一条记录，按其关键字值的大小插入到已经排好序的有序子序列中，并使其仍然保持有序性。图 6-1 为将表 L 中的 r[i]记录插入到有序子序列中的基本思想示意图。

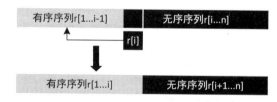

图 6-1　将 r[i]记录插入到有序子序列中的基本思想示意图

（2）冒泡排序操作 Sort_Bubble(&L)：将由 n 条记录构成的待排序序列看成从上到下排放，首先从第一个记录开始，依次对待排序序列中两两相邻记录进行关键字比较，如果大数在上，小数在下，则交换，第一趟扫描下来表中最大的数沉在最下面。然后再对前 $n-1$ 个记录组成的待排序序列进行重复上述步骤，直到所有记录排好序为止。图 6-2 为一趟冒泡排序的基本思想示意图。

（3）直接选择排序操作 Sort_Select(&L)：首先在所有待排序的 n 条记录中选出关键字值最小的记录，把它与第一条记录进行位置交换，然后在从第二条记录开始的 $n-1$ 条记录中再选出关键字值次小的记录与第二个记录进行位置交换，以此类推，直到所有记录排好序为止。图 6-3 为一趟直接选择排序的基本思想示意图。

有序子序列r[1...i-1]	无序子序列r[i...n]
	从中选出关键字最小的记录
第i趟简单选择排序	
有序序列r[1...i-1]	r[i] 无序序列r[i+1...n]

图 6-2　一趟冒泡排序的基本思想示意图　　　　图 6-3　一趟直接选择排序的基本思想示意图

特别说明：本实践要求对不同排序方法的性能进行比较，排序方法性能主要取决于排序过程中对关键字的比较次数和移动次数。因此，本实践分别在三种排序方法中增加关键字的比较次数和移动次数计数功能，并通过分别定义三个 PfComparison 类型的变量 pfc_insert、pfc_bubble、pfc_select 来充当三种不同排序过程中对关键字的比较和移动次数的计数器，其中用结构体成员 cpn 记录比较次数，结构体成员 mvn 记录移动次数。为此，凡是在排序算法中出现关键字的比较和移动操作的地方都需增加对相应计数器加 1 的操作。例如，在直接插入排序算法中有语句：

```
for(j=i-2;L.r[0].key<L.r[j].key; -- j)
{     L.r[j+1]=L.r[j];                                //后移
}
```

则在增加比较和移动计数的操作，可做如下修改：

```
for(j=i-2; pfc_insert.cpn++,L.r[0].key<L.r[j].key; -- j) //比较关键字值时,比较次数加1
{     L.r[j+1]=L.r[j];                                //后移
      pfc_insert.mvn++;                               //移动次数加1
}
```

5. 程序代码参考

```
# include < stdio. h >
# include < string. h >
# define TRUE 1
# define FALSE 0
# define MAXSIZE 80               //顺序表的最大长度
typedef int KeyType;             // 将关键字类型定义为整型
typedef int InfoType;            // 将其他数据项类型也定义为整型
typedef struct
{     KeyType key;               //关键字项
      InfoType otherinfo;        //其他数据项
}RecdType;                       //记录类型

typedef struct
{     RecdType r[MAXSIZE + 1];   //一般情况将 r[0]闲置
      int      length;          //顺序表长度
}SqList;                         //顺序表的类型

typedef struct
{     int cpn;                   //记录比较次数
```

```
        int mvn;                        //记录移动次数
    }PfComparison;                      //记录排序的比较和移动次数的数据类型

    PfComparison pfc_insert = {0,0};    //直接插入排序中比较和移动次数的计数变量赋初值 0
    PfComparison pfc_bubble = {0,0};    //冒泡排序中比较和移动次数的计数变量赋初值 0
    PfComparison pfc_select = {0,0};    //直接选择排序中比较和移动次数的计数变量赋初值 0

    void Sort_Insert(SqList &L)
    //对顺序表 L 进行带监视哨的直接插入排序算法
    {   int i,j;
        for(i = 2; i <= L.length; ++i)
            if (pfc_insert.cpn++, L.r[i].key < L.r[i-1].key)  //比较关键字值时,比较次数加 1
            {   L.r[0] = L.r[i];                //将待插入的第 i 条记录暂存在 r[0]中充当监视哨
                pfc_insert.mvn++;               //移动次数加 1
                L.r[i] = L.r[i-1];              // 将前面的较大者 L.r[i-1]后移
                pfc_insert.mvn++;               //移动次数加 1
                for(j = i-2; pfc_insert.cpn++,L.r[0].key < L.r[j].key;  -- j)
                                                //在比较关键字值时,比较次数要加 1
                    {   L.r[j+1] = L.r[j];  //后移
                        pfc_insert.mvn++;     //移动次数加 1
                    }
                L.r[j+1] = L.r[0];              // 将 L.r[i]插入到第 j+1 个位置
                pfc_insert.mvn++;               //移动次数加 1
            }
    }
    void Sort_Bubble(SqList &L)
    //对顺序表 L 进行冒泡排序算法
    {   int i,j,change;
        RecdType temp;
        change = TRUE;                          //设置交换标志变量,初值为真
        for (i = L.length;i > 1&&change; -- i)  //控制做 n-1 趟排序
        {   change = FALSE;                     //每趟排序开始时设置交换标志变量值为假
            for(j = 1;j < i;++j)
            if (pfc_bubble.cpn++,L.r[j].key > L.r[j+1].key)  //比较关键字值时,比较次数加 1
            {   temp = L.r[j];                  //相邻的两个记录交换
                L.r[j] = L.r[j+1];
                L.r[j+1] = temp;
                pfc_bubble.mvn += 3;            //移动次数加 3
                change = TRUE;
            }
        }
    }
    void Sort_Select(SqList &L)
    //对顺序表 L 进行直接选择排序算法
    {   for(int i = 1; i < L.length; ++i)       //控制 n-1 趟
        {   int min = i;                        //假设无序子表中的第一条记录的关键字最小
            for(int j = i+1; j <= L.length; ++j)
                if(pfc_select.cpn++,L.r[j].key < L.r[min].key)   //比较关键字值时,比较次数加 1
                    min = j;
            if(min!= i)                         //如果最小关键字记录不在无序子表的第一个位置,则交换
            {   RecdType temp = L.r[i];         //将最小关键字记录与无序子表中第一个记录交换
                L.r[i] = L.r[min];
                L.r[min] = temp;
```

```
            pfc_select.mvn += 3;                    //移动次数加 3
        }
    }
}
int main( )
{   int i;
    SqList L, L1;                                   //L 存储原始待排序的记录 ,L1 存储排序后的记录
    printf("Please enter the number of records waiting to sort:\n");
                                                    //提示输入待排序的记录个数
    scanf(" % d",&L.length);
    printf("Please enter the key of records waiting to sort:\n");
                                                    //提示输入待排序记录的关键字序列
    for(i = 1;i <= L.length;i++)
            scanf(" % d",&L.r[i].key);
    L1 = L;                                         //为使 L 保持不变,将 L1 作为参与排序的对象
    printf("\nDirect Insertion Sort:\n");           //提示下面是直接插入排序
    printf("unsorted records:");
    for(i = 1;i <= L.length;i++)
        printf(" % d ",L1.r[i].key);
    Sort_Insert(L1);                                //对 L1 进行直接插入排序
    printf("\nsorted records:");
    for(i = 1;i <= L.length;i++)
        printf(" % d ",L1.r[i].key);
    printf("\nthe comparing numbers is: % d\n",pfc_insert.cpn);
    printf("the moving numbers is: % d\n\n",pfc_insert.mvn);

    L1 = L;
    printf("Bubble Sort:\n");                        //提示下面是冒泡排序
    printf("unsorted records:");
    for(i = 1;i <= L.length;i++)
        printf(" % d ",L1.r[i].key);
    Sort_Bubble(L1);                                //对 L1 进行冒泡排序
    printf("\nsorted records:");
    for(i = 1;i <= L.length;i++)
        printf(" % d ",L1.r[i].key);
    printf("\nthe comparing numbers is: % d\n",pfc_bubble.cpn);
    printf("the moving numbers is: % d\n\n",pfc_bubble.mvn);

    L1 = L;
    printf("Select Sort:\n");                        //提示下面是直接选择排序
    printf("unsorted records:");
    for(i = 1;i <= L.length;i++)
        printf(" % d ",L1.r[i].key);
    Sort_Select(L1);                                //对 L1 进行直接选择排序
    printf("\nsorted records:");
    for(i = 1;i <= L.length;i++)
        printf(" % d ",L1.r[i].key);
    printf("\nthe comparing numbers is: % d\n",pfc_select.cpn);

    printf("the moving numbers is: % d\n",pfc_select.mvn);
    return 0;
}
```

209

第
6
章

6. 运行结果参考

程序部分测试用例的运行结果如图 6-4 所示。

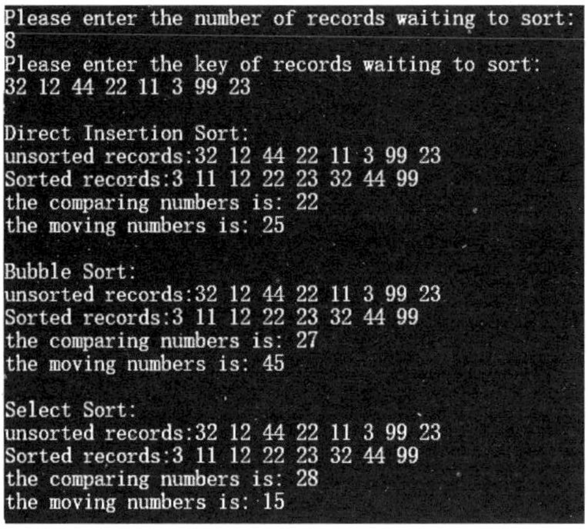

```
Please enter the number of records waiting to sort:
8
Please enter the key of records waiting to sort:
32 12 44 22 11 3 99 23

Direct Insertion Sort:
unsorted records:32 12 44 22 11 3 99 23
Sorted records:3 11 12 22 23 32 44 99
the comparing numbers is: 22
the moving numbers is: 25

Bubble Sort:
unsorted records:32 12 44 22 11 3 99 23
Sorted records:3 11 12 22 23 32 44 99
the comparing numbers is: 27
the moving numbers is: 45

Select Sort:
unsorted records:32 12 44 22 11 3 99 23
Sorted records:3 11 12 22 23 32 44 99
the comparing numbers is: 28
the moving numbers is: 15
```

图 6-4　程序部分测试用例的运行结果

7. 延伸思考

(1) 上述参考代码 main 函数中读取排序序列长度时并未进行判断,直接使用 scanf("%d",&L.length)语句进行数据读入,当输入值较多时,可能会超过顺序表最大长度 MAXSIZE,引起数据溢出。请修改相关代码,增加在序列长度值读取时,对序列长度值合法性判断的语句。

(2) 冒泡排序方法和直接选择排序方法在交换两个记录数据时均引入临时变量(temp),请修改相关算法,要求不引进临时变量,直接完成两个记录数据的交换,以减少排序过程中的空间消耗。

6.1.2　多种快速排序方法性能比较

1. 实践目的

(1) 能够正确描述快速排序、堆排序和归并排序的基本原理。

(2) 能够正确编写上述三种快速排序方法的实现算法。

(3) 能够编写程序对上述三种快速排序方法的性能进行比较。

2. 实践内容

输入一组待排序的关键字序列,分别使用快速排序、堆排序和归并排序等快速排序方法对序列进行从小到大排序,并对不同排序方法排序过程中的比较次数和移动次数进行性能比较。

3. 实践要求

1) 数据结构

快速排序、堆排序和归并排序均属于内部排序方法中的快速排序方法,其时间复杂度都为 $O(n\log_2 n)$。本实践中待排序序列仍然采用顺序存储,其存储结构和其他相关类型的描述参见 6.1.1 中相应内容,在此不再赘述。

2) 函数接口说明

int Partition(SqList &L,int low,int high)

//对 L 中的子表 L.r[low..high]做一趟快速排序,使一个枢轴记录到位,并返回其所在的位置
void Q_Sort(SqList &L,int low,int high)
//对 L 中的子表 L.r[low..high]采用递归形式进行快速排序
void Sort_Quick(SqList &L)
//对 L 进行快速排序
void HeapAdjust(SqList &L, int s, int m)
//筛选算法:即从上往下,调整 L.r[s],使 L.r[s..m]成为一个大顶堆
void Sort_Heap(SqList &L)
//对 L 进行堆排序
void Merge(RecdType SR[ ],RecdType TR[ ],int i,int m,int n)
//将两个相邻有序表 SR[i..m] 与 SR[m+1..n]归并为有序表 TR[i..n]
void M_Sort(RecdType SR[ ],RecdType TR1[ ],int s,int t)
//将 SR[s..t]归并排序为 TR[s..t]
void Sort_Merge(SqList &L)
//对 L 进行归并排序

3)输入输出说明

输入说明:输入信息分为 2 行,第 1 行输入待排序序列的长度,序列长度最大值为 80,第 2 行输入待排序的整数序列,数据之间用一个空格隔开。

输出说明:针对每种排序方法,在排序后其输出信息分为 4 行,第 1 行是排序前的原始数据序列,第 2 行是排序后的数据序列,第 3 行是排序过程中发生的比较次数,第 4 行是排序过程中发生的移动次数。

4)测试用例

测试用例信息如表 6-2 所示。

表 6-2   测试用例

序号	输　入	输　出	说　明
1	6 15 4 56 12 5 1	Quick Sort: unsorted records:15 4 56 12 5 1 sorted records:1 4 5 12 15 56 the comparing numbers is:46 the moving numbers is:27 Heap Sort: unsorted records:15 4 56 12 5 1 sorted records:1 4 5 12 15 56 the comparing numbers is:42 the moving numbers is:45 Merge Sort: unsorted records:15 4 56 12 5 1 sorted records:1 4 5 12 15 56 the comparing numbers is:51 the moving numbers is:37	输入 6 个数,分别使用快速排序、堆排序和归并排序进行排序

续表

序号	输　　入	输　　出	说　　明
2	8 32 12 44 22 11 3 99 23	Quick Sort： unsorted records：32 12 44 22 11 3 99 23 sorted records：3 11 12 22 23 32 44 99 the comparing numbers is：55 the moving numbers is：36 Heap Sort： unsorted records：32 12 44 22 11 3 99 23 sorted records：3 11 12 22 23 32 44 99 the comparing numbers is：70 the moving numbers is：78 Merge Sort： unsorted records：32 12 44 22 11 3 99 23 sorted records：3 11 12 22 23 32 44 99 the comparing numbers is：76 the moving numbers is：53	输入 8 个数,分别使用快速排序、堆排序和归并排序进行排序

4. 解决方案

上述部分接口的实现方法分析如下：

(1) 快速排序操作 Sort_Quick(&L)：它的基本思想是首先在待排序的记录序列中找一个记录,以它的关键字作为"枢轴(基准)",通过一趟排序,将待排序记录分割成独立的两部分,其中一部分的所有记录的关键字均小于另一部分所有记录的关键字,然后再按此方法对这两部分的记录序列分别进行快速排序,整个排序过程可以递归进行,以达到整个记录序列变成有序。

那么,其中的一趟排序 Partition(&L,low,high)又是如何实现的呢? 其中待排序的记录序列是 L 中的子序列{r[low],r[low+1],…,r[high]}。它的实现方法是首先将枢轴默认为 r[low],经过比较和移动,将所有关键字小于枢轴关键字的记录均移动至该记录之前,反之,将所有关键字大于枢轴关键字的记录均移动至该记录之后。致使一趟排序之后,枢轴记录就移至最后排序结果所在的位置上,并且将待排序的记录分割成了左右两部分,即两个无序子序列,快速排序的基本思想示意图如图 6-5 所示。

图 6-5　快速排序的基本思想示意图

对于接口描述中 Q_Sort(&L, low, high)的操作,则是先通过调用 Partition(&L, low, high)操作来确定枢轴经过一趟排序后所到达的位置,然后采用递归的方式将由枢轴分割得到的两个子序列进行快速排序,以达到有序。

最后,要对整个表 L 进行排序,只要通过调用 Q_Sort(&L, low, high)来完成,其中传递的参数值 low=1,high=L. length。

(2) 堆排序操作 Sort_Heap(&L):它的基本思想是先将 n 个记录按关键字值的大小建成大顶堆(称为初始堆),得到堆顶元素 r[1]就是关键字最大的记录。然后将堆顶元素 r[1]与 r[n]进行交换;再将剩下的 r[1]..r[n−1]序列调整成堆,堆顶元素 r[1]与 r[n−1]进行交换;重复上述操作,直到得到完整的从小到大的有序序列。

那么,上述排序思想中有两个关键性的问题:一是如何将初始的待排序的关键字序列建成大顶堆?二是堆顶元素 r[1]与无序区中最后一个记录元素假设为 r[i]进行交换后,如何将剩下的记录序列{r[1],r[2],…,r[i−1]}调整成大顶堆?其实,无论是第一个问题,还是第二个问题,其核心的解决办法就是筛选法。

接口描述中的筛选操作 HeapAdjust(&L,s,m)就是利用筛选法,对记录序列{r[s],r[s+1],…,r[m]}完成一次从根结点开始的"从上往下"逐步"筛选"的过程。先将记录序列{r[s],r[s+1],…,r[m]}看成是对应的一棵完全二叉树,然后将完全二叉树的根结点(r[s])关键字值与其左孩子(r[2*s])和右孩子(r[2*s+1])中关键字值中较大者进行比较,若根结点的关键字值较小,则根结点与关键字值较大的孩子结点进行交换。再将被交换的孩子结点看成是根结点,重复上述操作,直到没有发生交换或当前的根结点没有左右孩子为止。

特别说明:为了减少筛选过程中由于交换所引起的移动次数,可以引进一个记录变量 rc 临时记载开始根结点 r[s]的记录值,当调整过程中有交换发生时,就只要将关键字值大的结点记录前移而不是交换,当所有关键字值大的结点记录都上移完成后再将 rc 移至最后一次需前移记录的位置上。

所以,解决第二个问题只要通过调用一次 HeapAdjust(&L,s,m)函数来完成。而要解决第一个问题,则需对整个待排序序列{r[1],r[2],…,r[n]}对应的完全二叉树,从进行"从下往上"的反复"筛选"过程。即先从完全二叉树的最后一个非叶子结点(r[n/2])开始"筛选",然后依次从非叶子结点 r[n/2−1],r[n/2−2],…,r[1]进行"筛选",则可得到初始堆,即建初始堆的过程就是重复调用 HeapAdjust(&L,s,m)函数的过程。

(3) 2 路归并排序操作 Sort_Merge(&L):它的基本思想是将待排序记录 r[1]到 r[n]看成是一个含有 n 个长度都为 1 的有序子表,把这些有序子表依次进行两两归并,得到 n/2 个长度为 2 或 1 的有序子表;然后,再把这 n/2 个有序子表进行两两归并,如此重复,直到最后得到一个长度为 n 的有序表为止。图 6-6 为一趟归并排序的基本思想示意图。

图 6-6　一趟归并排序的基本思想示意图

那么,上述排序思想中有一个关键性的问题,就是如何实现两个相邻的有序子表的合并操作?即为接口描述中的 Merge(SR[],TR[],i,m,n)操作,其中两个相邻的有序子表是

SR[i..m]和 SR[m+1..n],归并后得到的有序表是 TR[i..n]。这个操作实际上就是将两个有序表合并成一个新的有序表的操作。它的实现方法是将两个子有序表中的第一条记录(r[i]和 r[m+1])开始,依次将两个有序子表中对应的记录进行关键值比较,比较结果是将其关键值较小者的记录先存入新的有序表 TR 中,重复此过程,直到两个有序子表中的所有记录都存入 TR 中为止。

特别说明:本实践也要求对不同排序方法的性能进行比较,为此,同样需要引进三个 PfComparison 类型的计数变量来分别记录三种排序过程中的比较和移动次数。

5. 程序代码参考

```
#include <stdio.h>
#include <string.h>
#define TRUE 1
#define FALSE 0
#define MAXSIZE 80                              //顺序表的最大长度
typedef int KeyType;                            // 将关键字类型定义为整型
typedef int InfoType;                           // 将其他数据项类型也定义为整型
typedef struct
{   KeyType key;                                // 关键字项
    InfoType otherinfo;                         // 其他数据项
}RecdType;                                      // 记录类型

typedef struct
{   RecdType r[MAXSIZE + 1];                    //一般情况将 r[0]闲置
    int    length;                             // 顺序表长度
}SqList;                                        //顺序表的类型

typedef struct
{   int cpn;                                    //记录比较次数
    int mvn;                                    //记录移动次数
}PfComparison;                                  //记录排序的比较和移动次数的数据类型

PfComparison pfc_quick = {0,0};                 //比较和移动次数的计数变量赋初值 0
PfComparison pfc_heap = {0,0};                  //比较和移动次数的计数变量赋初值 0
PfComparison pfc_merge = {0,0};                 //比较和移动次数的计数变量赋初值 0

int Partition(SqList &L, int low, int high)
//对 L 中的子表 L.r[low..high]做一趟快速排序,使一个枢轴记录到位,并返回其所在的位置
{   L.r[0] = L.r[low];                          //设置枢轴,并暂存在 r[0]中
    pfc_quick.mvn++;
    KeyType pivotkey = L.r[low].key;            //将枢轴记录的关键字暂存在变量 pivotkey 中
    pfc_quick.mvn++;
    while(pfc_quick.cpn++,low < high)           //当 low == high 时,结束本趟排序
    {   while(pfc_quick.cpn++,low < high&& L.r[high].key >= pivotkey)          //向前搜索
        {   high-- ;
            pfc_quick.mvn++;
        }
        if(pfc_quick.cpn++,low < high)
```

```
    { L.r[low++] = L.r[high];
      pfc_quick.mvn++;
    }                              //将比枢轴小的记录移至低端 low 的位置 ,然后 low 后移一位
    while(pfc_quick.cpn++,low < high&& L.r[low].key < = pivotkey)    //向后搜索
    {  low++;
       pfc_quick.mvn++;
    }
    if(pfc_quick.cpn++,low < high)
    { L.r[high -- ] = L.r[low];
      pfc_quick.mvn++;
    }                              //将比枢轴小的记录移至低端 low 的位置 ,然后 high 前移一位
  }
  L.r[low] = L.r[0];                          //枢轴记录移至最后位置
  pfc_quick.mvn++;
  return low;                                 //返回枢轴所在的位置
}


void Q_Sort(SqList &L,int low,int high)
//对 L 中的子表 L.r[low..high]采用递归形式的快速排序算法
{   int pivotloc;
    if(pfc_quick.cpn++,low < high)            //如果无序表长大于 1
    {  pivotloc = Partition(L,low,high);      //完成一次划分,确定枢轴位置
       pfc_quick.mvn++;
       Q_Sort(L,low,pivotloc - 1);            //递归调用,完成左子表的排序
       Q_Sort(L,pivotloc + 1,high);           //递归调用,完成右子表的排序
    }
}


void Sort_Quick(SqList &L)
//对 L 进行快速排序
{  Q_Sort(L,1,L.length);
}


void HeapAdjust(SqList &L, int s, int m)
//筛选算法:即从上往下,调整 L.r[s],使 L.r[s..m]成为一个大顶堆
//已知 L.r[s..m]中记录的关键字除 L.r[s].key 之外均满足堆的定义
{  RecdType rc = L.r[s];                        //将当前根结点暂存在记录变量 rc 中
   pfc_heap.mvn++;
   for(int j = 2 * s;pfc_heap.cpn++,j < = m;j * = 2)
   { if(pfc_heap.cpn++,j < m&&L.r[j].key < L.r[j + 1].key)
     {  j++;
        pfc_heap.mvn++;
     }                                          //j 记下左、右孩子中 key 较大者的下标
     if(pfc_heap.cpn++,rc.key > L.r[j].key)     //双亲结点与 key 较大的孩子结点比较
        break;
     L.r[s] = L.r[j];
     pfc_heap.mvn++;                            //将 key 较大者移至其双亲的位置
     s = j;
     pfc_heap.mvn++;
```

```
    }
    L.r[s] = rc;                              //rc 移到 s 的位置
    pfc_heap.mvn++;
}

void Sort_Heap(SqList &L)
//对 L 进行堆排序
{   for( int i = L.length/2; pfc_heap.cpn++,i > 0;  -- i)  //建初始堆,从下往上不断进行"筛选"
        HeapAdjust(L,i,L.length);
    for( int i = L.length; pfc_heap.cpn++,i > 1;  -- i)
  {   RecdType temp = L.r[1];                         //根结点与当前堆中的最后一个结点交换
      pfc_heap.mvn++;
      L.r[1] = L.r[i];
      pfc_heap.mvn++;
      L.r[i] = temp;
      pfc_heap.mvn++;
      HeapAdjust(L,1,i - 1);                    //堆中减少最后一个元素后再进行从上往下的"筛选"
  }
}


void Merge(RecdType SR[ ],RecdType TR[ ],int i,int m,int n)
//将两个相邻有序表 SR[i .. m] 与 SR[m + 1.. n]归并为有序表 TR[i .. n]
{   int j = m + 1,k = i;
    pfc_merge.mvn++;
    pfc_merge.mvn++;
    while(pfc_merge.cpn++,i < = m&&j < = n)   // 将 SR 中两个相邻有序子表由小到大并入 TR 中
    {   if(pfc_merge.cpn++,SR[i].key < = SR[j].key)
        {   TR[k++] = SR[i++];
            pfc_merge.mvn++;
        }
        else
        {   TR[k++] = SR[j++];
            pfc_merge.mvn++;
        }
    }
    while(pfc_merge.cpn++,i < = m)           //将前一有序子表的剩余部分复制到 TR
    {   TR[k++] = SR[i++];
        pfc_merge.mvn++;
    }
    while(pfc_merge.cpn++,j < = n)           //将后一有序子表的剩余部分复制到 TR
    {   TR[k++] = SR[j++];
        pfc_merge.mvn++;
    }
}


void M_Sort(RecdType SR[ ],RecdType TR1[ ],int s,int t)
//将 SR[s..t]归并排序为 TR[s..t]
{   RecdType TR2[MAXSIZE + 1];
    int m;
```

```
        if(pfc_merge.cpn++,s == t)
        {   TR1[s] = SR[s];
            pfc_merge.mvn++;
        }
        else                            //待排序的记录序列只含一条记录
        {
            m = (s + t)/2;              // 以 m 为分界点,将无序表分成前、后两部分
            pfc_merge.mvn++;
            M_Sort(SR,TR2,s,m);         //对前部分递归归并为有序子表 TR2[s..m]
            M_Sort(SR,TR2,m + 1,t);     //对后部分递归归并为有序子表 TR2[m + 1..t]
            Merge(TR2,TR1,s,m,t);       //将 TR2[s..m]与 TR2[s..m]归并成有序表 TR1[s..t]
        }
}
void Sort_Merge(SqList &L)
//对 L 进行归并排序
{   M_Sort(L.r,L.r,1,L.length);
}


int main( )
{   int i;
    SqList L,L1;                        //L 存储原始待排序的记录 ,L1 存储排序后的记录
    printf("Please enter the number of records waiting to sort:\n");   //提示输入待排序的记录个数
    scanf(" % d",&L.length);
    printf("Please enter the key of records waiting to sort:\n"); //提示输入待排序记录的关键字序列
    for(i = 1;i <= L.length;i++)
        scanf(" % d",&L.r[i].key);
     L1 = L;                            //为使 L 保持不变,将 L1 作为参与排序的对象
    printf("\nQuick Sort:\n");
    printf("unsorted records:");
    for(i = 1;i <= L.length;i++)
        printf(" % d ",L1.r[i].key);
    Sort_Quick(L1);                     //对 L1 进行快速排序
    printf("\nsorted records:");
    for(i = 1;i <= L.length;i++)
        printf(" % d ",L1.r[i].key);
    printf("\nthe comparing numbers is: % d\n",pfc_quick.cpn);
    printf("the moving numbers is: % d\n\n",pfc_quick.mvn);

    L1 = L;
    printf("Heap Sort: \n ");
    printf("unsorted records:");
    for(i = 1;i <= L.length;i++)
        printf(" % d ",L1.r[i].key);
    Sort_Heap(L1);                      //对 L1 进行堆排序
    printf("\nsorted records:");
    for(i = 1;i <= L.length;i++)
        printf(" % d ",L1.r[i].key);
```

第6章

内排序

```
printf("\nthe comparing numbers is: % d\n",pfc_heap.cpn);
printf("the moving numbers is: % d\n\n",pfc_heap.mvn);

L1 = L;
printf("Merge Sort: \n ");
printf("unsorted records:");
for(i = 1;i < = L.length;i++)
    printf(" % d ",L1.r[i].key);
Sort_Merge(L1);                        //对 L1 进行归并选择排序
printf("\nsorted records:");
for(i = 1;i < = L.length;i++)
    printf(" % d ",L1.r[i].key);
printf("\nthe comparing numbers is: % d\n",pfc_merge.cpn);
printf("the moving numbers is: % d\n",pfc_merge.mvn);
return 0;
}
```

6. 运行结果参考

程序部分测试用例的运行结果如图 6-7 所示。

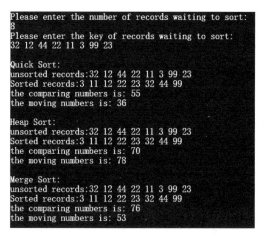

图 6-7　程序部分测试用例的运行结果

7. 延伸思考

（1）在参考代码 main 函数中为了保留排序前表 L 中的原始记录序列,特增设了临时变量 L1(顺序表)来保存排序后的结果。为此,每次在使用不同算法进行排序时,都需进行将 L1 还原成排序前的记录数据,需做赋值操作：L1＝L。但当 L 存储数据量较大时,这种做法既增加空间又增加时间的消耗。为了提高时间与空间性能,请你给出更好的解决办法。

（2）本实践在统计到三种排序算法的比较次数和移动次数后,只是简单地输出其值,并没有由它们的比较和移动次数来分析确定其中哪种排序的性能更优或更劣的结论。请思考如何修改相关代码,才能实现最终输出三种排序方法在针对同一待排序对象时,其性能从优到劣的排列结果。

6.2 进 阶 实 践

6.2.1 课程成绩统计与分析

1. 实践目的

(1) 能够正确分析课程成绩统计与分析中要解决的关键问题及其解决思路。

(2) 能够根据课程成绩统计与分析的操作特点选择适当的存储结构。

(3) 能够运用恰当的排序方法对学生的课程成绩进行排名和分数统计。

(4) 能够编写程序实现课程的成绩统计与分析,并验证其正确性。

(5) 能够对实践结果的性能进行辩证分析或优化。

2. 实践内容

编程实现单门课程成绩的统计与分析,包含成绩排名、班级平均分统计、分数段人数统计和及格率自动计算与显示等功能。

3. 实践要求

(1) 输入的单门课程成绩信息的组成如表6-3所示。

表6-3　单门课程成绩信息表

学　　号	班　　级	姓　　名	分　　数
202211001	计科211	张三	98
202211002	计科211	李四	85
202211003	计科211	王五	62
…	…	…	…

即单门成绩信息包括:学号(长度为10位数字)、班级、姓名(不超过4个中文字符)和单门课程成绩(分数范围为0.00～100.00),为了便于大量数据的快速读入,要求通过txt文件的方式进行数据导入,txt样例数据文件可通过右侧二维码扫码下载。

(2) 根据课程成绩统计与分析的处理对象及其操作特性,选择恰当的数据存储结构。

(3) 选择一种排序算法,根据课程分数对学生课程成绩信息进行由高到低排序,并输出排序结果。

(4) 自动计算班级平均分、及格率和分数段(0～59、60～69、70～79、80～89、90～100)人数,并输出计算统计结果。

(5) 抽象出本系统中所涉及的关键性操作模块,并给出接口描述及其实现算法。

扫码下载
6_2_1_
inputdate.txt

4. 解决方案

1) 数据结构

本实践的处理对象为学生单门课程成绩信息,每条记录由学生的学号、班级、姓名和成绩构成,它们具有相同特性。因此,本实践的处理对象可以看成是由若干条成绩信息记录所构成的集合。又由于本实践主要是对单门课程成绩信息进行导入、计算、排序与输出等操作,为了便于在排序过程中对数据的随机存取,本实践采用顺序存储结构进行数据存储,其存储结构描述如下:

```
#define MAXSIZE 200                      //顺序表的最大长度,即学生人数的最大值
typedef float KeyType;                   //将关键字类型定义为浮点型
typedef struct
{   unsigned int Sid;                    //学号
    char class_name[10];                 //班级
    char name[10];                       //姓名
    KeyType score;                       //分数,关键字项
}RecdType;
typedef struct
{   RecdType   r[MAXSIZE + 1];           //一般情况将 r[0]闲置
    int        length;                   //顺序表长度
}SqList;
```

2) 关键操作实现要点

根据实践内容与要求,可抽象出本实践的关键性操作有:课程成绩信息导入,对课程成绩排序,统计班级课程成绩的平均分、及格率和分数段人数并输出统计结果。其中主要操作的实现方法简要说明如下:

① 课程成绩排序

为了在实践中促使学生能够理解和掌握更多不同的排序方法,本实践选用希尔排序(Shell Sort),其基本思想为:假设待排序的记录序列存储在数组 r[1.. n]中,先选取一个小于 n 的整数 d_i(称之为增量),然后把排序表中的 n 个记录分为 d_i 个子表,即从下标为 1 的第一个记录开始,将间隔为 d_i 的记录组成一个子表,再在各个子表内进行直接插入排序。在一趟之后,间隔为 d_i 的记录组成的子表已经有序,随着有序性的改善,逐步减小增量 d_i,重复进行上述操作,直到 $d_i = 1$,使得间隔为 1 的记录有序,即整个序列都达到有序。

特别说明:希尔排序的时间性能取决于增量 d_i 的选取,为简单起见,本实践中采用了希尔在论文中提出的增量 $d_i = d_{i-1}/2$,即每次取序列长度的一半 $\{(n/2), (n/2)/2, \cdots, 1\}$。

② 课程成绩平均分、及格率和分数段人数计算

先使用累加求和的方法得到班级总分,即采用循环结构进行处理,再将班级总分除以总人数,计算得到班级平均分。为了提升计算效率,在计算成绩平均分时,循环结构中增加条件分支结构,进行分数段人数统计;在计算班级及格率时,通过小于 60 分的人数(已在分数段人数统计中求得)计算得到不及格率,再求得班级及格率。

3) 关键操作接口描述

```
void Score_Info_Read(SqList &L, char fileName[])
//将 txt 文件 fileName 中的课程成绩信息读入顺序表 L 中
void Score_Calculate(SqList &L, float &average, float &pass_rate, int stage[5])
//计算表 L 中的班级平均分,分数段人数和及格率
void Shell_Sort(SqList &L)
//对表 L 进行希尔排序
```

4) 关键操作算法参考

(1) 课程成绩信息导入算法。

```
void Score_Info_Read(SqList &L, char fileName[])
//将 txt 文件 fileName 中的课程成绩信息读入顺序表 L 中
```

```
{   int n = 0;
    FILE * fp = NULL;
    if ((fp = fopen(fileName, "r")) == NULL)
    {   printf("文件打开失败!");
        exit(0);
    }
    else
    {   printf("文件打开成功\n");
        while(!feof(fp))
        {   fscanf(fp, "%u %s %s %f\n", &L.r[n].Sid, L.r[n].class_name, L.r[n].name, &L.r[n].score);
            if(L.r[n].score < 0 || L.r[n].score > 100)         //判断学生分数是否不在 0~100
            {   printf("第 %d 行分数错误,分数范围为 0 到 100.", n);
                exit(0);
            }
        n++;
        }
        fclose(fp);                                             //关闭文件
        L.length = n - 1;
    }
}
```

（2）希尔排序算法。

```
void Shell_Sort(SqList &L)
//希尔排序,根据 score 关键字进行由大到小排序,增量采用 length/2
{   int dk;                              //dk 为希尔排序的间隔
    int i;
    int j;
    for(dk = L.length/2; dk >= 1; dk = dk/2)    //初始间隔为长度的一半,依次减半一直到 1 变成
                                                //直接插入排序
        for(i = dk + 1; i <= L.length; i++)
        {   L.r[0] = L.r[i];                    //监视哨储存
            for(j = i - dk; j > 0; j = j - dk)
            {   if(L.r[j].score < L.r[0].score)
                {   L.r[j + dk] = L.r[j];
                    L.r[j] = L.r[0];
                }
            }
        }
}
```

（3）课程成绩平均分、及格率和分数段人数计算算法。

```
void Score_Calculate(SqList &L, float &average, float &pass_rate, int stage[5])
//计算表 L 中的班级平均分,分数段人数和及格率
{   int i;
    float sum = 0;
```

```
//计算班级平均分,分数段人数统计
for(i = 1;i < L.length;i++)
{    sum += L.r[i].score;                          //班级学生分数求和
     if(L.r[i].score > = 90)                        //分数段统计
        stage[0] = stage[0] + 1;
     else if(L.r[i].score > = 80)
        stage[1] = stage[1] + 1;
     else if(L.r[i].score > = 70)
        stage[2] = stage[2] + 1;
     else if(L.r[i].score > = 60)
        stage[3] = stage[3] + 1;
     else
        stage[4] = stage[4] + 1;
}
average = sum/L.length;                             //计算班级平均分
pass_rate = (1 - 1.0 * stage[4]/L.length) * 100;    //计算及格率
}
```

5. 程序代码参考

扫码查看：6_2_1.cpp

6. 运行结果参考

程序部分测试用例的运行结果如图 6-8 所示。

(a) 课程成绩成功导入时的运行结果

(b) 课程成绩导入失败时的运行结果

图 6-8　部分测试用例的运行结果

7. 延伸思考

（1）本实践中的希尔排序方法采用增量 $d_i = d_{i-1}/2$，当选取不同的增量时，时间复杂度会存在一定差异，尝试修改 Shell_sort(SqList &L) 函数，实现 Hibbard 增量序列的希尔排序算法。

（2）本实践中仅使用课程分数单关键字进行排序，尝试使用两个关键字进行排序，即先根据课程分数由高到低排序，当课程分数相同时，再根据学号（Sid 的值）由小到大对课程成绩进行排序。

6.2.2 新高考位次模拟计算

1. 实践目的

（1）能够正确分析新高考位次模拟计算要解决的关键问题及其解决思路。

（2）能够根据新高考位次模拟计算的操作特点选择适当的存储结构。

（3）能够运用恰当的排序方法实现新高考位次模拟计算。

（4）能够编写程序实现新高考位次模拟计算，并验证其正确性。

（5）能够对实践结果的性能进行辩证分析或优化。

2. 实践内容

新高考（相对传统文综、理综划分的旧高考而言）位次是指考生成绩和考生人数总和后的综合排序，是填报志愿的参考因素之一。位次并不是指名次，相同分数的考生名次相同，但位次不同。编程实现新高考位次模拟计算，并输出和保存计算结果。

3. 实践要求

（1）高考考生的成绩信息如表 6-4 所示。

表 6-4　高考考生成绩信息

考生号	姓名	语文	数学	英语	选考科目1	选考科目2	选考科目3	学考等级
99330193131010	张三	105	95	109	59	55	55	C
99330193131021	李四	99	107	102	59	63	60	A
99330193131007	王五	107	115	98	75	59	71	B
...	...	...	...	...	...	...	...	...

其中单条记录信息包括：考生号（长度为 14 位数字）、姓名（不超过 4 个中文字符），6 门课程成绩（语文、数学、英语分数范围为 0～150，选考科目成绩为 0～100）、学考等级（A、B、C），要求从 txt 文件导入数据，txt 样例文件可通过右侧二维码扫码下载。

扫码下载
6_2_2_
inputdate.txt

（2）新高考位次计算规则是：先根据第一关键字（课程总分：语文、数学、英语、选考科目1、选考科目2和选考科目3的成绩之和）对高考考生成绩信息进行由大到小排序；第一关键字排序完成后，若第一关键字值相等，则根据第二关键字（学考等级：共有 ABC 三个等级，顺序 A＞B＞C）对第一关键字值相等的记录进行再次排序；第二关键字排序完成，若第二关键字值也相等，则根据第三关键字（语数外总分）对第一、二关键字值相等的记录进行由大到小排序，即可得到高考位次。要求对第一关键字、第三关键字的排序采用基数排序法，对第二关键字的排序采用桶排序法。

（3）输出新高考位次结果，要求以 txt 文件方式将新高考位次结果保存到磁盘文件中，保存数据格式如图 6-9 所示，保存文档名称是在原导入数据的 txt 文件名称后面自动增加 _sorted。例如，导入数据的 txt 文件名称为：6_2_2_inputdate.txt，新高考位次结果自动保存的 txt 文件名称则为：6_2_2_inputdate_ sorted.txt。

新高考位次计算结果:

位次	考生号	姓名	语文	数学	英语	选考科目1	选考科目2	选考科目3	语数外总分	总分	学考等级
01.	99330193131019	张四二	118	135	121	82	79	79	374	614	A
02.	99330193131020	沈张一	118	128	119	82	79	85	365	611	A
03.	99330193131012	沈十	120	130	120	85	80	71	370	606	A
04.	99330193131013	宋五	118	125	118	82	79	70	361	592	A
05.	99330193131017	陈王二	107	125	121	82	79	72	353	586	A
06.	99330193131029	王张一	118	127	111	70	81	79	356	577	A
07.	99330193131006	张沈五	115	128	102	73	80	71	345	569	B
08.	99330193131015	王一十	109	125	116	78	65	70	350	563	A
09.	99330193131027	张一五	118	123	102	69	80	71	343	563	A
10.	99330193131022	宋六七	100	109	120	82	79	72	329	562	A

图 6-9　新高考位次结果数据保存格式

（4）根据新高考位次模拟计算的功能要求，分析选择恰当的数据存储结构。

（5）抽象出本系统中所涉及的关键性操作模块，并给出接口描述及其实现算法。

4. 解决方案

1）数据结构

本实践的处理对象是高考考生成绩信息，每条记录由考生号、姓名、各科目成绩组成，它们具有相同特性。因此，本实践的处理对象可以看成是由若干条考生成绩信息记录所构成的集合。同时，本实践主要是对高考考生成绩信息进行读取、计算、排序、输出和保存操作，为了便于在排序过程中对数据的随机存取，本实践仍采用顺序存储结构进行数据存储，其存储结构描述如下：

```
#define MAXSIZE 10000      //顺序表的最大长度,即考生的最多人数
typedef struct
{      long long Sid;       //考生号,默认为14位
       char name[10];       //姓名
       int score[8];        //其中 score[0-5]存放语文、数学、英语、选考科目1~3的成绩,
                            //score[6]存放语数外总分,score[7]存放课程总分
       char level;          //学考等级
}RecdType;
typedef struct
{      RecdType r[MAXSIZE + 1];   //一般情况将 r[0]闲置
       int     length;           //顺序表长度
}SqList;
```

2）关键操作实现要点

根据本实践要求，可抽象出的关键性操作有考生成绩信息的读入，根据第一关键字（课程总分 score[7]）、第二关键字（学考等级 level）、第三关键字（语、数、外总分 score[6]）分别使用基数排序和桶排序对高考考生成绩信息进行由高到低排序，根据排序结果即可求得新高考位次，最后显示和保存排序结果。其中主要操作的实现方法简要说明如下：

（1）考生成绩信息导入和总分的计算操作。

主要使用 fscanf 函数完成从 txt 文件中读取考生信息并存入顺序表中，具体实现方法

可参考 6.2.1 节 Score_Info_Read (SqList &L，char fileName[])函数。为了减少重复操作,可在单条记录读入后,直接计算出语、数、外总分和课程总分,并分别存入顺序表的 score[6]和 score[7]域中。

（2）基数排序。

本实践要求使用基数排序（Radix Sorting）根据第一关键字（课程总分）和第三关键字（语、数、外总分）对高考考生成绩信息进行排名。而基数排序无须进行关键字值之间的比较,其基本思想是将关键字的值按位数切割成不同的数字,然后按位数分别进行分配和收集。

特别说明：为了减少基数排序中存储空间消耗,在记录桶序号和待排序记录的位置关系时采用一维桶数组 buckets[10]实现。在根据课程总分和语、数、外总分使用基数排序时,采用从小到大进行排序。但在用桶排序法按学考等级进行排序时,A、B、C 三个等级,顺序改为 C＞B＞A,最后将排序结果逆序,得到新高考位次。

在根据课程总分和语、数、外总分使用基数排序时,可将课程总分和语、数、外总分切割为个位、十位和百位,然后再根据各个位的数值从小到大进行排序。

按"个位"排序：初始化桶数组 buckets[10],用于保存待排序序列中所有记录的关键字个位出现 0~9 的次数,例如,数组元素 buckets[0]值为 5,则表示待排序序列中关键字个位为 0 的记录共出现 5 次。从前往后扫描待排序序列,将所有记录中关键字个位数值出现次数记录到桶数组 buckets 对应元素中。再对桶数组 buckets 进行累加求和计数,计数方法为 buckets[i]＝ buckets[i]＋ buckets[i-1],其中 i＝1,2,…,9。然后,从后往前对待排序序列进行扫描,根据待排序序列记录中关键字个位数值在 buckets 中的索引值,将待排序序列各个记录复制到有序序列中,并将 buckets 中对应的值减 1。例如,待排序序列为 L,有序序列为 temp,从后往前对待排序序列进行扫描操作时,第 i 条记录复制给有序序列时索引值为 buckets[L.r[i].score[7]%10]－1,复制完成后进行自减操作 buckets[L.r[i].score[7]%10]--。按"个位"排序基本思想如图 6-10 所示。

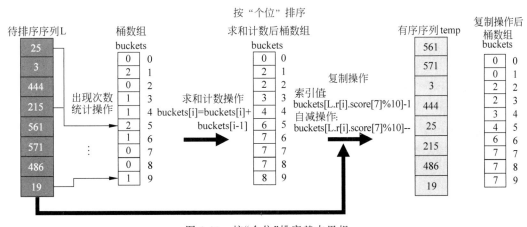

图 6-10　按"个位"排序基本思想

按"十位"排序：将按"个位"排序后得到的有序序列根据关键字十位的数值重复图 6-10 中的操作,得到新的有序序列。若关键字十位数字缺失,使用 0 填充。

按"百位"排序：将按"十位"排序后得到的有序序列根据关键字百位的数值重复图 6-10

中的操作,最终可得到基数排序结果。若关键字百位数字缺失,使用 0 填充。

(3)桶排序。

实践要求按第一关键字排序后,对总分相同的数据需根据第二关键字(学考等级)进行再次排序,而且指定采用桶排序(Bucket sort)的方法。桶排序的基本思想是将待排序数据分到有序桶中,并对桶内数据再次进行排序(排序方法可以使用别的或者以递归方式继续使用桶排序),从而得到有序数据。由于本实践中第二关键字分为 A、B、C 三个等级,使用桶排序时设立 A、B、C 三个桶,通过第二关键字值将待排序数据分配到不同桶中,当同一桶内有多个数据时,根据第三关键字进行排序,每个桶内全部排序完成后,根据桶 C、B、A 的顺序,依次将数据取出,即可得到排序结果。

(4)对表进行逆置操作。

在根据第一、第二、第三关键字都排序后,排序结果是按分数从小到大排序的,为了得到按分数从高到低的高考位次排序结果,则需对排序结果进行逆置操作。逆置操作的方法是将表中首尾数据逐一相互交换,直到表中前半部分的数据与后半部分的数据都交换为止。

(5)新高考位次结果保存操作。

使用 fprintf 函数将新高考位次和对应的数据保存到磁盘文件中,磁盘文件名称根据本实践要求是在输入的数据导入文件名(存放于 fileName 字符串数组中)最后自动增加_sorted,在编程实现时可通过字符串连接操作实现。因此,可先使用 strlen 函数求出 fileName 字符串的长度,再去除 fileName 字符串中". txt"这 4 个字符构成的扩展名后,最后使用 strcat 函数将"_sorted. txt"连接到其后,即可自动生成磁盘文件名称。

3) 关键操作接口描述

```
void NEMT_Score_Info_Read(SqList &L,char filename[])
//高考考生成绩信息读入,(National College Entrance Examnation,NEMT)
void Radix_Sort(SqList &L, int key_value)
//对表 L 根据课程总分或语数外总分进行基数排序,当 key_value 为 6 时表示按语数外总分排序,
//为 7 时表示按课程总分排序
void NEMT_Bucket_Sort(SqList &L)
//对表 L 根据考生等级进行桶排序,桶内根据语数外总分使用基数排序
void NEMT_Reverse(SqList &L)
//对表 L 进行逆置,以得到最终高考位次结果
void NEMT_SqList_Save(SqList &L,char filename[],char fileName_saved[])
//将表 L 的信息写入 txt 文件,其中 fileName_saved 为保存后 txt 文件的路径及名称
```

4) 关键操作算法参考

(1)数据导入操作。

```
void NEMT_Score_Info_Read(SqList &L,char fileName[ ])
//高考考生成绩信息读入,(National College Entrance Examnation,NEMT)
{   FILE * fp = NULL;
    int i,n = 0;
    if ((fp = fopen(fileName,"r")) == NULL)
    {   printf("文件打开失败!");
        exit(0);
```

```
    }
    else
    {   printf("文件打开成功!\n");
        while(!feof(fp))
        {   n++;
            fscanf(fp,"% lld % s % d % d % d % d % d % c\n",&L.r[n].Sid, L.r[n].name,
&L.r[n].score[0], &L.r[n].score[1], &L.r[n].score[2], &L.r[n].score[3], &L.r[n].score[4],
&L.r[n].score[5],&L.r[n].lev);
            L.r[n].score[7] = 0;                              //6 门课总分清 0
            for(i = 0;i <= 5;i++)
            {   if(L.r[n].score[i]< 0 || L.r[n].score[i]> 150) //判断学生分数是否不为 0~150
                {   printf("第 % d 行课程成绩错误,成绩范围为 0 - 150",n);
                    exit(0);
                }
                L.r[n].score[7] = L.r[n].score[7] + L.r[n].score[i];   //求 6 门课总分
            }
            L.r[n].score[6] = L.r[n].score[0] + L.r[n].score[1] + L.r[n].score[2];
                                                          //求语、数、外总分

        }
        fclose(fp);
        L.length = n - 1;
    }
}
```

（2）基数排序操作算法。

```
void Radix_Sort(SqList &L,int key_value)
//基数排序,L 为待排序序列,key_value 用于选择关键字,7 表示第一关键字,6 表示第三关键字
{   int exp;                    // 当关键字按各位进行排序时,exp = 1;按十位进行排序时,exp = 10
    int max = Radix_Get_Max(L,key_value);        //求 L 中语数外总分或课程总分的最大值
    for (exp = 1; max/exp > 0; exp * = 10)        // 从个位开始,对 L 按位进行排序
        Radix_Count_Sort(L, exp,key_value);
}

int Radix_Get_Max(SqList &L, int key_value)
//基数排序中求最大值,L 为待排序序列,key_valuekey_value 用于选择关键字,7 表示第一关键字,
//6 表示第三关键字
{   int i, max;
    max = L.r[1].score[key_value];
    for(i = 2; i <= L.length; i++)
        if(L.r[i].score[key_value] > max)
            max = L.r[i].score[key_value];
    return max;
}

void Radix_Count_Sort(SqList &L, int exp, int key_value)
```

```
//基数排序中分配和收集处理,L为待排序序列,key_value用于选择关键字,7表示第一关键字,
//6表示第三关键字
{   SqList temp;                            // 存储"被排序数据"的临时顺序表
    int i, buckets[10] = {0};
    for (i = 0; i < L.length; i++)          // 将数据出现的次数存储在buckets[]中
        buckets[ (L.r[i+1].score[key_value]/exp) % 10 ]++;
    for (i = 1; i < 10; i++)                //buckets s[]进行累加求和计数
        buckets[i] += buckets[i - 1];
    for (i = L.length - 1; i >= 0; i--)     // temp 顺序表复制操作
      {   temp.r[buckets[ (L.r[i+1].score[key_value]/exp) % 10] - 1] = L.r[i+1];
          buckets[(L.r[i+1].score[key_value]/exp) % 10 ]-- ;
      }
    for (i = 0; i < L.length; i++)          // 将排序好的数据赋值给L
        L.r[i+1] = temp.r[i];
}
```

(3) 桶排序操作算法。

```
void NEMT_Bucket_Sort(SqList &L)
//根据第二关键字进行桶排序,由于学考等级 A>B>C,使用桶排序进行从低到高排时,桶收集顺序为
//C,B,A,桶内根据第三关键字使用基数排序
{   int i, loc_s = 1, loc_e = 1, flag = 0, loc_s_t, loc_e_t, k, j, num_A, num_B, num_C;
    //loc_s,loc_e 分别为根据第二关键字排序时 L 中数据的起始位置
    //flag 用于标志 L 中当前元素的第一关键字值和前一个元素是否相等
    //loc_s_t, loc_e_t 分别为根据第三关键字排序时 L 中数据的起始位置
    //num_A,num_B,num_C,记录第二关键字每类对应的元素个数
    SqList LA,LB,LC;
    for(i = 1;i <= L.length - 1;i++)
    {   if(L.r[i].score[7]!= L.r[i+1].score[7])   //代表前后两个元素第一关键字不相等
        {   if(flag == 0)  //此处 flag = 0 当前元素和之前不同,同时当前元素也和下一个元素不相等,
                                                  //直接往后扫描
            {   loc_s = i;
                loc_e = i;
            }
            else           //flag = 1 表示之前有元素第一关键字相等,到次元素结束,需进行处理
            {   flag = 0;
                loc_e = i;
                loc_s_t = loc_s;
                loc_e_t = loc_e;                  //记录第二关键字排序时 L 中数据的起始位置
                loc_s = i;
                //根据第二关键字进行桶排序
                num_A = 0;num_B = 0;num_C = 0;
                for(k = loc_s_t;k <= loc_e_t;k++)
                {                                 //进行分组,ABC 分成 3 组
                    if(L.r[k].lev == 'A')
                    {   num_A++;
                        LA.r[num_A] = L.r[k];
                    }
```

```
            else if(L.r[k].lev == 'B')
            {   num_B++;
                LB.r[num_B] = L.r[k];
            }
            else
            {   num_C++;
                LC.r[num_C] = L.r[k];
            }
        }
        //桶排序,桶排序顺序为: C B A
        if(num_C > 0)
        {   LC.length = num_C;
            Radix_Sort(LC, 6);
            for(j = 1;j <= num_C;j++)
                L.r[loc_s_t + j - 1] = LC.r[j];
        }
        if(num_B > 0)
        {   LB.length = num_B;
            Radix_Sort(LB,6);
            for(j = 1;j <= num_B;j++)
                L.r[loc_s_t + num_C - 1 + j] = LB.r[j];
        }
        if(num_A > 0)
        {   LA.length = num_A;
            Radix_Sort(LA,6);
            for(j = 1;j <= num_A;j++)
                L.r[loc_s_t + num_C + num_B + j - 1] = LA.r[j];
        }
      }
    }
  else                          //代表当前元素和后一个元素第一关键字相等
  {   if(flag == 0)
      { //代表当前元素和后一个元素第一关键字相等,但当前元素和前一个元素第一关键字不
        //相等,即需要进行第二或第三关键字排序,记录起点位置
        loc_s = i;
        flag = 1;
      }
      loc_e = i;                //记录终点位置
  }
  }
}
```

（4）逆序操作。

```
void NEMT_Reverse(SqList &L)
//将排序结果进行逆序,得到最终高考位次结果
```

```
{    int i;
     for(i = 1; i < = L. length/2; i++)
     {   L. r[0] = L. r[i];
         L. r[i] = L. r[L. length − i + 1];
         L. r[L. length − i + 1] = L. r[0];
     }
}
```

（5）新高考位次结果保存操作算法。

```
void NEMT_SqList_Save(SqList &L, char filename[ ], char fileName_saved[ ])
//以 txt 文件形式保存数据 fileName 为导入 txt 文件路径及名称, fileName_saved 为保存后 txt 文
件路径及名称
{   FILE * fp = NULL;
    int i, num_char;
    num_char = strlen(fileName);
    strncpy(fileName_saved, fileName, num_char − 4);  //将数据导入的文件名去除扩展名后复制给
                                                       //保存的文件名
    strcat(fileName_saved, "_sorted. txt");            //在保存文件名后增加后缀 _sorted. txt,
    if((fp = fopen(fileName_saved, "w")) == NULL)
    {   printf("保存文件打开失败!");
        exit(0);
    }
    else
    {                                                  //保存结果到磁盘 txt 文件中
        fprintf(fp, "新高考位次计算结果:\n");
        fprintf(fp, "\n 位次 考生号 姓名 语文 数学 英语 选考科目 1 选考科目 2 选考科目 3 语数
外总分 总分 学考等级\n");
        for(i = 1; i < = L. length; i++)
          fprintf(fp, " % 02d.  % 14lld  % − 6s  % − 8d  % − 8d  % − 8d  % − 11d  % − 11d  % − 11d  % −
11d  % − 8d  % − 8c\n", i, L. r[i]. Sid, L. r[i]. name, L. r[i]. score[0], L. r[i]. score[1], L. r[i].
score[2], L. r[i]. score[3], L. r[i]. score[4], L. r[i]. score[5], L. r[i]. score[6], L. r[i]. score
[7], L. r[i]. lev);
        fclose(fp);
    }
}
```

5. 程序代码参考

扫码查看：6-2-2. cpp

6. 运行结果参考

运行结果如图 6-11 所示。

```
输入新高考课程成绩信息txt文件路径和文件名称(路径和文件名称仅包含英文字符):
C:\Users\leochenb\Desktop\test1\6_2_2_inputdate.txt
文件打开成功!
```

新高考位次计算结果:

位次	考生号	姓名	语文	数学	英语	选考科目1	选考科目2	选考科目3	语数外总分	总分	学考等级
1.	99330193131019	张四二	118	135	121	82	79	79	374	614	A
2.	99330193131020	沈张一	118	128	119	82	79	85	365	611	A
3.	99330193131012	沈十	120	130	120	85	80	71	370	606	A
4.	99330193131013	宋五	118	125	118	82	79	70	361	592	A
5.	99330193131017	陈王二	107	125	121	82	79	72	353	586	A
6.	99330193131029	王张二	118	127	111	70	81	70	356	577	A
7.	99330193131006	张沈五	115	128	102	73	80	71	345	569	B
8.	99330193131015	王十	109	125	116	78	65	70	350	563	A
9.	99330193131027	张一五	118	123	102	69	80	71	343	563	A
10.	99330193131022	宋六七	100	109	120	82	79	72	329	562	A
11.	99330193131025	王三五	120	110	98	75	80	71	328	554	A
12.	99330193131001	王三	120	109	98	76	80	71	327	554	A
13.	99330193131003	王一二	117	99	110	72	86	70	326	554	A
14.	99330193131002	薛三	118	105	100	81	79	71	323	554	A
15.	99330193131005	张五一	107	109	107	75	76	71	323	545	A
16.	99330193131008	何二	112	109	98	80	60	71	319	530	B
17.	99330193131004	沈陈十	118	88	98	77	79	68	304	528	B
18.	99330193131011	王路三	115	102	99	68	72	71	316	527	B
19.	99330193131007	王五	107	115	98	75	59	71	320	525	B
20.	99330193131024	章陈六	101	116	99	66	72	60	316	514	B
21.	99330193131014	杨刘	108	102	102	63	72	62	312	509	B
22.	99330193131016	杨二六	98	115	102	66	65	59	315	505	B
23.	99330193131028	朱四	99	107	107	65	68	59	313	505	B
24.	99330193131021	李四	99	107	102	59	63	60	308	490	A
25.	99330193131018	张陈二	98	114	102	52	65	59	314	490	B
26.	99330193131023	杨一二	95	98	99	75	63	60	292	490	B
27.	99330193131009	陈五	108	92	109	60	59	57	309	485	C
28.	99330193131010	张三	105	95	109	59	55	55	309	478	C
29.	99330193131026	王张一	85	79	95	70	65	55	259	449	C

```
新考高位次结果保存于文档:C:\Users\leochenb\Desktop\test1\6_2_2_inputdate_sorted.txt
```

(a) 新高考位次排名运行结果显示

新高考位次计算结果:

位次	考生号	姓名	语文	数学	英语	选考科目1	选考科目2	选考科目3	语数外总分	总分	学考等级
01.	99330193131019	张四二	118	135	121	82	79	79	374	614	A
02.	99330193131020	沈张一	118	128	119	82	79	85	365	611	A
03.	99330193131012	沈十	120	130	120	85	80	71	370	606	A
04.	99330193131013	宋五	118	125	118	82	79	70	361	592	A
05.	99330193131017	陈王二	107	125	121	82	79	72	353	586	A
06.	99330193131029	王张二	118	127	111	70	81	70	356	577	B
07.	99330193131006	张沈五	115	128	102	73	80	71	345	569	B
08.	99330193131015	王十	109	125	116	78	65	70	350	563	A
09.	99330193131027	张一五	118	123	102	69	80	71	343	563	A
10.	99330193131022	宋六七	100	109	120	82	79	72	329	562	A
11.	99330193131025	王三五	120	110	98	75	80	71	328	554	A
12.	99330193131001	王三	120	109	98	76	80	71	327	554	A
13.	99330193131003	王一二	117	99	110	72	86	70	326	554	A
14.	99330193131002	薛三	118	105	100	81	79	71	323	554	A
15.	99330193131005	张五一	107	109	107	75	76	71	323	545	A
16.	99330193131008	何二	112	109	98	80	60	71	319	530	B
17.	99330193131004	沈陈十	118	88	98	77	79	68	304	528	B
18.	99330193131011	王路三	115	102	99	68	72	71	316	527	B
19.	99330193131007	王五	107	115	98	75	59	71	320	525	B
20.	99330193131024	章陈六	101	116	99	66	72	60	316	514	B
21.	99330193131014	杨刘	108	102	102	63	72	62	312	509	B
22.	99330193131016	杨二六	98	115	102	66	65	59	315	505	B
23.	99330193131028	朱四	99	107	107	65	68	59	313	505	B
24.	99330193131021	李四	99	107	102	59	63	60	308	490	A
25.	99330193131018	张陈二	98	114	102	52	65	59	314	490	B
26.	99330193131023	杨一二	95	98	99	75	63	60	292	490	B
27.	99330193131009	陈五	108	92	109	60	59	57	309	485	C
28.	99330193131010	张三	105	95	109	59	55	55	309	478	C
29.	99330193131026	王张一	85	79	95	70	65	55	259	449	C

(b) 新高考位次排名结果保存的文件内容

图 6-11　高考位次排名系统部分运行结果

7. 延伸思考

(1) 本实践中采用了顺序存储,当删除、插入等操作较多时,时间效率较低,试选用链式存储结构,完成本实践内容。

(2) 根据第三关键字进行排序时,试采用快速排序方法实现。

6.2.3 各国高铁里程排名系统

1. 实践目的

(1) 能够帮助学生更深刻了解我国高铁发展历史,厚植学生爱国情怀,增强学生"四个自信"和新时代使命的责任担当。

(2) 能够正确分析各国高铁里程排名系统中要解决的关键问题及其解决思路。

(3) 能够根据各国高铁里程排名系统需实现的功能要求选择恰当的存储结构。

(4) 能够运用排序方法设计并实现各国高铁里程排名系统中关键操作算法。

(5) 能够编写程序测试各国高铁里程排名系统设计的正确性。

(6) 能够对实践结果的性能进行辩证分析和优化提升。

2. 实践背景

我国高铁发展虽然比发达国家晚 40 多年,但依靠党的领导和新型体制优势,经过几代铁路人的接续奋斗,实现了从无到有,从追赶到并跑,再到领跑的历史性变化,成功建设了世界上规模最大、现代化水平最高的高速铁路网。以 2008 年我国第一条设计时速 350 千米的京津城际铁路建成运营为标志,一大批高铁相继建成投产。特别是党的十八大以来,我国高铁发展进入快车道,发展速度之快、质量之高令世界惊叹。目前,我国高铁拥有多个世界之最。

(1) 运营里程世界最长。到 2020 年底,我国高铁运营里程达到 3.79 万千米,占世界高铁总里程的 69%;其中,时速 300~350 千米的高铁运营里程 1.37 万千米,占比为 36%;时速 200~250 千米的高铁运营里程 2.42 万千米,占比为 64%。

(2) 商业运营速度世界最快。目前,在京沪、京津、京张、成渝等高铁 1910 千米线路上,复兴号以时速 350 千米运营。我国是世界上唯一实现高铁时速 350 千米商业运营的国家,树起了世界高铁商业化运营标杆,以最直观的方式向世界展示了"中国速度"。

(3) 运营网络通达水平世界最高。从林海雪原到江南水乡,从大漠戈壁到东海之滨,我国高铁跨越大江大河、穿越崇山峻岭、通达四面八方,"四纵四横"高铁网已经形成,"八纵八横"高铁网正加密成型,高铁已覆盖全国 92% 的 50 万人口以上的城市。[①]

图 6-12 为我国 2003 年至 2021 年高铁里程数,由最初的 404 多千米增加到 41 000 多千米,年均建设里程超过 3500 千米,高铁技术水平进入世界先进行列,部分领域已经达到世界领先水平,高铁里程排名更是多年稳居世界第一。

3. 实践内容

编程实现对 2003—2020 年世界各国高铁里程数进行统计与排名(前 16 名)。

4. 实践要求

(1) 要求本系统至少支持各国历年高铁里程数导入、年建设里程自动计算、原始数据显

---

① 陆东福.打造中国高铁亮丽名片[J].一带一路报道(中英文),2021(05):93-97.

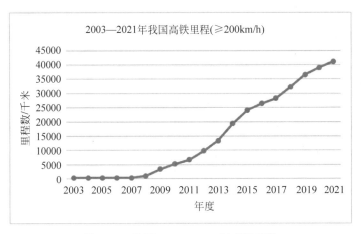

图 6-12　我国 2003—2021 年高铁里程

示、年建设里程显示、逐年根据高铁里程数排名、排名结果显示、排名结果保存和年建设里程保存功能。

（2）综合分析本系统关键功能的操作特性，自主选择恰当的数据存储结构。

（3）要求按照高铁里程数逐年对待排序记录序列进行排序，排序过程中待排序序列原始顺序不能改变，且不能新建序列，即要求用索引排序的方式完成排序。

（4）抽象出本系统的关键操作模块，并给出其接口描述及实现算法。

（5）系统运行操作时要求允许用户通过菜单形式重复选择其中的功能完成多次操作，菜单样例参考图 6-13。

图 6-13　系统菜单设计参考样例

（6）各功能模块说明如下。

① 在"导入数据"功能模块中，要求使用 .txt 文件方式进行数据导入，文档名称和路径通过键盘输入，本系统导入数据为 2003—2020 年排名前 16 名的世界各国高铁里程数信息，其信息组成样例如表 6-5 所示，.txt 样例文件可通过右侧二维码扫描下载。

扫码下载
6_2_3_
inputdate.txt

表 6-5　各国高铁里程数信息组成样例（单位：千米）

国家名称	年度	里程数	年度	里程数	…	年度	里程数
法国	2003	2234	2004	2234	…	2020	3802
德国	2003	2198	2004	2436	…	2020	4887
日本	2003	2073	2004	2207	…	2020	3422
英国	2003	1345	2004	1348	…	2020	2257
西班牙	2003	1295	2004	1295	…	2020	5525
美国	2003	735	2004	735	…	2020	2151
芬兰	2003	668	2004	668	…	2020	744

续表

国家名称	年度	里程数	年度	里程数	…	年度	里程数
意大利	2003	569	2004	667	…	2020	2358
中国	2003	404	2004	404	…	2020	39 042
…	…	…	…	…	…	…	…

② 在“显示原始数据”功能模块中,要求逐年显示各国高铁里程数。

③ 在“计算年建设里程”功能模块中,自动对各国高铁年建设里程数进行计算,计算方法为:年建设里程数 = 当年高铁里程数 − 上一年高铁里程数。

④ 在“按年排序”功能模块中,要求逐年对各国高铁里程进行排序,排序完成后,待排序序列原始顺序不能改变,且排序过程中不能新建序列。

⑤ 在“显示排序结果”功能模块中,要求逐年输出排序后的各国高铁里程数。

⑥ 在“显示年建设里程”功能模块中,要求逐年输出各国高铁年建设里程数。

⑦ 在“保存年建设里程”功能模块中,要求以.txt文件方式逐年将各国年建设里程数保存到磁盘中,保存数据格式如图6-14所示,保存文件的名称是在数据导入的.txt文件名称后自动增加_Growth。

⑧ 在“保存排序结果”功能模块中,要求以.txt文件方式逐年将各国高铁里程排名数据保存到磁盘中,保存数据格式如图6-15所示,保存文件的名称是在数据导入的.txt文件名称后自动增加_Sorted所得。

```
6_2_3_inputdate_Growth - 记事本
文件(F) 编辑(E) 格式(O) 查看(V) 帮助(H)
2008年世界各国高铁年建设里程数
序号  国家        年建设里程数(千米)
1     法国        0
2     德国        0
3     日本        0
4     英国        50
5     西班牙      7
6     美国        0
7     芬兰        0
8     意大利      108
9     中国        631
10    比利时      37
11    韩国        0
12    俄罗斯      83
13    土耳其      60
14    乌兹别克斯坦  0
15    瑞典        28
16    沙特阿拉伯    0

2009年世界各国高铁年建设里程数
序号  国家        年建设里程数(千米)
1     法国        56
2     德国        8
```

图 6-14　年建设里程数据保存格式

```
6_2_3_inputdate_Sorted - 记事本
文件(F) 编辑(E) 格式(O) 查看(V) 帮助(H)
2009年世界各国高铁里程排名
排名  国家        里程数(千米)
1     中国        3384
2     德国        2779
3     西班牙      2593
4     法国        2590
5     日本        2305
6     英国        1579
7     意大利      1192
8     芬兰        744
9     俄罗斯      736
10    美国        735
11    韩国        410
12    比利时      320
13    土耳其      225
14    瑞典        150
15    乌兹别克斯坦  0
16    沙特阿拉伯    0

2010年世界各国高铁里程排名
排名  国家        里程数(千米)
1     中国        5212
2     德国        2829
3     法国        2710
```

图 6-15　各国高铁里程排名数据保存格式

⑨ 在“退出”功能模块中,实现系统退出功能。除“导入数据”“退出”功能模块,要求其他各功能模块均支持空数据检查提示功能,即数据未导入时不做相应处理,并进行空数据提示。

5. 解决方案

1）数据结构

本实践的处理对象是若干个国家的历年高铁里程记录,每条记录由国家名称、年度、高铁里程、年建设里程组成,它们具有相同的特性,可以看成是由若干条记录构成的集合。本系统主要对高铁里程信息进行录入、计算、排序与输出操作,插入和删除操作相对较少。因此,为了便于在排序过程中数据的随机存储,本系统拟采用顺序存储结构进行数据存储。再者,本实践要求在根据高铁里程数逐年对各国数据进行排序的过程中,待排序序列原始顺序不能改变,且不能新建序列。为了达到上述要求,可以在顺序表的结构体中增加一个索引数组 index,用于保存各国在各年度的排名,排序过程中原始记录位置不变,而排序后的位置则可以通过索引数组值来反映,这种排序方式也称为索引排序。加入索引数组 index 后的顺序存储结构类型可描述为:

```
#define MAXSIZE 50
typedef int KeyType;
//各国高铁里程信息类型
typedef struct
{   char courtry[20];        //国家名称
    KeyType mileage[20];     //历年高铁里程
    int year[20];            //年度,时间跨度为 20 年
    int growth[20];          //年建设里程数
    int index[20];           //各年度排行索引信息,存放排名后对应数据记录在表中的位序号
}RecType;
typedef struct
{   RecType  r[MAXSIZE + 1];  //一般情况将 r[0]闲置
    int      length;          //顺序表长度
}SqList;
```

2）关键操作实现要点

本实践的关键操作是通过索引的方式逐年对各国高铁里程(L. r[i]. mileage [k])进行排序,并使用功能菜单的方式实现各个操作,下面针对部分主要操作的实现方法做简单说明。

（1）按年排序操作。

在排序时,若数据较为复杂,单条记录数据量较大时,直接通过数据的移动进行排序会产生较大的空间和时间代价,可以把数据移动改为索引(或指针)移动,即通过索引的方式进行排序。本实践按年进行排序操作时,通过索引的方式,逐年根据各国高铁里程对 index 中的值进行从大到小排序。图 6-16 为通过索引的方式进行排序的基本思想。

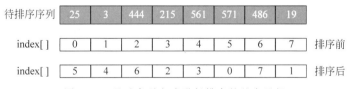

图 6-16　通过索引方式进行排序的基本思想

（2）计算年建设里程操作。

将当年里程数减去上一年里程数,第一年默认为历年总里程数,此外,在计算开始前,需先对数据进行判空操作。

（3）排序结果显示操作。

根据 index 排序后的索引值进行逐个显示，本实践中显示某一年度（year[k]年）对应排名为 i 的国家名称调用方式为：L. r[L. r[i]. index[k]]. courtry，对应的里程数为：L. r[L. r[i]. index[k]]. mileage[k]。

（4）菜单界面操作。

用户每进行一步操作后，显示操作菜单快捷键，根据用户选择进行下一步操作。因此，可以采用 while 循环和 switch 函数的方式实现，并增加 while 循环的结束标志位：flag，当用户选择为退出时，则将 flag 置 0，退出循环，结束代码。

3）关键操作接口描述

```
void HSR_Bubble_Sort(SqList &L)
//在冒泡排序的基础上采用索引排序的方式对表 L 进行各年度里程数的排序
int HSR_SqList_Calculate(SqList &L)
//计算表 L 中各年建设里程数
void HSR_SqList_Output(SqList &L)
//显示各国高铁里程数排名
int HSR_Menu_Show()
//显示菜单选项，读取菜单选择输入，判断其输入值是否为 0～8
```

4）关键操作算法参考

（1）用索引方式进行排序的算法。

```
void HSR_Bubble_sort(SqList &L)
//在冒泡排序的基础上采用索引排序的方式对表 L 进行各年度里程数的排序
{    int i,j,k,temp;
     for(k = 0; k < 20;k++)              //逐年进行排序
        for(i = 1;i <= L.length;i++)     //控制每趟排序
        {                                //每趟排序开始时设置交换标志变量值为假
           for(j = 1; j <= L.length - i;j++)
              if (L.r[L.r[j].index[k]].mileage[k] < L.r[L.r[j + 1].index[k]].mileage[k])
                                          //如果小于后者,则交换
                 {   temp = L.r[j].index[k];
                     L.r[j].index[k] = L.r[j + 1].index[k];
                     L.r[j + 1].index[k] = temp;
                 }
        }
}
```

（2）计算年建设里程的算法。

```
int HSR_SqList_Calculate(SqList &L)
//计算表 L 中各年建设里程数
{    int i,k;
     for(k = 1; k < 19;k++)
     {   for(i = 1;i <= L.length;i++)
            L.r[i].growth[k] = L.r[i].mileage[k] - L.r[i].mileage[k - 1]; //计算年建设里程
     }
     return OK;
}
```

（3）显示各国高铁里程数排名的算法。

```
void HSR_SqList_Output(SqList &L)
//显示各国高铁里程数排名
{    int i,k,num_year;
     for(i = 0;i < 20;i++)        //将年度值转化为年度数组索引值
        if(L.r[1].year[i] == 0)
          {   num_year = i;
              break;
          }
     for(k = 0;k < num_year;k++)
          {   printf("\n%d年世界各国高铁里程排名\n",L.r[1].year[k]);
              printf("排名 国家 里程数(公里)\n");
              for(i = 1;i <= L.length;i++)
                  printf(" % - 6d % - 12s % - 6d\n",i,L.r[L.r[i].index[k]].courtry,
L.r[L.r[i].index[k]].mileage[k]);
          }
}
```

（4）菜单设计算法。

```
int HSR_Menu_Show()
//显示菜单选项,读取菜单选择输入,判断其输入值是否在 0 - 8 之间 y
{    int key,flag = 1;
     printf("\n =============== 世界高铁里程排名系统 =================== \n");
     printf(" *                              * \n");
     printf(" *   1:导入数据    2:显示原始数据    3:计算年建设里程    * \n");
     printf(" *   4:按年排序    5:显示排序结果    6:显示年建设里程    * \n");
     printf(" *   7:保存年建设里程  8:保存排序结果    0:退出        * \n");
     printf(" *                              * \n");
     printf(" ===================================================== \n");
     printf("根据菜单提示进行输入: ");
     while(flag)
     {  scanf(" % d",&key);
        if(key > = 0&&key <= 8)
          {   flag = 0;
              return key;
          }
        else
            printf("菜单选择输入错误,请重新输入: ");
     }
}
```

6. 程序代码参考

扫码查看:6-2-3.cpp

7. 运行结果参考

运行结果如图 6-19 所示。

(a) 数据判空提示

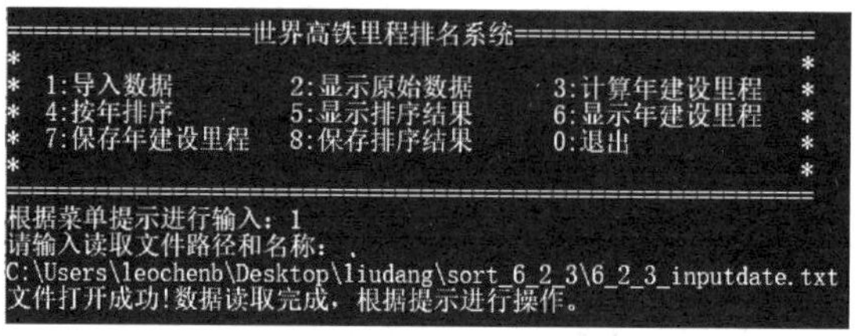

(b) 文件"导入数据"操作运行结果

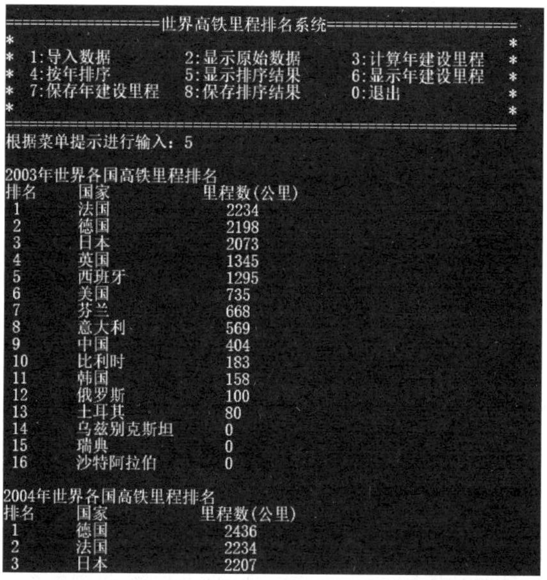

(c) 各国历年高铁里程数"显示排序结果"操作运行结果的部分截图

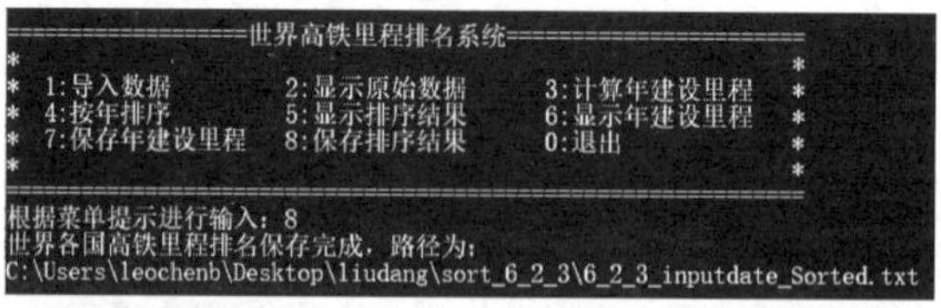

(d) 各国历年高铁里程数排名后"保存排序结果"操作运行结果

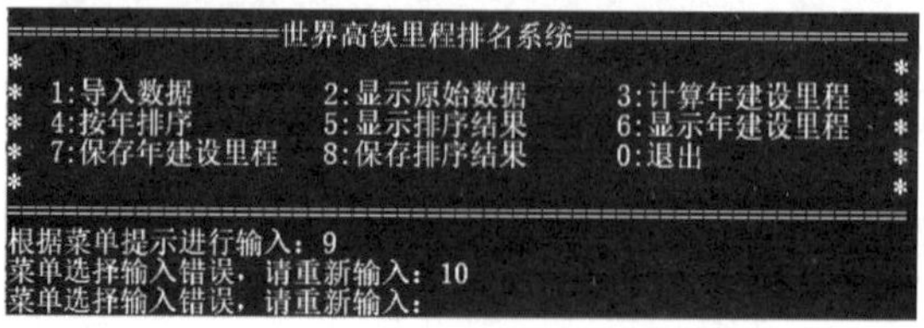

(e) 菜单选择错误操作提示

图 6-17   各国高铁里程排名系统部分运行结果

8. 延伸思考

（1）本实践提供的参考代码中,在数据读入时对 index 进行赋初值（$1,2,3,4,5,6,\cdots$）,该步骤是否可省略,分析该操作的用途。

（2）排名结果显示函数 HSR_SqList_Output 中输出数据时,采用如下方式实现:

```
printf("%2d. %15s %6d\n",i,L.r[L.r[i].index[k]].country, L.r[L.r[i].index[k]].mileage[k]);
```

理解和分析 L.r[i].index[k] 中索引的用法。

（3）试修改上述的排序算法,要求选择快速排序、堆排序或归并排序中的一种并通过索引的方式实现各国高铁里程数排名。

9. 结束语

高铁已成为我国的一张亮丽名片。2020 年我国高铁里程已远超排名第二的西班牙,高铁总里程是其 7 倍多。从 2003 年我国第一条高铁线路秦沈客运专线建成通车,到 2020 年我国高铁技术总体进入世界先进行列,部分领域达到世界领先水平。在这一历史性变化的背后离不开那些具有强烈爱国精神和厚重民族责任感的科研人员、劳动者和创造者,他们坚定不移沿着中国特色社会主义道路,努力拼搏。新时代的大学生,要勇担时代使命,坚定前进信心,把个人命运与国家命运牢牢绑在一起,为实现中华民族伟大复兴的中国梦,乘风破浪,一往无前。

6.3 拓 展 实 践

6.3.1 世界各国制造业增加值统计分析系统

1. 实践目的

（1）能够帮助学生了解我国制造业快速发展的伟大成就,激发学生寻求其背后所缊涵的动人事迹及其大国工匠,培养学生执着专注、精益求精、一丝不苟、追求卓越的工匠精神。

（2）能够正确分析世界各国制造业增加值统计分析系统中要解决的关键问题及其解决思路。

（3）能够根据世界各国制造业增加值统计分析系统需实现的功能要求选择恰当的存储结构。

（4）能够运用多种排序方法设计并实现世界各国制造业增加值统计分析系统中关键操作算法。

（5）能够编写程序测试世界各国制造业增加值统计分析系统设计的正确性。

（6）能够对实践结果的性能进行辩证分析和优化提升。

2. 实践背景

自 2010 年以来,我国制造业增加值已连续 11 年位居世界第一,是世界上工业体系最为健全的国家。在 500 种主要工业品中,超过四成产品的产量位居世界第一,制造业大国地位更加坚实。"天问一号"开启火星探测、北斗三号全球卫星导航系统等全面建成,大国重器亮点纷呈,特高压输变电、大型掘进装备、煤化工成套装备、金属纳米结构材料等跻身世界前列,彰显中国制造与日俱增的硬核实力。在信息化方面,我国建成全球最大规模光纤和移动通信网络。5G 基站、终端连接数全球占比分别超过 70% 和 80%;网络应用从消费向生产拓展,制造业重点领域关键工序数控化率由 2012 年的 24.6% 提高到 2021 年的 55%,数字化研发设计工具普及率由 48.8% 提高到 74.4%;数字产业化、产业数字化步伐加快,数字经济为经济社会持续健康发展提供了强劲动力[①]。

制造业增加值是评价宏观经济的指标之一，其主要反映纺织、木材加工、石油、煤炭加工、化学原料及制品制造、橡胶、金属冶炼、通用设备制造等领域发展情况。通过对各国制造业增加值的统计和分析可以对全球宏观经济发展历程进行回顾与分析，同时，对不同发达程度的国家进行分类排序后，可统计得到不同类型国家的宏观经济发展情况。

3. 实践内容

根据 1999—2019 年世界各国制造业增加值数据，编程实现世界各国制造业增加值统计分析系统，系统应包括数据导入、查询、增速计算、增加值排名、增速排名、增加值分析、排名结果保存等功能。

4. 实践要求

（1）综合分析本系统的关键功能的操作特性，自主设计恰当的数据存储结构。

（2）自行设计功能菜单，系统运行时用户可以通过菜单多次选择完成相应的功能执行。如图 6-18 所示是功能菜单设计的参考样例，但不限于此，其中各功能的具体要求说明如下。

图 6-18　系统菜单设计参考样例

扫码下载
6_3_1_
inputdate.txt

① 原始数据导入：要求通过 txt 文件方式导入各国制造业增加值数据，原始数据来源于世界银行公开数据[②]，并经整理后共选取了 96 个国家 1999—2019 年制造业增加值信息作为原始数据，其数据信息组成样例如表 6-6 所示，增加值计算时均参照 2010 年不变价美元进行折算，单位为亿美元，0 表示该年数据缺失，txt 样例文件可通过左侧二维码扫码下载。

表 6-6　1999—2019 年世界各国制造业增加值信息组成样例（单位：亿美元）

国家名称	收入水平	1999 年	2000 年	2001 年	2002 年	…	2018 年	2019 年
阿富汗	低收入国家	0.00	0.00	0.00	7.63	…	11.31	13.59
布隆迪	低收入国家	0.91	0.95	0.96	0.92	…	0.00	0.00
科特迪瓦	中低等收入国家	20.51	18.49	18.10	17.69	…	69.39	68.99
喀麦隆	中低等收入国家	19.51	17.93	18.62	20.84	…	55.19	55.40
中国	中高等收入国家	0.00	0.00	0.00	0.00	…	38 684.58	38 234.14
哥斯达黎加	中高等收入国家	26.62	27.50	27.84	28.84	…	74.77	76.05
多米尼克	中高等收入国家	0.21	0.23	0.24	0.29	…	0.12	0.13
多米尼加共和国	中高等收入国家	47.98	50.98	50.34	55.27	…	120.94	122.37
意大利	高收入国家	2232.51	2010.08	2000.56	2135.59	…	3138.94	2984.27
荷兰	高收入国家	609.28	556.08	565.89	591.51	…	1010.18	980.68
…	…	…	…	…	…	…	…	…

① 我国制造业增加值连续 11 年位居世界第一[OL]，http://www.gov.cn/xinwen/2021-09/13/content_5637023.htm，2021.9.13.

② 数据来源（截止到 2021 年 12 月）：https://data.worldbank.org.cn/indicator/NV.IND.MANF.KD?most_recent_value_desc＝true.

② 原始数据查询：要求按用户指定的国家名称和年度查找，如果查找成功则输出该国在查找年度的制造业增加值和增速。

③ 增速计算：要求按照计算公式[增速计算＝(当年制造业增加值 － 上一年制造业增加值)/上一年制造业增加值]，实现各国历年制造业增加值增速计算，若上一年制造业增加值为0，则记该年增速为0。

④ 增加值排名：要求按制造业增加值逐年对待排序记录序列进行排名。

⑤ 增速排名：要求先按收入水平将待排序记录序列分成不同子序列，再按制造业增加值增速逐年对全部待排序子序列进行排名。在增加值排名和增速排名时，要求选取不同的排序算法实现，排序过程中既不能改变待排序记录的原始顺序，也不能新建记录序列。

⑥ 增加值分析：要求对用户指定的国家分别计算其历年制造业增加值和增速的最小值、最大值、均值与方差，并分析制造业增加值和增速历年的波动程度。

⑦ 统计结果保存：要求以 txt 文件方式逐年将世界各国制造业增加值排名结果保存到磁盘文件中，保存文档名称在输入 txt 文件名称后自动增加_Sorted；要求以 txt 文件方式逐年将各国制造业增加值增速排名结果保存到磁盘中，保存文档名称在输入 txt 文件名称后自动增加_Grouped _Sorted。

5. 解决思路

1）数据存储结构的设计要点提示

由于本实践要求排序过程中既不能改变待排序记录的原始顺序，也不能新建记录序列，又要能求出排序结果，则需在存储结构中增加索引数组来记载各种排序的结果位置，具体参见 6.2.3 小节中数据存储结构描述部分。各国收入水平用数字值 0～3 表示，0 代表"低收入国家"，1 代表"中低等收入国家"，2 代表"中高等收入国家"，3 代表"高收入国家"。

2）关键操作的实现要点提示

本系统的总体设计和实现方法与 6.2.3 节中的相应内容相似，但本系统中增加了"增速计算""增速排名"和"增加值分析"等功能，下面针对部分主要操作的实现方法做简单说明。

(1) 增速排名操作。

由于本实践要求在增速排名过程中既不能改变待排序记录的原始顺序，也不能新建记录序列，因此选用索引的方式进行排序，具体可参考图 6-16。增速排名操作先根据各国收入水平获得待排序子序列，再对各个子序列采用索引的方式分别进行排序，并将排序结果保存到索引数组中，用于排名显示和排名结果保存操作。

(2) 增加值分析操作。

对指定的国家分别计算历年制造业增加值和增速的最小值、最大值和均值，再根据方差计算公式：$S^2 = \dfrac{\sum\limits_{i=1}^{n}(X_i - \overline{X})^2}{n-1}$ 分别计算制造业增加值和增速的方差，其中 X 为均值。方差是衡量数据离散程度的度量，当制造业增加值和增速的方差较大时说明该国家制造业发展波动较大，根据增速的正负性，可以基本判断该国制造业是在向上发展还是发生倒退。

6. 程序代码参考

扫码查看：6-3-1.cpp

7. 延伸思考

（1）试在本实践中增加"原始数据修改"操作，要求根据国家名称和年度信息，对制造业增加值进行修改，并对当年和下一年制造业增加值增速、增加值排名和增速排名进行自动更新。

（2）试在本实践中增加"查找"操作，要求查找中国在哪一年制造业增加值首次成为世界第一。

8. 结束语

我国社会主义基本经济制度在探索中不断完善，制造业增加值已连续 11 年位居世界第一。我国制造业飞速发展，伴随手工艺向机械技艺以及智能技艺转换，传统手工工匠似乎远离了人们的生活。但实际上工匠并不是消失了，而是以新的面貌出现了，即现代工业领域里的新型工匠、机械技术工匠和智能技术工匠。我国要成为世界范围内的制造强国，面临着从制造大国向智造大国的升级转换，对技能的要求直接影响到工业水准和制造水准的提升，因而更需要将中国传统文化中所深蕴的工匠文化在新时代条件下发扬光大。我们要以大国工匠为榜样，学习大国工匠的优良传统和美德，在学习和生活中要弘扬精益求精的工匠精神，立志走技能成才、技能报国之路。

6.3.2　世界各国专利申请量排名管理系统

1. 实践目的

（1）能够帮助学生领略我国专利申请量位居世界第一背后科技工作者的创新精神，引导学生心怀科学梦想、树立科技报国志向，培养学生首创精神，为建设世界科技强国贡献聪明才智。

（2）能够正确分析世界各国专利申请量排名系统中要解决的关键问题及其解决思路。

（3）能够根据世界各国专利申请量排名系统需实现的功能要求选择恰当的存储结构。

（4）能够运用多种排序方法设计并实现世界各国专利申请量排名系统中关键操作算法。

（5）能够编写程序测试世界各国专利申请量排名系统设计的正确性。

（6）能够对实践结果的性能进行辩证分析和优化提升。

2. 实践背景

党的十八大以来，习近平总书记以"思接千载、视通万里"的政治眼界和历史思维，立足时代之基、洞察时代之变、回答时代之问，坚持把创新摆在我国现代化建设全局中的核心地位，把科技自立自强作为国家发展的战略支撑，推进以科技创新为核心的全面创新，提出一系列具有开创性意义的新思想新论断，擘画了我国在新的历史起点上建设科技强国的战略路径，为我们紧握创新这一发展的根本之钥，驾驭科技创新时代变革浪潮提供了航标。坚定创新自信,实现高水平科技自立自强。习近平总书记强调,只有创新才能自强、才能争先。广大科技工作者要坚定不移走自主创新道路,坚持"四个面向",努力实现高水平科技自立自强。从自主创新到高水平科技自立自强,一以贯之体现着习近平总书记坚持运用辩证唯物主义和历史唯物主义观察世界、指导实践的远见卓识。我们要深刻理解高水平科技自立自强对国家发展全局和构建新发展格局的重大意义,团结广大科技工作者坚定创新自信,以一往无前的奋进姿态,向着科技强国建设的雄关漫道前进,不断开辟中国特色自主创新道路的新境界。[①]

知识产权是创新发展的刚需,更是实现高质量发展的标配。2021 年,我国知识产权发展受理 PCT 国际专利申请 7.3 万件,收到马德里商标国际注册申请 5928 件,集成电路布图设计登记 1.3 万件[②]。专利作为知识产权的一种,是科技创新成果的一种体现,是衡量一个国家自主创新的重要指标之一。我国国际专利申请量自 2010 年以来稳居世界第一。

通过对世界各国专利申请量进行统计与排名,可以从宏观上了解和对比各国科技创新能力,同时,可以激励当代大学生向科技工作者学习,心怀科学梦想,树立科技报国志向,为建设世界科技强国而奋斗。

3. 实践内容

根据 1999—2019 年世界各国专利申请量数据,编程实现世界各国专利申请量排名管理系统,系统的具体功能模块如图 6-19 所示。

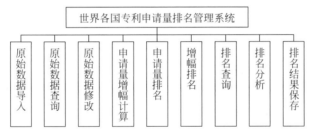

图 6-19　世界各国专利申请量排名管理系统功能框架图

4. 实践要求

(1) 综合分析本系统的关键功能的操作特性,自主设计恰当的数据存储结构。

(2) 如图 6-19 所示的相应功能其具体要求说明如下。

① 原始数据导入:要求采用 txt 文件方式导入各国专利申请量数据,数据来源于世界银行公开数据[③],经整理后,共选取了 92 个国家,其数据信息组成样例如表 6-7 所示,txt 样例文件可通过右侧二维码扫码下载。

② 原始数据查询:要求按用户指定的国家名称和年度进行查找,如果查找成功则输出该国在查找年度的专利申请量和增幅。

扫码下载
6_3_2_
inputdate.txt

①　推进以科技创新为核心的全面创新[OL], http://theory.people.com.cn/n1/2021/1029/c40531-32267881.html, 2021.10.29.

②　2021 年我国知识产权发展指标实现"量质齐升"[OL], http://www.gov.cn/xinwen/2022-01/07 /content_5666973.htm, 2022.1.7.

③　数据来源(截止到 2021 年 12 月):https://data.worldbank.org.cn/indicator/IP.PAT.RESD.

表 6-7　1999—2019 年世界各国专利申请量信息样例（单位：件）

国家名称	收入水平	1999 年	2000 年	2001 年	2002 年	…	2018 年	2019 年
孟加拉国	中低等收入国家	49	70	59	43	…	69	68
保加利亚	中高等收入国家	282	231	283	289	…	180	186
马达加斯加	低收入国家	10	7	0	4	…	9	0
白俄罗斯	中高等收入国家	993	994	930	895	…	453	298
巴西	中高等收入国家	2816	3179	3439	3481	…	4980	5464
法国	高收入国家	13 592	13 870	13 499	13 519	…	14 303	14 103
英国	高收入国家	21 333	22 050	21 423	20 624	…	12 865	12 061
美国	高收入国家	14 9251	164 795	177 513	184 245	…	285 095	285 113
中国	中高等收入国家	15 626	25 346	30 038	39 806	…	1 393 815	1 243 568
印度	中低等收入国家	2206	2206	2379	2693	…	16 289	19 454
…	…	…	…	…	…	…	…	…

③ 原始数据修改：要求按用户指定的国家名称和年度对专利申请量进行修改，并自动更新专利申请量增幅、申请量排名和增幅排名。

④ 申请量增幅计算：要求按公式（申请量增幅 = 当年专利申请量 － 上一年专利申请量），计算各个国家历年专利申请量增幅。

⑤ 申请量排名：要求按专利申请量逐年对待排序记录序列进行排名。

⑥ 增幅排名：要求先按收入水平将待排序记录序列分成不同子序列，再按专利申请量增幅逐年对全部待排序子序列进行排名。在申请量排名和增幅排名时，要求选取不同的排序算法实现，并通过索引的方式实现。

⑦ 排名查询：要求查询并显示用户指定的国家历年专利申请量排名和专利申请量增幅排名。

⑧ 排名分析：要求计算用户指定的国家历年专利申请量和增幅的最小值、最大值、均值和方差。

⑨ 排名结果保存：要求以.txt 文件方式逐年将世界各国专利申请量排名结果保存到磁盘文件中，保存文件的名称是在导入的.txt 文件名称后自动增加_Sorted；同时要求以.txt 文件方式逐年将各国专利申请量增幅排名结果保存到磁盘中，保存文件的名称是在导入的.txt 文件名称后自动增加_Grouped_Sorted。

5．解决思路

1）数据存储结构的设计要点提示

本实践数据存储结构设计时可参考 6.3.1 节，但本实践中专利申请量增幅可能为负数，在结构体成员数据类型定义时不宜采用无符号的基本数据类型。各国收入水平用数字值 0～3 表示，0 代表"低收入国家"，1 代表"中低等收入国家"，2 代表"中高等收入国家"，3 代表"高收入国家"。

2）关键操作的实现要点提示

根据实践要求，本系统的总体设计和实现方法与 6.3.1 节中的实践内容基本相似，但本系统中增加了"原始数据修改"和"排名查询"等功能。

（1）原始数据修改操作。

根据用户指定的国家名称和年度信息,先对专利申请量进行修改,再根据增幅计算公式更新指定年度的专利申请量增幅,并更新指定年度下一年度的专利申请量增幅。同时,重新对指定年度各国专利申请量和申请量增幅进行排名,并重新对指定年度下一年度的专利申请量增幅进行排名。

（2）排名查询操作。

根据用户指定的国家名称,通过索引数组,查找和输出指定国家历年申请量排名和专利申请量增幅排名信息。

6. 程序代码参考

扫码查看:6-3-2.cpp

7. 延伸思考

（1）试在本实践"原始数据导入"中增加数据有效性检验功能,主要功能包括:国家名称是否重名、录入的专利申请量是否出现非法字符。

（2）试在本实践中增加"原始数据删除"操作,要求按用户指定的国家名称删除对应的记录,并自动更新申请量排名和增幅排名。

8. 结束语

我国国际专利申请量保持世界第一,为科技强国建设提供了有力支撑。科技创新在中华民族伟大复兴战略全局中起着重要作用,但部分领域仍然存在着"卡脖子"难题,特别是芯片、发动机、材料、数控机床、工业软件等领域存在短板,一些关键零部件、关键装备依赖国外,国外一旦限制出口,我们国民经济会受到不同程度的影响。作为新时代大学生,我们应当树立开天辟地、敢为人先的首创精神,心怀科学梦想、立志科技报国,在学习和科研中努力奋斗,为建设世界科技强国贡献聪明才智。

6.3.3　垃圾分类积分管理系统

1. 实践目的

（1）帮助学生深刻理解垃圾分类的目的和意义,引导学生树立尊重自然、顺应自然、保护自然的生态文明理念,并自觉融入垃圾分类行动中。

（2）能够正确分析垃圾分类积分管理系统中要解决的关键问题及其解决思路。

（3）能够根据垃圾分类积分管理系统需实现的功能要求选择恰当的存储结构。

（4）能够运用多种排序方法设计并实现垃圾分类积分管理系统中关键操作算法。

（5）能够编写程序测试垃圾分类积分管理系统设计的正确性。

（6）能够对实践结果的性能进行辩证分析和优化提升。

2. 实践背景

2021年,生态环境部、中共中央宣传部、中央精神文明建设指导委员会办公室、教育部、中国共产主义青年团中央委员会、中华妇女联合会等六部门联合编制了《"美丽中国,我是行动者"提升公民生态文明意识行动计划(2021—2025 年)》,行动计划指出,要深入贯彻和大力宣传习近平生态文明思想,着力推动构建生态环境治理全民行动体系,不断提升宣传教育工作水平,加快推动绿色低碳发展,形成人人关心、支持、参与生态环境保护工作的局面,为持续改善生态环境、建设美丽中国营造良好社会氛围和坚实社会基础。

实行垃圾分类,关系广大人民群众生活环境,关系节约使用资源,也是社会文明水平的一个重要体现,要培养垃圾分类的好习惯,为改善生活环境做努力,为绿色发展可持续发展做贡献。为了进一步倡导垃圾分类理念,调动个人积极性,国内许多地方将垃圾分类行为与积分挂钩,积分可兑换生活用品和健康服务等。垃圾分类积分兑换活动让居民有了看得见摸得着的好处,不但有利于吸引居民自觉参与到垃圾分类中来,更有助于将环保意识植根于居民心中。垃圾分类积分管理系统是开展垃圾分类积分兑换活动的重要工具之一,通过积分管理系统可以实现积分记录、积分兑换、积分排行和用户管理等功能,可以进一步提升居民参与垃圾分类的积极性,加快生态环境改善,共建美丽中国。

3. 实践内容

编程实现垃圾分类积分管理系统,模拟垃圾分类积分录入、积分兑换和积分排行等主要功能,系统具体功能模块如图 6-20 所示。

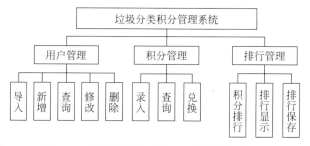

图 6-20　垃圾分类积分管理系统功能框架图

4. 实践要求

(1) 综合分析本系统的关键功能的操作特性,自主设计恰当的数据存储结构。

(2) 如图 6-20 所示的相应功能其具体要求说明如下。

① 导入用户:用户基本数据信息组成样例如表 6-8 所示,要求采用.txt 文件方式导入用户数据,txt 样例文件可通过右侧二维码扫码下载。

扫码下载
6_3_3_
inputdate. txt

表 6-8　用户基本信息组成样例

用户名	姓名	联系方式	所在区域	小区名称	积分	已兑换物品数
wscs09	张五一	13925680008	nh	B	82	1
wscs11	张沈五	13925680010	nh	B	59	2
wscs13	王五	13925680012	nh	B	81	5
sjdfd01	何二	13925680014	nh	B	95	3
addfa08	杨二六	13925680030	xz	D	100	1
addfa09	陈王二	13925680032	xz	D	87	3
addfa10	张陈二	13925680034	xz	D	84	2
lkjmh02	张四二	13925680036	xz	D	2	1
…	…	…	…	…	…	…

② 新增用户：要求通过键盘输入的方式，逐个输入新增用户信息，用户信息包括：用户名(长度为8位，含有字母、数字或下画线，用户名不得重复，用于用户信息的查询、修改、排序等操作)、姓名、联系方式、所在区域、小区名称、积分、已兑换物品数。

③ 查询用户：要求查找指定用户并显示找到的用户信息。

④ 修改用户：要求修改指定用户的信息，单次只能选择修改用户信息中的一个数据项的内容(不包含积分兑换记录)，但要求通过菜单多次选择来实现对用户多个数据项的修改。

⑤ 删除用户：要求删除指定用户的信息，删除完成后要求自动更新积分排行。

⑥ 积分录入：要求录入指定用户的积分，即在指定用户原始积分上增加录入的积分值，并对录入积分数值进行检测，不能为负数。

⑦ 积分查询：要求查询指定用户的积分信息，包括：用户目前积分，用户全部积分兑换记录(兑换物品名称、数量和时间，时间格式为：yyyy_MM_dd_HH_mm_ss)。

⑧ 积分兑换：要求按指定用户和兑换物品进行积分兑换，兑换时需检测物品库存和用户积分数，兑换物品共有：垃圾袋(10分)、抽纸(15分)、洗衣液(30分)、肥皂(8分)、色拉油(50分)，兑换物品起始库存均设为10。每次兑换仅限兑换一种物品，数量不得超过库存数，积分兑换完成后需自动更新用户积分兑换记录和积分排行。

⑨ 积分排行：要求按第一关键字(用户积分)、第二关键字(用户名，按ASCII码值倒叙排列)对待排序记录序列进行由大到小排行，排序算法通过索引的方式实现。

⑩ 排行显示：显示系统中所有用户积分排行结果。

⑪ 排行保存：要求以txt文件方式将积分排行结果保存到磁盘中，保存文件的名称根据系统时间自动生成，如Credits_Sorted_yyyy_MM_dd_HH_mm_ss.txt，其中yyyy_MM_dd_HH_mm_ss为保存时的系统时间(年、月、日、小时、分钟、秒)，保存路径为垃圾分类积分管理系统运行时所在路径，即当前路径。

⑫ 功能菜单采用二级菜单的方式实现，如图6-21所示是功能菜单设计的参考样例，但不限于此。

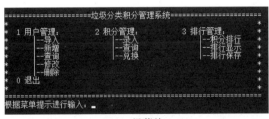

(a) 一级菜单

(b) 二级菜单

图6-21 功能菜单设计参考

5．解决思路

1）数据存储结构的设计要点提示

每个用户信息按行构成有限序列，可以选用顺序表的方式进行数据存储。然而，每个用户数据元素中兑换记录需要保存兑换物品名称、数量和时间，而且随着时间的推移，有的用户兑换记录逐渐增多，有的则可能未进行兑换导致兑换记录为空，该如何设计其数据存储结构才会更为恰当呢？图 6-22 为用户信息存储结构参考示意图，主要只对用户数据和积分兑换记录的存储结构给予提示。

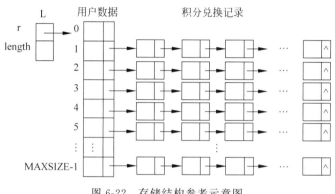

图 6-22　存储结构参考示意图

2）关键操作的实现要点提示

（1）删除用户操作。

根据指定用户名在用户数据顺序表中查找到对应位置，删除指定记录，用户删除前需要和操作者进行再次确认，删除后对积分重新进行排行。

（2）积分兑换操作。

根据指定兑换物品和兑换数量查看库存，若库存不足则结束兑换，并提示物品库存不足；若库存大于或等于兑换数量，则根据指定用户名在用户数据顺序表中查找到对应位置，判断用户积分是否大于或等于兑换物品总积分，若用户积分不够，则提示积分不足；若用户积分大于或等于兑换物品总积分，则在指定用户积分兑换记录链表中增加节点，再更新物品库存数据，提示兑换成功，并更新积分排行。

（3）功能菜单。

本系统功能菜单要求设计为二级菜单的形式，一级菜单主要有：用户管理、积分管理、排行管理、退出系统，二级菜单对应内容有：新增、查询、修改、删除；录入、查询、兑换；积分排行、排行显示和排行保存，返回。用户每进行一步操作后，显示操作菜单快捷键，根据用户选择进行下一步操作，返回操作可使用 goto 语句实现。用户信息修改、积分兑换等操作在相应二级菜单下进行选择操作，参考样例如图 6-23 所示。

（4）排行保存操作。

排行结果保存时文件名称要求按导入的 .txt 文件名称和系统时间自动生成，系统时间数据可使用 C 语言自带的 struct tm 结构体进行存储，并使用自带的相关函数获取系统时间。

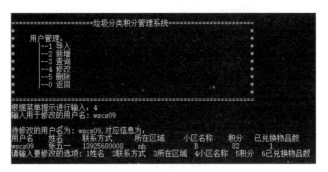

图 6-23　用户信息修改操作参考样例

6. 程序代码参考

扫码查看：6-3-3.cpp

7. 延伸思考

（1）本实践"积分录入"操作通过键盘对单个用户录入积分，如果要求以.txt 文件方式对多个用户的积分进行一起导入，则相关算法应该如何修改？

（2）本实践"积分排行"操作是对所有用户的积分进行排行，如果要求按同一小区内所有用户的积分进行排行，则相关算法应该如何修改？

（3）尝试在用户信息修改、积分兑换操作中增加三级菜单，修改相关算法。

8. 结束语

垃圾分类积分兑换等活动，可以有效地调动居民垃圾分类的积极性，提升居民环保意识。垃圾分类积分管理系统为积分兑换活动开展提供了技术支撑。垃圾分类这是一件人人身边的小事，也是一件关系社会文明水平的大事，还是一件影响中国绿色发展转型的实事。新时代大学生应深刻把握习近平生态文明思想，树立"绿水青山就是金山银山"的理念，从身边小事做起，为建设美丽中国贡献自己的一分力量。

第 7 章　　　　查　　找

7.1　基 础 实 践

7.1.1　静态表的查找操作

1. 实践目的

(1) 能够正确描述静态查找表的存储结构在计算机中的表示。

(2) 能够正确编写静态查找中顺序查找、二分查找和索引查找方法的实现算法。

(3) 能够编写程序验证在不同静态查找表的存储结构上实现不同查找操作的正确性。

2. 实践内容

(1) 创建顺序查找表,并在此查找表上实现顺序查找操作。

(2) 创建有序顺序查找表,并在此查找表上实现二分查找操作。

(3) 创建索引查找表,并在此查找表上实现索引查找操作。

(4) 设计菜单,使用户可通过菜单形式重复选择上述的功能以完成多次操作。

3. 实践要求

1) 数据结构

(1) 顺序查找表和有序顺序查找表均采用顺序存储结构进行数据的存储,其存储结构描述如下:

```
typedef int KeyType;            //关键字类型
typedef int InfoType;           //其他信息类型
typedef struct
{    KeyType key;               //关键字域
     InfoType otherinfo;        //其他数据项
}RecdType;                      //记录类型
typedef struct
{    RecdType * r;              //记录存储空间基地址,构造表时按实际长度分配,0 号单元留空
     int length;               //表长度
}SSTable;                       //静态查找表类型
```

(2) 索引查找表由索引表和块表两部分构成,对于由 3 个块{{3,6,12,9},{15,25,14,21},{31,45,47}}所构成的记录序列,其索引存储结构示意如图 7-1 所示。其中索引表 IT 存储的是各块记录中最大的关键字值和各块的起始存储地址,采用顺序存储结构,各块的起始存储地址的初值为空指针。而块表中存储的是存储查找表中的所有记录,且按块排序,采用链式存储结构。

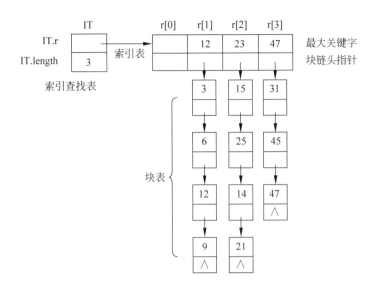

图 7-1 索引查找表的存储结构示意图

索引查找表的存储结构描述如下：

```
typedef struct BNode
{   RecdType data;              //块中结点的记录数据
    struct BNode * next;        //指向块链中下一结点的指针域
} BNode, * BLinkList;           //块链中的结点类型和指向结点的指针类型
typedef struct SNode
{   KeyType Maxkey;             //各块记录中的最大关键字
    BNode * head;               //块链的头指针
}SNode;                         //索引表中的结点类型
typedef struct
{   SNode r[MAXSIZE];           //索引表中的结点数组
    int length;                 //索引表中块的个数
 }ITable;                       //索引查找表的结构类型
```

2) 函数接口说明

Status SSTable _Create (SSTable &ST, int n);
//创建一个长度为 n 的顺序查找表 ST
int Seq _Search (SSTable ST, KeyType key);
//采用带监视哨的顺序查找方法在表 ST 中查找关键字值为 key 的记录,若查找成功,则返回其在
//表中位置; 否则,返回 0
int Bin _Search (SSTable ST, KeyType key) ;
//采用二分查找方法在有序表 ST 中查找关键字值为 key 的记录,若查找成功,则返回其在表中位置;
//否则,返回 ERROR
Status ITable _Create (ITable &IT, int bn);
//构造一个块数为 bn 的索引表 IT
int Block_Search(ITable IT, KeyType key);
//用二分查找法在索引查找表 IT 中确定关键字值为 key 的记录所在块号,并返回其值
int InBlockSeq_Search(BLinkList p, KeyType key);
//用顺序查找法在索引查找表 IT 的块链 p 中确定关键字值为 key 的记录所在的位序号,并返回
//其值,否则返回 0

```
Status Index_Search(Itable IT, KeyType key, int & bno, int &itpos);
//用索引查找法在索引查找表 IT 中查找关键字值为 key 的记录,如果查找成功,通过参数 bno 返回
//所在的块号,itpos 返回其所在块中的位序号,否则返回值都为 0
```

3) 输入输出说明

(1) 菜单选择的输入输出说明。

输入说明:根据菜单及提示,输入选择对应功能的数字。其中"1"表示顺序查找,"2"表示二分查找,"3"表示索引查找,"4"表示退出程序。

输出说明:根据输入的数字,进入到相关功能操作。

(2) 顺序查找的输入输出说明。

输入说明:输入信息分 3 行,第 1 行输入记录的个数;第 2 行输入顺序查找表中各记录的关键字值,之间以空格隔开;第 3 行输入待查找记录的关键字值。

输出说明:在输入第 3 行信息并回车后在另一行中输出待查找记录在表中的位置,之间以空格隔开,或者只在另一行中输出查找失败的提示信息。

(3) 二分查找的输入输出说明。

输入说明:输入信息分 3 行,第 1 行输入有序记录的个数;第 2 行输入从小到大有序的各记录的关键字值,之间以空格隔开;第 3 行输入待查找记录的关键字值。

输出说明:与顺序查找中输出内容相同。

(4) 索引查找的输入输出说明。

输入说明:输入信息分多行,第 1 行输入索引查找表中块的个数;根据块的个数,后续几行输入每个块中各记录的关键字值,之间以空格隔开,并以回车结束每个块中记录的输入;最后一行输入待查找记录的关键字值。

输出说明:在输入最后一行信息并回车后在另一行中输出待查找记录的块号、在块链中的位序号,或者只在另一行中输出查找失败的提示信息。

为了能使输入输出信息更加人性化,可以在输入输出信息之前适当添加有关提示信息。

4) 测试用例

测试用例信息如表 7-1 所示。

表 7-1　测试用例

序号	输入	输　　出	说明
1	1 5 23 45 12 64 51 12	1---顺序查找 2---二分查找 3---索引查找 4---退出 请选择(1—4): 请输入记录的个数: 请输入各记录的关键字值: 请输入待查找的记录的关键字值: 查找成功,该记录在表中的位置为:3	顺序查找,所有参数都合法

序号	输入	输 出	说明
2	1 5 23 45 12 64 51 13	1---顺序查找 2---二分查找 3---索引查找 4---退出 请选择(1—4)： 请输入记录的个数： 请输入各个记录的关键字值： 请输入待查找的记录的关键字值： 查找失败,不存在该记录!	顺序查找,查找的元素不在表中,其他参数都合法
3	2 5 1 12 23 34 45 23	1---顺序查找 2---二分查找 3---索引查找 4---退出 请选择(1—4)： 请输入有序记录的个数： 请输入各记录的关键字值(从小到大排好序)： 请输入待查找的关键字值： 查找成功,该记录所在表中的位置为：3	二分查找,所有参数都合法
4	2 5 1 12 23 34 45 24	1---顺序查找 2---二分查找 3---索引查找 4---退出 请选择(1—4)： 请输入有序记录的个数： 请输入各个记录的关键字值(从小到大排好序)： 请输入待查找的关键字值： 查找失败,不存在该记录!	二分查找,查找元素不在表中,其他参数都合法
5	3 3 9 12 6 3 21 14 25 15 47 45 31 25	1---顺序查找 2---二分查找 3---索引查找 4---退出 请选择(1—4)： 请输入索引表的块的个数： 请逆序位输入第1个块中各记录的关键字值(以回车结束)： 请逆序位输入第2个块中各记录的关键字值(以回车结束)： 请逆序位输入第3个块中各记录的关键字值(以回车结束)： 请输入待查找的记录的关键字值： 该记录所在块号为：2,块中位序号为：2	索引查找,所有参数都合法

序号	输入	输　　出	说明
6	3 3 9 12 6 3 21 14 25 15 47 45 31 26	1---顺序查找 2---二分查找 3---索引查找 4---退出 请选择(1—4)： 请输入索引表的块的个数 请逆序位输入第 1 个块中各记录的关键字值(以回车结束)： 请逆序位输入第 2 个块中各记录的关键字值(以回车结束)： 请逆序位输入第 3 个块中各记录的关键字值(以回车结束)： 请输入待查找的记录的关键字值： 查找失败,不存在该记录！	索引查找,查找元素不在表中,其他参数都合法

4. 解决方案

上述部分接口的实现方法简要说明如下：

(1) 创建顺序表操作 SSTable_Create(&ST, n)：先用 malloc 函数分配输入大小的数组空间,如果空间分配失败,则结束该操作；否则再输入顺序表中各记录的关键字并依次存入数组空间中。

(2) 带监视哨的顺序查找操作 Search_Seq(ST, key)：先将待查找的记录关键字存入表的 0 号存储单元,充当监视哨。然后从表中最后一个记录开始,逆序扫描查找表 ST,依次将扫描到的记录关键字值与给定值 key 进行比较,直到当前扫描到的记录关键字值与 key 相等为止,最后返回扫描到的记录位置。如果位置值为 0 意味着查找失败。

(3) 二分查找操作 Bin_Search(ST, key)：首先取出有序表 ST 中的中间记录,若其关键字值等于给定值 key,则查找成功,操作结束；否则,以中间元素为分界点,将查找表分成前后两个子表,并判断所查关键字值为 key 的记录所在的子表是在前半部分,还是在后半部分,再重复上述步骤,直到找到关键字值为 key 的记录或子表长度为 0 为止。前者表示查找成功,后者表示查找失败。

(4) 创建索引表操作 ITable_Create(&IT, bn)：在每一块中建立一个只含头结点的空单链表,然后从键盘依次读取记录的关键字,分别生成新结点,再将其插入到链表的头部或尾部,直到读取到回车符为止。

(5) 索引查找操作 Index_Search(IT, key, &bno, &itpos)：在如图 7-1 所示的索引查找表中,索引表是按关键字值从小到大排列的有序顺序表,块表是一个无序链表,所以索引查找过程可归纳为：

① 在索引表中用二分查找操作确定待查找的记录所在的块号。

② 在块表中沿着块链指针用顺序查找操作确定待查找的记录在块链中的位序号。

如果查找成功,则分别用参数 bno 和 itpos 返回待查找记录在索引表中的块号和在块表中的位序号；如果查找失败,则输出查找失败的信息。

5. 程序代码参考

```c
#include <stdio.h>
#include <malloc.h>
#define MAXSIZE 100           //顺序查找表的最大长度
#define OK 1
#define ERROR 0
#define OVERFLOW -1
typedef int Status;
typedef int KeyType;          //关键字类型
typedef int InfoType;         //其他信息类型
typedef struct
{   KeyType key;              //关键字域
    InfoType otherinfo;       //其他数据项
} RecdType;                   //记录类型
typedef struct
{   RecdType * elem;          //记录存储空间基地址,构造表时按实际长度分配,0号单元留空
    int length;               //表长度
} SSTable;                    //静态查找表类型
typedef struct BNode
{   RecdType data;            //块中结点的记录数据
    struct BNode * next;      //指向块链中下一结点的指针域
} BNode, * BLinkList;         //块链中的结点类型和指向结点的指针类型
typedef struct SNode
{   KeyType Maxkey;           //各块记录中的最大关键字域
    BNode * head;             //块链的头指针
} SNode;                      //索引表中元素的结点类型
typedef struct
{   SNode r[MAXSIZE];         //索引表中的块结点数组
    int length;               //索引表中块的个数
} ITable;                     //索引查找表的结构类型

Status SSTable_Create(SSTable &ST, int n)
//创建一个长度为 n 的顺序查找表 ST
{   ST.elem = (RecdType * ) malloc(MAXSIZE * sizeof(RecdType));
    if (!ST.elem)             //如果空间分配失败
        return OVERFLOW;
    ST.length = n;
    for (int i = 1; i <= ST.length; i++)
        scanf("%d", &ST.elem[i]);
    return OK;
}

int Seq_Search(SSTable ST, KeyType key)
//采用带监视哨的顺序查找方法在表 ST 中查找关键字值为 key 的记录,若查找成功,则返回其在
//表中位置; 否则,返回 0
{   int i;
    ST.elem[0].key = key;                                   //"哨兵"
    for (i = ST.length; ST.elem[i].key != key; i-- );       //从后往前进行查找
```

```
        return i;                         //若找到,则返回下标位置;若没有找到,则返回 0
    }

    int Bin_Search(SSTable ST, KeyType key)
    //采用二分查找方法在有序表 ST 中查找关键字值为 key 的记录,若查找成功,则返回其在表中位置;
    //否则,返回 ERROR
    {   int low = 1;                      //查找范围的下界
        int high = ST.length;             //查找范围的上界
        while (low <= high)
        {   int mid = (low + high) / 2;   //中间位置,当前比较的记录位置
            if (key == ST.elem[mid].key)
                return mid;               //查找成功,返回下标位置
            else if (key < ST.elem[mid].key)
                high = mid - 1;           //查找范围缩小到前半部分
            else
                low = mid + 1;            //查找范围缩小到后半部分
        }
        return ERROR;                     //查找失败,返回 ERROR
    }


    Status ITable_Create(ITable &IT, int bn)
    //构造一个块数为 bn 的索引表 IT
    {   for (int i = 0; i < MAXSIZE; i++)
            IT.r[i].head = NULL;          //将每个头结点都置空
        int j, temp = 0;                  //中间变量,进行数据输入
        int s;                            //输入的值
        char ch;                          //用于读取回车
        IT.length = bn;
        printf("请逆序位输入第%d个块中各记录的关键字值(以回车结束): ", j);
        for (j = 1; j <= bn; j++)
        {   printf("请逆序位输入第%d个块中各记录的关键字值(以回车结束): ", j);
            IT.r[j].head = (BLinkList) malloc(sizeof(BNode));
            IT.r[j].head -> next = NULL;
            BNode * p = IT.r[j].head;
            do{   scanf("%d", &s);
                if (temp < s)
                    temp = s;             //记录最大值
                BNode * p2 = (BNode * ) malloc(sizeof(BNode));
                p2 -> data.key = s;
                p2 -> next = p -> next;
                p -> next = p2;           //通过头插法的方式在链表中插入输入元素
            } while (ch = getchar() != '\n');
            IT.r[j].Maxkey = temp;
        }
        return OK;
    }


    int Block_Search(ITable IT, KeyType key)
```

```
//用二分查找法在索引查找表 IT 中确定关键字值为 key 的记录所在块号,并返回其值
{   int low = 1;                                    //查找范围的下界
    int high =  IT.length;                          //查找范围的上界
    int mid;
    while (low <= high)
    {   mid = (low + high) / 2;                      //中间位置
        if (key == IT.r[mid].Maxkey)
            return mid;                              //查找成功,返回块号
        else if (key < IT.r[mid].Maxkey)
            high = mid - 1;                          //查找范围缩小到前半部分
        else
            low = mid + 1;                           //查找范围缩小到后半部分
    }
    return high + 1;
}


int InBlockSeq_Search(BLinkList p, KeyType key)
//用顺序查找法在索引查找表 IT 的块链 p 中确定关键字值为 key 的记录所在的位序号,并返回其
//值; 否则,返回 0
{   int itpos = 0, i = 1;
    while (p && p->data.key != key)
    {   p = p->next;
        i++;
    }
    if (p)
        itpos = i;                                   //记下查找到的序号
    else
        itpos = 0;
    return itpos;
}


Status Index_Search(ITable IT, KeyType key, int &bno, int &itpos)
//用索引查找法在索引查找表 IT 中查找关键字值为 key 的记录,如果查找成功,通过参数 bno 返回
//所在的块号,pos 返回其所在块中的位序号,否则返回值都为 0
{   BLinkList p;
    bno = Block_Search(IT, key);                     //获取关键字值所在的块号
    p = IT.r[bno].head;                              //对应块的头指针
    itpos = InBlockSeq_Search(p, key);               //获取关键字值所在的序号
    if (itpos == 0)
        bno = 0;
    return OK;
}


int main() //主函数
{   SSTable ST;
    int n, pos, x, key;
    int bn = 0;                                      //索引块个数
    int felem, bno, itpos;                           //需要搜索的值,采用索引搜索的位置
    ITable IT;                                       //索引表定义
```

```
        while (1)
        {   printf("  1 --- 顺序查找\n");
            printf("  2 --- 二分查找\n");
            printf("  3 --- 索引查找\n");
            printf("  4 --- 退出\n");
            printf("请选择(1 - 4):");
            scanf(" % d", &x);
            felem = 0;
            pos = 0;
            itpos = 0;
            switch (x) {
                case 1:
                        printf("请输入记录的个数:");
                        scanf(" % d", &n);
                        printf("请输入各记录的关键字值:\n");
                        SSTable_Create(ST,n);
                        printf("请输入待查找的记录的关键字值:"); //请求输入待查找的记录关键字值
                        scanf(" % d", &key);
                        pos = Seq_Search(ST, key);              //调用顺序查找函数
                        break;
                case 2:
                        printf("请输入有序记录的个数:");
                        scanf(" % d", &n);
                        printf("请输入各记录的关键字值(从小到大排好序):\n");
                        SSTable_Create(ST,n);
                        printf("请输入待查找的记录的关键字值:"); //请求输入待查找的记录关键字值
                        scanf(" % d", &key);
                        pos = Bin_Search(ST, key);              //调用二分法查找函数
                        break;
                case 3:
                        printf("请输入索引表的块的个数: ");
                        scanf(" % d", &bn);
                        ITable_Create(IT,bn);                   //创建一个索引表
                        printf("请输入待查找的记录的关键字值:"); //请求输入待查找的记录关键字值
                        scanf(" % d", &felem);
                        Index_Search(IT, felem, bno, itpos);
                        break;
                case 4:
                        return 0;
                default:
                        printf("\n选择错误,请重选!\n");
            }
            if (pos == 0 && itpos == 0)
                printf("查找失败,不存在该记录!");
            else if(pos != 0)
                printf("查找成功,该记录所在表中的位置为: % d", pos);
            else if(itpos != 0 && bno != 0)
                printf("该记录所在块号为: % d, 块中位序号为: % d", bno, itpos - 1);
        }
        return 0;
    }
```

6. 运行结果参考

程序部分测试用例的运行结果如图 7-2 和图 7-3 所示。

    (a) 顺序查找   (b) 二分查找   (c) 索引查找

图 7-2　程序部分测试用例查找成功运行结果

    (a) 顺序查找   (b) 二分查找   (c) 索引查找

图 7-3　程序部分测试用例查找失败运行结果

7. 延伸思考

(1) 上述顺序表给出的是一个动态顺序存储结构,如果采用静态顺序存储结构,则相应算法该做何修改?

(2) 如果在本实践的顺序查找操作中将顺序存储结构改为链式存储结构,那么对应函数的代码应该如何修改? 分析两种存储结构下其对应算法时间复杂度的优劣。

7.1.2　动态表的查找操作

1. 实践目的

(1) 能够正确描述二叉排序树的链式存储结构在计算机中的表示。

(2) 能够正确描述平衡二叉树的链式存储结构在计算机中的表示。

(3) 能够正确编写二叉排序树的插入和查找操作的实现算法。

(4) 能够正确编写平衡二叉树的插入、旋转和查找操作的实现算法。

(5) 能够编写程序验证在树的二叉链表存储结构上实现二叉排序树和二叉平衡树相关操作的正确性。

2. 实践内容

(1) 创建一棵二叉排序树,并在此二叉排序树上实现插入和查找操作。

(2) 创建一棵二叉平衡树,并在此二叉平衡树上实现插入、旋转和查找操作。

(3) 设计菜单,使用户可通过菜单形式重复选择上述的功能以完成多次操作。

3. 实践要求

1) 数据结构

(1) 二叉排序树的二叉链表存储结构描述如下:

```
typedef int KeyType;                    //关键字类型
typedef int InfoTyep;                   //其他信息类型
```

```
typedef struct
{    KeyType key;                             //关键字域
     InfoTyep otherinfo;                      //其他数据项
} RecdType;                                   //记录类型
typedef struct BSTNode
{    RecdType data;                           //数据域,存储记录
     struct BSTNode * lchild, * rchild;       //指向左右子树的指针
} BSTNode, * BSTree;                          //二叉排序树类型
```

（2）平衡二叉树的链式存储结构描述如下：

```
typedef struct BBTNode
{    RecdType data;                           //数据域,存储记录
     int depth;                               //树的深度
     struct BBTNode * lchild, * rchild;       //指向左右子树的指针
} BBTNode, * BBTree;                          //平衡二叉树类型
```

2）函数接口说明

```
Status BST_Create(BSTree &BST, int n)
//创建一棵二叉排序树 BST,n 为树中结点数
Status BST_Insert(BSTree &BST, KeyType key)
//在二叉排序树 BST 中插入一个关键字值为 key 的记录结点
Status BST_Search(BSTree BST, KeyType key, BSTree f, BSTree &p)
//在二叉排序树 BST 中查找关键字值为 key 的记录结点,如果查找成功则通过参数 p 返回该结点
//的地址,否则通过参数 p 返回查找路径上的最后一个非空结点地址。f 为指向 BST 双亲结点的
//指针,初始值为 NULL
Status BBT_Create(BBTree &BBT, int n)
//创建一棵平衡二叉树 BBT,n 为树中结点数
Status BBT_Insert(BBTree &BBT, KeyType key)
//在平衡二叉树 BBT 中插入一个关键字值为 key 的记录结点
int NodeDepth(BBTree BBT)
//求平衡二叉树 BBT 的深度,并返回其值
void LeftBalance(BBTree & BBT)
//对二叉排序树 BBT 进行左平衡处理,即当左子树比右子树高时进行处理
void RightBalance(BBTree & BBT)
//对二叉排序树 BBT 进行右平衡处理,即当右子树比左子树高时进行处理
void RotateWithLeft(BBTree & BBT)
//对二叉排序树 BBT 进行 LL 型旋转
void RotateWithRight(BBTree & BBT)
//对二叉排序树 BBT 进行 RR 型旋转
void DoubleRotateWithLeft(BBTree & BBT)
//对二叉排序树 BBT 进行 LR 型旋转
void DoubleRotateWithRight(BBTree &bbtree)
//对二叉排序树 BBT 进行 RL 型旋转
Status BB_Search(BBTree bbtree, KeyType key)
//在平衡二叉树 BBT 中查找元素 key,并返回查找结果,如果查找成功,返回 OK,否则返回 ERROR
int max( int a, int b)
//求 a 和 b 中较大者,并返回其值
```

3）输入输出说明

（1）菜单选择的输入输出说明。

输入说明：根据菜单及提示，输入选择对应功能的数字。其中"1"表示创建二叉排序树，"2"表示在创建的二叉排序树中查找，"3"表示创建平衡二叉树，"4"表示在创建的平衡二叉树中查找，"5"表示退出程序。

输出说明：根据输入，进入到相关功能操作。

（2）创建二叉排序树处理的输入输出说明。

输入说明：输入信息分2行，第1行输入二叉排序树中记录的个数；第2行输入各记录的关键字值，之间以空格隔开。

输出说明：输出信息分2行，在输入第2行信息并回车后，在输出的第1行给出此树的先根遍历序列，在第2行给出此树的中根遍历序列。

（3）在二叉排序树中查找的输入输出说明。

输入说明：输入信息为1行，即输入待查找的记录的关键字值。

输出说明：输出信息为1行，在输入第1行信息并回车后，在另一行输出待查找记录是否存在的提示信息。

（4）创建平衡二叉树的输入输出说明。

输入说明：输入信息分2行，第1行输入平衡二叉树中记录的个数；第2行输入各记录的关键字值，之间以空格隔开。

输出说明：与创建二叉排序树处理中输出内容相同。

（5）在创建的平衡二叉树中查找的输入输出说明。

输入说明：输入信息为1行，即输入待查找的记录的关键字值。

输出说明：与二叉排序树查找中输出内容相同。

为了能使输入输出信息更加人性化，可以在输入输出信息之前适当添加有关提示信息。

4）测试用例

测试用例信息如表7-2所示。

表7-2　测试用例

序号	输入	输　　出	说明
1	1 5 32 11 44 23 56	1---创建二叉排序树 2---在创建的二叉排序树中查找 3---创建平衡二叉树 4---在创建的平衡二叉树中查找 5---退出 请选择（1—5）： 请输入二叉排序树中记录的个数： 请输入各结点的关键值： 创建二叉排序树成功！ 创建的二叉排序树中各记录关键字值的先根遍历序列 为：32 11 23 44 56 创建的二叉排序树中各记录关键字值的中根遍历序列 为：11 23 32 44 56	创建二叉排序树，所有输入均合法。 二叉排序树的结构如下

序号	输入	输 出	说明
2	2 23	1---创建二叉排序树 2---在创建的二叉排序树中查找 3---创建平衡二叉树 4---在创建的平衡二叉树中查找 5---退出 请选择(1—5): 请输入待查找的记录的关键字值: 查找成功,存在该记录!	在创建的二叉排序树中查找,所有输入均合法
3	2 6	1---创建二叉排序树 2---在创建的二叉排序树中查找 3---创建平衡二叉树 4---在创建的平衡二叉树中查找 5---退出 请选择(1—5): 请输入待查找的记录的关键字值: 查找失败,不存在该记录!	在创建的二叉排序树中查找,待查找的记录不存在,其他输入均合法
4	3 5 67 26 19 8 25	1---创建二叉排序树 2---在创建的二叉排序树中查找 3---创建平衡二叉树 4---在创建的平衡二叉树中查找 5---退出 请选择(1—5): 请输入平衡二叉树中记录的个数: 请输入各记录的关键字值: 创建平衡二叉树成功! 创建的平衡二叉树中各记录关键字值的先根遍历序列为: 26 19 8 25 67 创建的平衡二叉树中各记录关键字值的中根遍历序列为: 8 19 25 26 67	创建平衡二叉树,所有输入均合法。 平衡二叉树的结构如下
5	4 8	1---创建二叉排序树 2---在创建的二叉排序树中查找 3---创建平衡二叉树 4---在创建的平衡二叉树中查找 5---退出 请选择(1—5): 请输入待查找的记录的关键字值: 查找成功,存在该记录!	在创建的平衡二叉树中查找,所有输入均合法

序号	输入	输　出	说明
6		1---创建二叉排序树 2---在创建的二叉排序树中查找 3---创建平衡二叉树 4---在创建的平衡二叉树中查找 5---退出 请选择(1—5)：	在创建的平衡二叉树中查找,待查找的记录不存在,其他输入均合法
	4	请输入待查找的记录的关键字值：	
	11	查找失败,不存在该记录!	

4. 解决方案

上述部分接口的实现方法简要说明如下：

(1) 创建二叉排序树操作 BST_Create (&BST，n)：创建二叉排序树的过程其实就是一个向二叉排序树中逐个插入结点的过程。创建方法是从一棵空树开始,按照输入的关键字值的顺序,依次将关键值对应的结点插入到二叉排序树 BST 中,其中插入结点的个数为 n。插入时,首先判断插入的 BST 是否为空树,如果为空树则将待插入的结点作为根结点；否则,将待插入结点的关键字值与根结点的关键字值进行比较,如果相等,则不需要进行插入；如果比较结果为待插入结点的关键字值较大,则递归将待插入的结点插入到根结点的右子树中；如果比较结果为待插入结点的关键字值较小,则递归将待插入的结点插入到根结点的左子树中。重复上述操作,直到输入的关键字值对应的结点都插入完毕。

(2) 二叉排序树查找操作 BST_Search (BST，key，f，&p)：首先判断二叉排序树 BST 是否为空树,如果为空树,则 p 返回 f 的地址,并且操作函数返回 ERROR,表示查找失败。其中 f 为 BST 的双亲结点,初始值为 NULL。如果 BST 不为空树,则将待查找结点的关键字值 key 与树的根结点的关键字值进行比较,如果相等,则用 p 返回查找到的结点地址,并且操作函数返回 OK,表示查找成功；如果比较结果为根结点的关键字值较大,则在左子树中继续查找；如果比较结果为根结点的关键字值较小,则在右子树中继续查找。重复上述操作,直到查找到待查找的记录或遍历所有的结点,前者表明查找成功,后者则表明查找失败。

注意：其中参数 f 在查找过程中始终指向当前比较结点的前驱结点,它的初始值为空指针,p 是用来返回查找到的结点地址,当查找失败时,其返回值也为空指针。

(3) 平衡二叉树插入操作 BBT_Create (&BBT，n)：创建平衡二叉树的方法与创建二叉排序树的方法类似。但在创建平衡二叉树的过程中,当一个结点插入后要检测其平衡性。而二叉树平衡的条件是该树中的每棵子树其左子树和右子树的深度之差(即平衡因子)的绝对值不能超过 1。为此,当插入一个新结点后,如果导致二叉树"不平衡"时,需要通过对二叉树进行旋转的方式使其继续保持平衡。根据插入位置不同,可以把旋转方法分为 4 种,分别为：单项右旋(LL 型旋转)、单项左旋(RR 型旋转)、先左旋后右旋(LR 型旋转)、先右旋后左旋(RL 型旋转)。以下对四种旋转进行举例说明：

① LL 型旋转操作 RotateWithLeft(&BBT)

如图 7-4(a)所示,由于在 A 的左孩子的左子树上插入新结点,导致结点 A 的平衡因子变成 2,使得二叉树失去平衡,此时需要进行一次向右的顺时针旋转,调整后的平衡二叉树如图 7-4(b)所示。

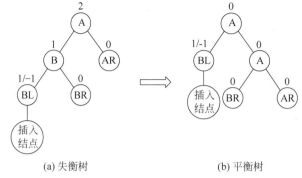

(a) 失衡树　　　　　　　　　(b) 平衡树

图 7-4　LL 旋转示例

② RR 型旋转操作 RotateWithRight(&BBT)

如图 7-5(a)所示,由于在 A 的右孩子的右子树上插入新的结点,导致结点 A 的平衡因子变成−2,使得二叉树失去平衡,此时需要进行一次向左的逆时针旋转,调整后的平衡二叉树如图 7-5(b)所示。

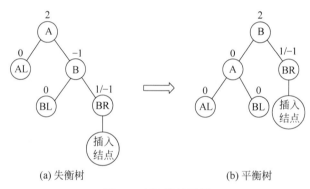

(a) 失衡树　　　　　　　　　(b) 平衡树

图 7-5　RR 旋转示例

③ LR 型旋转操作 DoubleRotateWithLeft(&BBT)

如图 7-6(a)所示,由于在 A 的左孩子的右子树上插入新的结点,导致结点 A 的平衡因子变成 2,使得二叉树失去平衡,此时需要进行两次旋转操作,先进行左旋处理,调整后的二

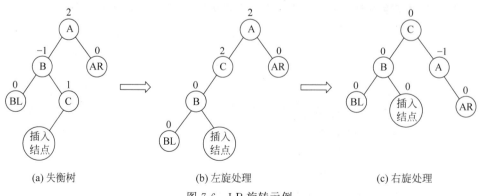

(a) 失衡树　　　　　　(b) 左旋处理　　　　　　(c) 右旋处理

图 7-6　LR 旋转示例

叉树如图 7-6(b)所示,再进行右旋处理,调整后的平衡二叉树如图 7-6(c)所示。

④ RL 型旋转操作 DoubleRotateWithRight(&BBT)

如图 7-7(a)所示,由于 A 的右孩子的左子树上插入了新的结点,导致结点 A 的平衡因子变成−2,使得二叉树失去平衡,此时需要进行两次旋转操作,先进行右旋处理,调整后的二叉树如图 7-7(b)所示,再进行左旋处理,调整后的平衡二叉树如图 7-7(c)所示。

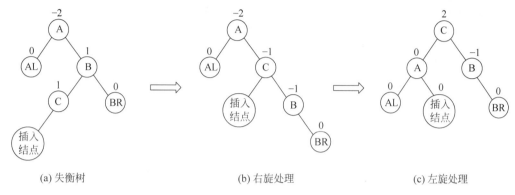

(a) 失衡树   (b) 右旋处理   (c) 左旋处理

图 7-7　RL 旋转示例

综上所述,在平衡二叉树 BBT 上插入一个关键字值为 key 的记录的操作 BBT_Insert(&BBT，key)的实现方法描述如下。

① 若 BBT 为空树,则将插入关键字值为 key 的结点作为 BBT 的根结点,否则进行下一步操作。

② 若 key 和 BBT 的根结点中记录的关键字值相等,则不进行插入操作,操作函数返回ERROR。

③ 若 key 小于 BBT 的根结点中记录的关键字值,则将相应记录结点插入在 BBT 的左子树上;插入完成后,判断当前 BBT 是否失去平衡,如果失去平衡,通过左平衡处理接口LeftBalance(&BBT)进行左平衡处理。在左平衡处理过程中,首先计算 BBT 的左子树的平衡因子,如果为−1,则对 BBT 进行 LR 型旋转,如果为其他值,则对 BBT 进行 LL 型旋转。

④ 若 key 大于 BBT 的根结点中记录的关键字值,则将相应记录插入在 BBT 的右子树上;插入完成后,判断当前 BBT 是否失去平衡,如果失去平衡,通过右平衡处理接口RightBalance(&BBT)进行右平衡处理。在右平衡处理过程中,首先计算 BBT 的右子树的平衡因子,如果为−1,则对 BBT 进行 RL 型旋转,如果为其他值,则对 BBT 进行 RR 型旋转。

⑤ 完成上述操作后,BBT 的深度加 1,操作函数返回 OK。

(4) 平衡二叉树查找操作 BBT_Search(&BBT, key):因为平衡二叉树也是二叉排序树,所以其查找方法与二叉排序树的查找方法相同。

5. 程序代码参考

```
#include <stdio.h>
#include <malloc.h>
#define OK 1
```

```
#define ERROR 0
#define OVERFLOW  -1
typedef int Status;
typedef int KeyType;                          //关键字类型
typedef int InfoTyep;                         //其他信息类型
typedef struct
{   KeyType key;                              //关键字域
    InfoTyep otherinfo;                       //其他数据项
} RecdType;                                   //记录类型
typedef struct BSTNode
{   RecdType data;                            //数据域,存储记录
    struct BSTNode * lchild, * rchild;        //指向左右子树的指针
} BSTNode, * BSTree;                          //二叉排序树类型
typedef struct BBTNode
{   RecdType data;                            //数据域,存储记录
    int depth;                                //树的深度
    struct BBTNode * lchild, * rchild;        //指向左右子树的指针
} BBTNode, * BBTree;                          //平衡二叉树类型

Status BST_Insert(BSTree &BST, KeyType key)
//在二叉排序树 BST 中插入一个关键字值为 key 的记录结点
{   if (!BST)                                 //如果为空树,则插入结点作为根结点
    {   BST = (BSTree)malloc(sizeof(BSTNode));
        BST->data.key = key;
        BST->lchild = BST->rchild = NULL;
    }
    if (key == BST->data.key)                 //如果待插入关键字值与根结点中记录的关键字
                                              //值相等,则不插入
        return ERROR;
    if (key > BST->data.key)                  //如果待插入关键字值大于根结点中记录的关键
                                              //字值,则插入到右子树上
        BST_Insert(BST->rchild, key);
    else                    //如果待插入关键字值小于根结点中记录的关键字值,则插入到左子树上
        BST_Insert(BST->lchild, key);
    return OK;
}


Status BST_Create(BSTree &BST, int n)
//创建一棵二叉排序树 BST,n 为树中结点数
{   KeyType key;
    printf("请输入各结点的关键值：");
    while (n--)
    {   scanf("%d", &key);
        BST_Insert(BST, key);                 //调用插入函数进行关键字值为 key 的结点的插入
    }
    printf("创建二叉排序树成功!\n");
    return OK;
}
```

```
Status BST_Search(BSTree BST, KeyType key, BSTree f, BSTree &p)
//在二叉排序树 BST 中查找关键字值为 key 的记录结点,如果查找成功则通过参数 p 返回该结点的
地址,否则通过参数 p 返回查找路径上的最后一个非空结点地址。f 为指向 BST 双亲结点的指针,
初始值为 NULL
{   if (!BST)                          //如果结点为空,表示搜索到结束
    {   p = f;
        return ERROR;
    }
    else if (key ==  BST->data.key)    //如果查找关键字值与根结点记录的关键字值相等
    {   p = BST;
        return OK;
    }
    else if (key < BST->data.key)      //如果查找关键字值小于根结点记录的关键字值
        return BST_Search(BST->lchild, key, BST, p);
    else                               //如果查找关键字值小于根结点记录的关键字值,
                                       //则继续在右子树上查找
        return BST_Search(BST->rchild, key, BST, p);
}


void BST_PreRootTraverse(BSTree BST)
//先根遍历二叉排序树 BST 的递归算法
{   if (BST != NULL)
    {   printf(" %d ", BST->data.key);                 //访问根结点
        BST_PreRootTraverse(BST->lchild);              //先根遍历左子树
        BST_PreRootTraverse(BST->rchild);              //先根遍历右子树
    }
}


void BST_InRootTraverse(BSTree BST)
//中根遍历二叉排序树 BST 的递归算法
{   if (BST != NULL)
    {   BST_InRootTraverse(BST->lchild);               //中根遍历左子树
        printf(" %d ", BST->data.key);                 //访问根结点
        BST_InRootTraverse(BST->rchild);               //中根遍历右子树
    }
}


void BBT_PreRootTraverse(BBTree BBT)
//先根遍历平衡二叉树 BBT 的递归算法
{   if (BBT != NULL)
    {   printf(" %d ", BBT->data.key);                 //访问根结点
        BBT_PreRootTraverse(BBT->lchild);              //先根遍历左子树
        BBT_PreRootTraverse(BBT->rchild);              //先根遍历右子树
    }
}


void BBT_InRootTraverse(BBTree BBT)
//中根遍历平衡二叉树 BBT 的递归算法
{   if (BBT != NULL)
```

```c
    { BBT_InRootTraverse(BBT->lchild);              //中根遍历左子树
      printf(" %d ", BBT->data.key);                //访问根结点
      BBT_InRootTraverse(BBT->rchild);              //中根遍历右子树
    }
}

int NodeDepth(BBTree BBT)
//求平衡二叉树 BBT 的深度,并返回其值
{   return BBT == NULL ? -1 : BBT->depth;
}

int max(int a, int b)
//求 a 和 b 中较大者,并返回其值
{   return a < b ? b : a;
}

void RotateWithLeft(BBTree &BBT)
//对二叉排序树 BBT 进行 LL 型旋转
{   BBTree temp = BBT->lchild;                //用 temp 暂时保存 BBT 的左子树
    BBT->lchild = temp->rchild;              //将 temp 的右子树放到 BBT 的左子树中
    temp->rchild = BBT;                      //将 BBT 放到 temp 的右子树中
    BBT->depth = max(NodeDepth(BBT->lchild), NodeDepth(BBT->rchild)) + 1;
                                             //更新 BBT 的深度信息
    temp->depth = max(NodeDepth(temp->lchild), NodeDepth(temp->rchild)) + 1;
                                             //更新 temp 的深度信息
    BBT = temp;                              //更新根结点完成旋转
}

void RotateWithRight(BBTree &BBT)
//对二叉排序树 BBT 进行 RR 型旋转
{   BBTree temp = BBT->rchild;                //用 temp 暂时保存 BBT 的右子树
    BBT->rchild = temp->lchild;              //将 temp 的左子树放到 BBT 的右子树中
    temp->lchild = BBT;                      //将 BBT 放到 temp 的左子树中
    BBT->depth = max(NodeDepth(BBT->lchild), NodeDepth(BBT->rchild)) + 1;
                                             //更新 BBT 的深度信息
    temp->depth = max(NodeDepth(temp->lchild), NodeDepth(temp->rchild)) + 1;
                                             //更新 temp 的深度信息
    BBT = temp;                              //更新根结点完成旋转
}

void DoubleRotateWithLeft(BBTree &BBT)
//对二叉排序树 BBT 进行平衡二叉树的 LR 型旋转
{   RotateWithRight(BBT->lchild);            //先进行 BBT 左子树的 RR 型旋转
    RotateWithLeft(BBT);                     //再进行 BBT 的 LL 型旋转
}

void DoubleRotateWithRight(BBTree &BBT)
//对二叉排序树 BBT 进行平衡二叉树的 RL 型旋转
{   RotateWithLeft(BBT->rchild);             //先进行 BBT 右子树的 LL 型旋转
```

```
        RotateWithRight(BBT);                    //再进行 BBT 的 RR 型旋转
}

void LeftBalance(BBTree &BBT)
//对二叉排序树 BBT 进行左平衡处理,即当左子树比右子树高时进行处理
{   BBTree temp = BBT->lchild;
    if (NodeDepth(temp->lchild) - NodeDepth(temp->rchild) == -1)
                                               //当右子树深度大于左子树时
        DoubleRotateWithLeft(BBT);              //进行 BBT 的 LR 型旋转
    else
        RotateWithLeft(BBT);                    //进行 BBT 的 LL 型旋转
}

void RightBalance(BBTree &BBT)
//对二叉排序树 BBT 进行右平衡处理,即当右子树比左子树高时进行处理
{   BBTree temp = BBT->rchild;
    if (NodeDepth(temp->rchild) - NodeDepth(temp->lchild) == -1)
                                               //当左子树深度大于右子树时
        DoubleRotateWithRight(BBT);            //进行 BBT 的 RL 型旋转
    else
        vRotateWithRight(BBT);                  //进行 BBT 的 RR 型旋转
}

Status BBT_Insert(BBTree &BBT, KeyType key)
//在平衡二叉树 BBT 中插入一个关键字值为 key 的结点
{   if (BBT == NULL)                           //如果 BBT 为空
    {   BBT = (BBTree)malloc(sizeof(BBTNode));
        BBT->data.key = key;                   //将插入的关键字为 key 的结点作为根结点
        BBT->depth = 0;
        BBT->lchild = NULL;
        BBT->rchild = NULL;
    }
    if (key == BBT->data.key)  //如果要插入的关键字值 key 等于根结点中记录的关键字值
        return 0;
    else if (key < BBT->data.key)  //如果要插入的关键值 key 小于根结点中记录的关键字值
    {   BBT_Insert(BBT->lchild, key);          //将关键字值为 key 的结点插入到左子树上
        if (NodeDepth(BBT->lchild) - NodeDepth(BBT->rchild) == 2) //如果 BBT 失去平衡
            LeftBalance(BBT);                  //进行左平衡处理
    }
    else if (key > BBT->data.key)  //如果要插入的关键字 key 大于根结点中记录的关键字值
    {   BBT_Insert(BBT->rchild, key);          //将关键字值为 key 的结点插入到右子树上
        if (NodeDepth(BBT->rchild) - NodeDepth(BBT->lchild) == 2) //如果 BBT 失去平衡
            RightBalance(BBT);                 //进行右平衡处理
    }
    BBT->depth = max(NodeDepth(BBT->lchild), NodeDepth(BBT->rchild)) + 1;
    //完成插入后,更新平衡二叉树的深度
    return OK;
}
```

```
Status BBT_Create(BBTree &BBT, int n)
//创建一棵平衡二叉树 BBT,n 为树种结点数
{    KeyType key;
     printf("请输入各记录的关键字值: ");
     while (n-- )
     {    scanf(" % d", &key);
          BBT_Insert(BBT, key);                 //调用插入函数进行关键字值为 key 的结点的插入
     }
     printf("创建平衡二叉树成功!\n");
     return OK;
}


Status BBT_Search(BBTree BBT, KeyType key)
//在平衡二叉树 BBT 中查找元素 key,并返回查找结果,如果查找成功,返回 ERROR,否则返回 OK
{    if (BBT == NULL)
          return ERROR;
     else if (key < BBT -> data.key)  //如果需要查找的关键字值小于根结点中记录的关键字值
          return BBT_Search(BBT -> lchild, key);   //递归在 BBT 的左子树上进行查找
     else if (key > BBT -> data.key)   //如果需要查找的关键字值大于根结点中记录的关键字值
          return BBT_Search(BBT -> rchild, key);   //递归在 BBT 的右子树上进行查找
     else
          return OK;
}


int main()
{    int x;                              //x 为选择菜单变量
     int n;                             //长度
     KeyType key;                        //定义需要查找的关键字值
     BSTree BST = NULL, f = NULL, p;
     BBTree BBT = NULL;
     while (1)
     {    printf(" 1--- 创建二叉排序树\n");
          printf(" 2--- 在创建的二叉排序树中查找\n");
          printf(" 3--- 创建平衡二叉树\n");
          printf(" 4--- 在创建的平衡二叉树中查找\n");
          printf(" 5-- 退出\n");
          printf("请选择(1-5):");
          scanf(" % d", &x);
          switch (x)
          {case 1:
               printf("请输入二叉排序树中记录的个数: ");
               scanf(" % d", &n);
               if (BST_Create(BST, n))
               {    printf("创建的二叉排序树中各记录关键字值的先根遍历序列为: ");
                    BST_PreRootTraverse(BST);
                    printf("\n");
                    printf("创建的二叉排序树中各记录关键字值的中根遍历序列为: ");
                    BST_InRootTraverse(BST);
                    printf("\n");
```

```
        }
        break;
    case 2:
        printf("请输入待查找的记录的关键字值：");
        scanf("%d", &key);
        if (BST_Search(BST, key, f, p))
            printf("查找成功,存在该记录! \n");
        else
            printf("查找失败,不存在该记录!\n");
        break;
    case 3:
        printf("请输入平衡二叉树中记录的个数：");
        scanf("%d", &n);
        if (BBT_Create(BBT, n))
        {    printf("创建的平衡二叉树中各记录关键字值的先根遍历序列为：");
            BBT_PreRootTraverse(BBT);
            printf("\n");
            printf("创建的平衡二叉树中各记录关键字值的中根遍历序列为：");
            BBT_InRootTraverse(BBT);
            printf("\n");
        }
        break;
    case 4:
        printf("请输入待查找的记录的关键字值：");
        scanf("%d", &key);
        if (BBT_Search(BBT, key))
            printf("查找成功,存在该记录! n");
        else
            printf("查找失败,不存在该记录!\n");
        break;
    case 5:
        return 0;
    default:
        printf("\n选择错误,请重选!\n");
    }
}
}
```

6. 运行结果参考

程序部分测试用例的运行结果如图 7-8 和图 7-9 所示。

7. 延伸思考

平衡二叉树的平衡操作使二叉树的结构更好,从而提高了查找操作的速度,其查找的时间复杂度为 $O(\log_2 N)$,其中 N 为树中结点的个数。然而很遗憾的是,为了保证高度的平衡,需要进行动态地旋转,这使得插入操作变得更复杂,那么有没有什么实现方法可以既保证查找的效率又不会产生大量的旋转呢？请尝试思考并设计相关算法。

提示：平衡二叉树追求绝对的平衡,条件比较苛刻。树形结构中还有一种名为红黑树的数据结构,该种数据结构放弃了追求完全平衡,在与平衡二叉树的时间复杂度相差不大的情况下,保证每次插入最多只需要三次旋转就能达到平衡。可参考相关算法编写程序。

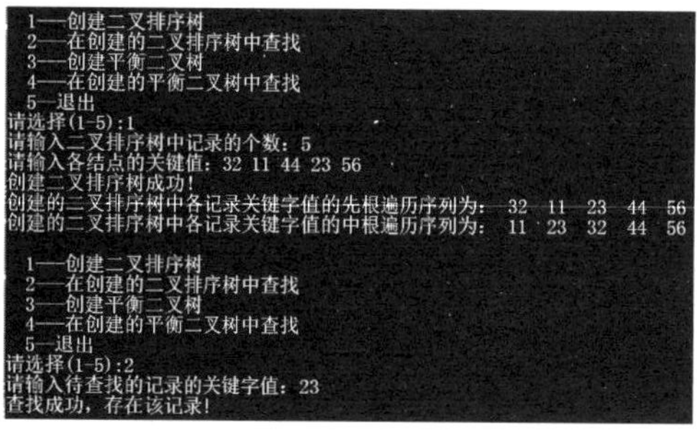

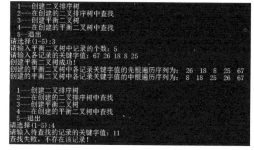

(a) 二叉排序树的创建与查找 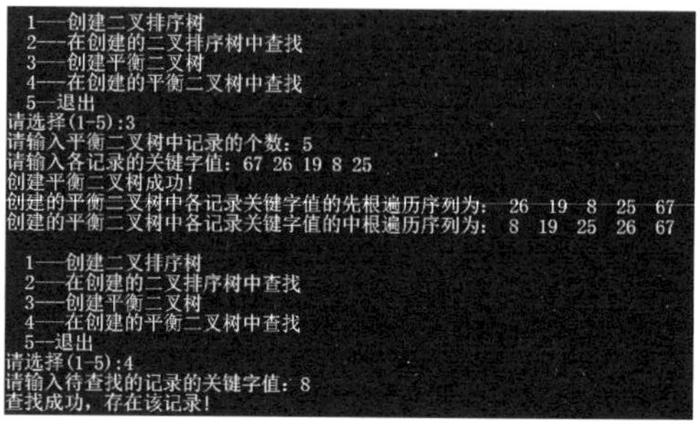　　　　(b) 平衡二叉树的创建与查找

图 7-8　程序测试用例查找成功的运行结果

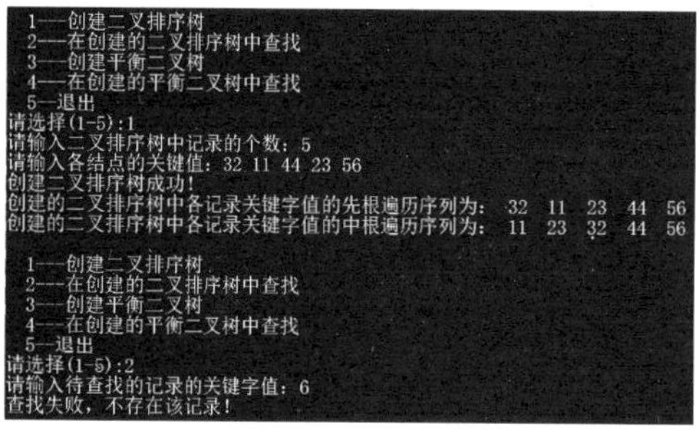

(a) 二叉排序树的创建与查找　　　　(b) 平衡二叉树的创建与查找

图 7-9　程序测试用例查找失败的运行结果

7.1.3　哈希表的查找操作

1. 实践目的

（1）能够正确描述哈希表的顺序存储结构在计算机中的表示。

（2）能够选择合理的哈希函数及冲突处理方法解决实际问题。

（3）能够正确编写在哈希表上插入和查找操作的实现算法。

（4）能够编写程序验证在哈希表上实现插入、查找和遍历操作的正确性。

2. 实践内容

通过除留余数法自行设计哈希函数，并采用开放地址法中的线性探测再散列方法处理冲突，编程实现一个地址范围为 0～10 的哈希表的构建，并在此哈希表上实现查找操作。

3. 实践要求

1）数据结构

采用线性探测再散列处理冲突的哈希表宜采用顺序存储结构实现，对应的存储结构描述如下：

```
typedef int KeyType;              //关键字类型
typedef int InfoType;             //其他信息类型
typedef struct
{   KeyType key;                  //关键字域
    InfoType otherinfo;           //其他数据项
}RecdType;                        //记录类型
typedef struct
```

```
{    RecdType r[HASHSIZE];              //记录数组
     int length;                        //哈希表记录数量
}HashTable;                             //顺序存储的哈希表
```

2）函数接口说明

Status HashTable_Create(HashTable &HT, int n)
//创建一个哈希表 HT,n 为记录条数
void HashTable_Show(HashTable HT)
//将哈希表 HT 打印出来
Status HashTable_Search(HashTable HT, KeyType key, int &pos)
//在哈希表 HT 中查找关键字值为 key 的记录,如果查找成功,则通过 pos 返回该记录在表中的位置,
//且函数返回 OK,否则函数返回 ERROR

3）输入输出说明

输入说明:输入信息分 3 行,第 1 行输入待插入到哈希表中的记录个数;第 2 行输入每个记录的关键字值,之间用一个空格隔开;第 3 行输入待查找记录的关键字值。

输出说明:输出信息分 3 行,在输入第 2 行的信息并回车后要求以一行输出哈希表各个空间位序号,数据值之间以空格隔开,再在下一行输出各个存储单元中记录的关键字,存储单元为空的用"＊"表示;在输入第 3 行的信息并回车后要求在另一行输出查找到的记录在哈希表中的位序号,或者只在另一行中输出查找失败的提示信息。

为了能使输入输出信息更加人性化,可以在输入输出信息之前适当添加有关提示信息。

4）测试用例

测试用例信息如表 7-3 所示。

表 7-3　测试用例

序号	输入	输出	说明
1	7 16 76 63 57 40 27 50 27	请输入记录的个数: 请输入各记录的关键字值: 创建的哈希表为(＊代表空值): =========================== | 0　1　2　3　4　5　6　7　8　9　10 | | ＊　＊　57　＊　＊　16　27　40　63　50　76 | =========================== 请输入要查找的记录关键字值: 查找成功,该记录位于哈希表中的第 6 个存储单元中!	所有输入均合法
2	7 16 76 63 57 40 27 50 51	请输入记录的个数: 请输入各记录的关键字值: 创建的哈希表为(＊代表空值): =========================== | 0　1　2　3　4　5　6　7　8　9　10 | | ＊　＊　57　＊　＊　16　27　40　63　50　76 | =========================== 请输入要查找的记录关键字值: 查找失败,不存在该记录!	查找元素不在哈希表中,其他输入均合法

4. 解决方案

上述部分接口的实现方法简要说明如下：

(1) 创建哈希表操作 CreateHashTable(&HT，n)：创建哈希表的过程其实就是向哈希表中逐个插入记录的过程。在这个过程中需要解决两个主要问题：第一个是如何构造理想的哈希函数，第二个是如何设计合理的解决冲突的方法。对于哈希函数的选择，实践要求采用除留余数法，这是一种简单的哈希地址计算方法，它以一个小于或等于集合中地址个数 m 的质数 p 去除关键字，取余数作为哈希地址，即：

$$H(key) = key \% p \quad (p \leqslant m)$$

在本实践中，要求哈希表的地址范围是 0~10，即哈希表中的地址个数 m 为 11，那么质数 p 可以选取 2,3,5,7,11 中的一个，为了尽可能地将记录均匀地映射到地址集合空间中，同时尽可能地降低冲突发生的概率，选取 p 等于 11。

在实际应用中，选取"好"的哈希函数可减少冲突，但冲突是不可避免的。为此需要设计解决哈希冲突的方法。实践中要求采用开放地址法中的线性探测再散列方法进行处理，该方法的基本思想是当冲突发生时，形成一个地址序列，沿着这个序列逐个探测，直到找到一个"空"的开放地址，将发生冲突的记录存放到该地址空间中。开放地址法的一般形式可表示为：

$$H_i = (H(key) + d_i) \% m \quad i = 1, 2, \cdots k \quad (k \leqslant m-1)$$

其中 m 为哈希表的长度，在本实践中为 11，d_i 为每次在探测时的地址增量，采用线性探测法的地址增量为 $d_i = 1, 2, \cdots, m-1$，其中 i 为探测次数。

根据上述的描述，在哈希表 HT 上插入 n 个记录的主要操作步骤如下：

① 判断哈希表中记录的个数是否超过 11，如果超过，则说明哈希表已满，不能继续插入记录，操作结束，否则转②。

② 读取一条记录的关键字值 key，由哈希函数计算得到其哈希地址值。

③ 若计算得到的哈希地址值对应的存储单元中非空，则使用线性探测再散列依次探测下一地址，直到找到一个空的存储单元。

④ 将待插入的记录插入到得到的哈希地址值对应的存储单元中，并且哈希表中记录个数加 1。

⑤ 重复上述步骤，直到所有记录均插入到哈希表中或哈希表满为止。

(2) 哈希表查找操作 SearchHashTable(HT，key，&pos)：在哈希表上进行查找的过程和哈希表创建的过程基本一致。首先根据给定的待查找记录关键字 key，由哈希函数计算出其哈希地址，再到哈希表的对应地址空间去取出其记录的关键字值与给定的 key 值比较，若相等，则查找成功，用 pos 返回该记录在哈希表中的位置；否则需进一步根据处理冲突的方法将哈希表中下一个地址空间中的记录关键值与 key 比较，重复此操作，直至哈希表的当前地址空间中其记录关键字值与 key 相等或对应地址空间为空为止，前者表明是查找成功，后者则表明是查找失败。

说明：为了方便判断哈希表中存储单元是否为空，本实践规定存储单元中关键字值为 −1 时表示该存储单元为空。在哈希表初始化时，所有存储单元中关键字均为 −1。

5. 程序代码参考

```c
#include < stdio.h >
#define HASHSIZE 11                //哈希表的长度
#define M 11                       //定义除留余数法中的质因数
#define OK 1
#define ERROR 0
typedef int ElemType;
typedef int Status;
typedef int KeyType;               //关键字类型
typedef int InfoType;              //其他信息类型
typedef struct
{   KeyType key;                   //关键字域
    InfoType otherinfo;            //其他数据项
}RecdType;                         //记录类型
typedef struct
{   RecdType r[HASHSIZE];          //记录数组
    int length;                    //哈希表记录数量
}HashTable;                        //顺序存储的哈希表

Status HashTable_Create(HashTable &HT, int n)
//创建一个哈希表 HT,n 为记录条数
{   KeyType key;
    int pos;
    printf("请输入各记录的关键字值：");
    while (n -- )
    {   if(HT.length > = HASHSIZE)           //如果哈希表中记录个数大于或等于哈希表的长度
            printf("哈希表已满。\n");
        else
        {   scanf("%d", &key);
            pos = key % M;                   //除留余数法获取哈希地址值
            //下面使用线性探测再散列法依次探测下一地址,直到找到一个空的存储单元
            while (HT.r[pos].key!= -1&&key!= HT.r[pos].key)
                pos = (pos + 1) % M;
            HT.r[pos].key = key;             //插入记录的关键字值
            ++HT.length;                     //哈希表中记录个数加 1
        }
    }
    return OK;
}

void HashTable_Show(HashTable HT)
//将哈希表 HT 打印出来
{   printf("创建的哈希表为( * 代表空值): \n");
    printf(" ================================ \n");
    printf(" | ");
    for (int i = 0; i < HASHSIZE; i++)
        printf("%2d ",i);
    printf(" | \n | ");
```

```
    for (int i = 0; i < HASHSIZE; i++)          //输出所有存在的元素
    {   if(HT.r[i].key != -1)
            printf("%2d ",HT.r[i].key);
        else
            printf(" * ");                      //如果当前位置不存在元素,用*代替
    }
    printf("|");
    printf(" \n ================================= \n");
}


Status HashTable_Search(HashTable HT, KeyType key, int &pos)
//在哈希表 HT 中查找关键字值为 key 的记录,如果查找成功,则通过 pos 返回该记录在表中的位置,
//且函数返回 OK,否则函数返回 ERROR
{   pos = key % M;
    //通过哈希函数计算待查找记录关键字值的哈希地址值,若存储单元不为空,并且待查找的
    //记录关键字值与哈希表取出记录的关键字值不相等
    while (HT.r[pos].key!= -1&&key!= HT.r[pos].key)
        pos = (pos+1) % M;                      //根据处理冲突的方法取下一地址空间中的记录
    if(key == HT.r[pos].key)
        return OK;                              //返回查找成功
    else
        return ERROR;                           //返回查找失败
}


int main()
{   int n;
    KeyType key;
    HashTable HT;
    int pos;
    for (int i = 0; i < HASHSIZE; i++) //哈希表中所有存储单元的关键字 key 都置为 -1,表示为空
        HT.r[i].key = -1;
    HT.length = 0;                     //开始时长度为 0
    printf("请输入记录的个数: ");
    scanf("%d", &n);
    if (HashTable_Create(HT, n))       //如果创建哈希表成功
    {   HashTable_Show(HT);            //输出哈希表
        printf("请输入待查找记录的关键字值: ");
        scanf("%d", &key);
        if(HashTable_Search(HT, key, pos))        //如果查找成功
            printf("查找成功,该记录位于哈希表中的第%d个存储单元中!\n",pos+1);
        else
            printf("查找失败,不存在该记录!\n");
    }
}
```

6. 运行结果参考

程序部分测试用例的运行结果如图 7-10 和图 7-11 所示。

7. 延伸思考

(1) 哈希表中的哈希函数在计算机应用中有很多的应用,包括对数据一致性的检验、密码的加密、防止文件篡改等功能,包括最新的一些区块链技术也用到了哈希函数的相关知识。请尝试使用哈希查找中的知识实现一个属于自己的加密和解密过程。

图 7-10　程序测试用例查找成功的运行结果　　　图 7-11　程序测试用例查找失败的运行结果

（2）设计哈希函数的方法还有很多，比如还有直接地址法、数字分析法、平方取中法、折叠法和随机数法等，这些不同设计方法使用的场景有哪些？对应方法的哈希表创建和查找算法应如何编写？

（3）在哈希表创建过程中，处理冲突的方法还可以采用链地址法、公共溢出区法、再哈希法等，这些不同的处理冲突的方法都有什么特点？对应方法的哈希表创建和查找算法应如何编写？

7.2　进 阶 实 践

7.2.1　航班信息查询系统

1. 实践目的
（1）能够正确分析航班信息查询系统中要解决的关键问题及其解决思路。
（2）能够根据系统的操作特点选择恰当的存储结构。
（3）能够运用顺序查找基本操作的实现方法设计航班信息查询系统的关键操作算法。
（4）能够编写程序模拟航班信息查询系统的实现，并验证其正确性。
（5）能够对实践结果的性能进行辩证分析或优化。

2. 实践内容
编程实现一个航班信息查询系统，模拟对航班信息的多维度查询。航班信息的组成可参考表 7-4 的内容，但不局限于这些数据。

表 7-4　航班信息记录表

航班号	起点	终点	航班周期	起飞时间	到达时间	类型	价格/元
SC7425	青岛	海口	1　3　6	19：20	21：20	DH4	1630
MU5341	上海	广州	每天	14：20	16：15	M90	1280
CA6523	上海	深圳	每天	15：00	17：00	777	1380
CA984	北京	深圳	2　4　6	7：55	11：25	777	2080
CZ6434	成都	西安	每天	13：25	14：55	A321	810
MU1372	杭州	西安	1　3　5	15：30	17：45	A380	1080
JD5346	大连	杭州	5　6　7	20：55	23：10	A320	960
SC8112	南京	厦门	2　5　7	21：10	22：55	737	540

3. 实践要求
（1）本系统至少包括初始化航班信息，以及按航班信息记录的航班号、起点、终点、起飞时间、到达时间进行查询的功能。

（2）综合分析本系统关键功能的操作特性，自主分析选择恰当的数据存储结构。

（3）抽象出本系统的关键性操作模块，并给出其接口描述及其实现算法。

（4）设计菜单，使用户通过菜单形式重复选择某一查找功能以完成多次操作。

（5）输入输出说明：各航班信息通过磁盘文件输入（可扫描二维码获取文件），并存入查找表中。其他查找功能根据菜单及提示，输入选择对应功能的数字。其中"1"表示初始化航班信息，"2"表示按航班号进行查找，"3"表示按起点站进行查找，"4"表示按终点站进行查找，"5"表示按起飞时间进行查找，"6"表示按到达时间进行查找，"0"表示退出航班信息查询系统。在各查找功能模块中，输入的信息分别是待查找的航班记录信息的航班号、起点城市名称、终点城市名称、起飞时间或到达时间，而输出的信息是：如果查找成功，则输出满足条件的所有航班记录信息，否则输出查找失败的提示信息。特别的，如果是按"起飞或到达时间"查找成功时，要求输出是所有起飞或到达时间在给定的起飞或到达时间之后的航班信息记录，并按起飞或到达时间按升序输出。

说明：为了便于查看查找到的航班信息记录，要求按格式输出查找结果，输出格式可参考图 7-12。

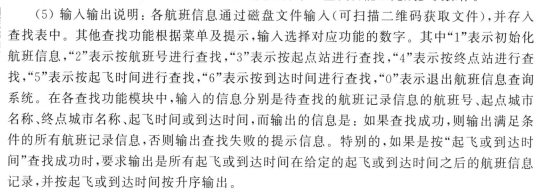

图 7-12　航班信息记录查询结果输出示例

4. 解决方案

1）数据结构

本实践的处理对象是若干个航班信息记录，每条航班信息记录由航班号、起点、终点、航班周期、起飞时间、到达时间、类型及价格等数据项组成。不同航班信息记录具有相同特性，而且航班信息记录中存在唯一标识它的关键字"航班号"，不同航班信息记录之间也不存在确定的有序关系，而且涉及的主要操作为查找操作。为此，可以使用静态查找表存储航班信息记录。

静态查找表可以用顺序表或线性链表作为其存储结构。在本实践中，不同航班信息记录没有固定的次序关系，宜采用顺序查找来完成相关查询操作。顺序查找是从表的一端开始，依次将每条记录的关键字值与给定值进行比较。因此采用顺序表或线性链表存储航班信息记录并实现查找操作在算法性能上并没有明显区别。基于上述分析，本实践只针对用顺序表来存储航班信息记录并在该表上实现查询操作的方法进行分析，读者可以自行给出链表上的实现方法。

采用顺序表存储航班信息记录的存储结构类型可描述为：

```
typedef struct
{   char flightnum[10];            //航班号
    char start[10];               //起点城市
    char endp[10];                //终点城市
```

```
        char dats[10];                        //航班周期
        int takeoff;                          //起飞时间
        int landtime;                         //到达时间
        char type[10];                        //类型
        int price;                            //价格
    } FlyRecord;                              //航班信息记录的结构体类型
    typedef struct
    {   FlyRecord * fr;                       //航班信息记录存储空间基地址,构造表时按实际长度分配
        int length;                           //表长度
    } FlyRecordTable;                         //航班信息记录查找表类型
```

2) 关键操作实现要点

本实践的关键操作主要有初始化航班信息记录表,以及按航班号、起点、终点、起飞时间和到达时间进行航班信息记录查找等操作。下面针对上述几种主要操作的实现要点做简单说明:

(1) 初始化航班信息记录表

先用 malloc 函数分配预定义大小的航班信息记录数组空间,如果空间分配失败,则结束该操作;否则再通过磁盘文件输入表 7-1 中的各航班信息记录并依次存入到前面已分配的数组空间中,最后将该查找表的长度赋值为实际航班信息记录的个数值。为了验证初始化操作的正确性,在完成存入操作之后输出所有航班信息记录。

注意:由于存储结构中有较多类型为字符串的数据项,为了便于操作,可以使用 C 语言库函数中的 strcpy() 函数进行字符串的赋值。

(2) 按各类信息进行查找

根据数据结构中的分析,本实践拟采用顺序查找的方法查找满足给定条件的记录。查找操作从航班信息记录查找表中第 1 个元素开始依次将数据元素值与给定的数据信息进行比较,如果相等则查找成功,否则按要求输出查找到的所有满足条件的航班信息记录,如果查找表中所有航班信息记录中都没有满足给定条件的记录,则查找失败。

注意:

① 在按"航班号""起点"或"终点"进行查找时,其中关键字"航班号""起点""终点"都是以字符串存储的,查找时宜使用 C 语言库函数中的 strcmp() 函数进行字符串之间的比较。

② 在按"起飞时间"或"到达时间"进行查找时,其中关键字"起飞时间""到达时间"都是以整型存储的,查找时通过比较给定时间与航班信息记录中的时间即可进行查找。

③ 在按"起飞时间"或"到达时间"进行查找时,要求将查找得到的结果按照起飞或到达时间有序输出,为此在进行查找操作之前,先要对航班信息记录表中所有航班信息记录进行排序。

3) 关键操作接口描述

针对实践的要求,主要设计的接口包括初始化以及不同类型的查找函数,各接口的具体描述如下:

```
Status FlyRecord_Init(FlyRecordTable &FRT)
//将航班信息记录表的数据初始化存储到航班信息查找表 FRT 中
void FlyRecord_Search_Num(FlyRecordTable FRT, char flightnum[])
//在航班信息记录表 FRT 中查找航班号为 flightnum 的记录,若查找成功,则输出对应航班信息记
```

//录,否则输出"未找到航班信息记录。"
void FlyRecord_Search_City(FlyRecordTable FRT, char city[ ], int n)
//在航班信息记录表 FRT 中查找起点或终点城市为 city 的记录,若查找成功,则输出所有起点或
//终点城市为 city 的航班信息记录,否则输出"未找到航班信息记录。"n 表示菜单选项,3 表示
//按起点站进行查找,4 表示按终点站进行查找
void FlyRecord_Search_Time(FlyRecordTable FRT, int time, int n)
//在航班信息记录表 FRT 中查找起飞或到达时间在 time 之后的所有记录,若查找成功,则输出所
//有满足条件的航班信息记录,并按照起飞或到达时间进行升序排序,否则输出"未找到航班信息记
//录。"n 表示菜单选项,5 表示按起飞时间进行查找,6 表示按到达时间进行查找

此外,实践中要求输出的查询结果按照图 7-12 的示例进行输出,如果在每个上述的接口中都单独撰写输出查找结果的代码显得冗余,那么可以将输出的代码接口化,在上述查找接口中调用相应接口就可以完成查找结果的输出。参考输出接口描述如下:

void Display(FlyRecordTable FRT, int i)
//将航班信息记录表中的第 i+1 条航班信息记录打印出来
void Display_Title()
//打印查询结果的表头信息

4) 关键操作算法参考
(1) 初始化航班信息记录表的算法。

```
Status FlyRecord_Init(FlyRecordTable &FRT)
//将航班信息记录表的数据初始化存储到航班信息记录表 FRT 中
{   FRT.fr = (FlyRecord * )malloc(MAXSIZE * sizeof(FlyRecord));
    if (!FRT.fr)
        return OVERFLOW;
    FRT.length = 0;
    FILE * fp = NULL;
    fp = fopen("7_2_1_input.txt", "r");                      //打开文件
    if (fp == NULL)
    {   printf("打开文件错误。\n");
        return -1;
    }
    int i = 0;
    while (!feof(fp)) {
        int count = fscanf(fp, "%s %s %s %s %d %d %s %d", FRT.fr[i].flightnum, FRT.
fr[i].start, FRT.fr[i].endp, FRT.fr[i].dats, &FRT.fr[i].takeoff, &FRT.fr[i].landtime, FRT.
fr[i].type, &FRT.fr[i].price);
        if (count == -1)
            break;
        FRT.length++;
        i++;
    }
    fclose(fp); int flag = 0;
    for (int i = 0; i < FRT.length; i++)
    {   if (flag == 0)
        {   printf("查询到的航班信息记录如下: \n");
            Display_Title();                                //调用输出结果表中表头信息
            flag = 1;
```

```
            }
        Display(FRT, i);                              //调用输出函数
    }
    return OK;
}
```

（2）按航班号进行查找的算法。

```
void FlyRecord_Search_Num(FlyRecordTable FRT, char flightnum[])
//在航班信息记录表 FRT 中查找航班号为 flightnum 的记录,若查找成功,则输出对应航班信息记
//录,否则输出"未找到航班信息记录。"
{   for (int i = 0; i < FRT.length; i++)
    {   if (strcmp(FRT.fr[i].flightnum, flightnum) == 0)
        {   printf("查询到的航班信息记录如下: \n");
            Display_Title();               //调用输出结果表中表头信息
            Display(FRT, i);               //调用输出函数
            return;                        //找到给定航班号的航班信息记录后退出查找循环
        }
    }
    printf("未找到该航班信息记录!");
}
```

（3）按起点站或终点站进行查找的算法。

```
void FlyRecord_Search_City(FlyRecordTable FRT, char city[], int n)
//在航班信息记录表 FRT 中查找起点或终点城市为 city 的记录,若查找成功,则输出所有起点或终
//点城市为 city 的航班信息记录,否则输出"未找到航班信息记录。",n 表示菜单选项,3 表示按起
//点站进行查找,4 表示按终点站进行查找
{   int flag = 0;                          //查询结果的表头是否输出标记位
    for (int i = 0; i < FRT.length; i++)
    {   switch (n) {
            case 3:
                if (strcmp(FRT.fr[i].start, city) == 0)
                {   if (flag == 0)
                    {   printf("查询到的航班信息记录如下: \n");
                        Display_Title();          //调用输出结果表中表头信息
                        flag = 1;
                    }
                    Display(FRT, i);              //调用输出函数
                }
                break;
            case 4:
                if (strcmp(FRT.fr[i].endp, city) == 0)
                {   if (flag == 0)
                    {   printf("查询到的航班信息记录如下: \n");
                        Display_Title();          //调用输出结果表中表头信息
                        flag = 1;
                    }
```

```
                            Display(FRT, i);                      //调用输出函数
                        }
                        break;
                }
            }
        }
        if (flag == 0)
            printf("未找到航班信息记录!");
    }
```

（4）按起飞或到达时间进行查找的算法。

```
void FlyRecord_Search_Time(FlyRecordTable FRT, int time, int n)
//在航班信息记录表 FRT 中查找起飞或到达时间在 time 之后的所有记录,若查找成功,则输出所有
//满足条件的航班信息记录,并按照起飞或到达时间进行升序排序,否则输出"未找到航班信息记
//录。",n 表示菜单选项,5 表示按起飞时间进行查找,6 表示按到达时间进行查找
{   int i, j;//用于对航班信息记录进行排序的参数
    //下面采用冒泡排序算法对航班信息录进行排序
    for (i = 0; i < FRT.length - 1; i++)
    {   for (j = 0; j < FRT.length - i - 1; j++)   //对无序区排序
        {   switch (n) {
                case 5:
                    if (FRT.fr[j].takeoff > FRT.fr[j + 1].takeoff)
                                                //比较两个航班信息记录起飞时间
                    {   FlyRecord temp;
                        temp = FRT.fr[j];
                        FRT.fr[j] = FRT.fr[j + 1];
                        FRT.fr[j + 1] = temp;
                    }
                    break;
                case 6:
                    if (FRT.fr[j].landtime > FRT.fr[j + 1].landtime)
                                                //比较两个航班信息记录到达时间
                    {   FlyRecord temp;
                        temp = FRT.fr[j];
                        FRT.fr[j] = FRT.fr[j + 1];
                        FRT.fr[j + 1] = temp;
                    }
                    break;
            }
        }
    }
    //下面输出起飞时间在 takeoff 之后的所有航班信息记录
    int flag = 0;                                //查询结果的表头是否输出标记位
    for (int i = 0; i < FRT.length; i++)
    {   switch (n)
        {   case 5:
                if (FRT.fr[i].takeoff > time)
                {   if (flag == 0)
```

```
                        {    printf("查询到的航班信息记录如下：\n");
                             Display_Title();           //调用输出结果表中表头信息
                             flag = 1;
                        }
                        Display(FRT, i);                 //调用输出函数
                    }
                    break;
                case 6:
                    if (FRT.fr[i].landtime > time)
                    {    if (flag == 0)
                         {    printf("查询到的航班信息记录如下：\n");
                              Display_Title();           //调用输出结果表中表头信息
                              flag = 1;
                         }
                         Display(FRT, i);                //调用输出函数
                    }
                    break;
            }
        }
        if (flag == 0)
            printf("未找到航班信息记录!");
    }
```

（5）输出一条航班信息记录的算法。

```
void Display(FlyRecordTable FRT, int i)
//将航班信息记录表中的第 i + 1 条记录打印出来
{    printf("| % - 7s| % - 5s| % - 5s| % - 9s| %.2d: %.2d | %.2d: %.2d | % - 5s| % - 5d\
n", FRT.fr[i].flightnum, FRT.fr[i].start, FRT.fr[i].endp, FRT.fr[i].dats, FRT.fr[i].
takeoff / 100, FRT.fr[i].takeoff % 100, FRT.fr[i].landtime / 100, FRT.fr[i].landtime %
100, FRT.fr[i].type, FRT.fr[i].price);
     printf("------------------------------------------- \n");
}
```

（6）打印输出结果表头的算法。

```
void Display_Title()
//打印查询结果的表头信息
{    printf("------------------------------------------- \n");
     printf("| 航班号 | 起点 | 终点 | 航班周期 | 起飞时间 | 到达时间 | 类型 | 价格 |\n");
     printf("------------------------------------------- \n");
}
```

5. 程序代码参考

扫码查看：7-2-1.cpp

6. 运行结果参考

程序运行的部分结果如图 7-13～图 7-18 所示。

(1) 初始化航班信息记录表。

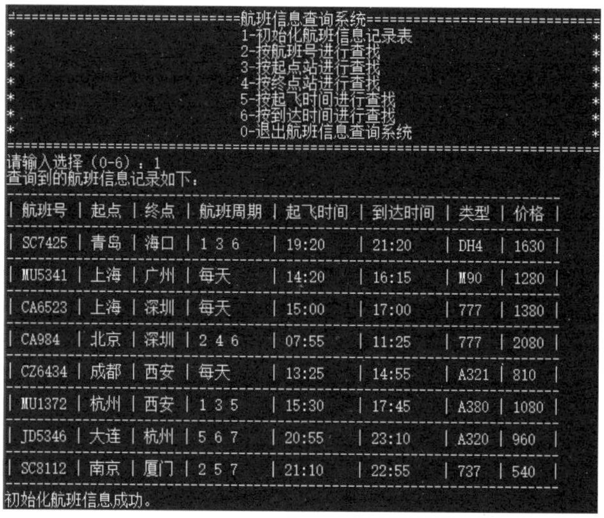

```
============================航班信息查询系统============================
*                            1-初始化航班信息记录表                    *
*                            2-按航班号进行查找                        *
*                            3-按起点站进行查找                        *
*                            4-按终点站进行查找                        *
*                            5-按起飞时间进行查找                      *
*                            6-按到达时间进行查找                      *
*                            0-退出航班信息查询系统                    *
========================================================================
请输入选择（0-6）：1
查询到的航班信息记录如下：
| 航班号 | 起点 | 终点 | 航班周期 | 起飞时间 | 到达时间 | 类型 | 价格 |
| SC7425 | 青岛 | 海口 | 1 3 6    | 19:20    | 21:20    | DH4  | 1630 |
| MU5341 | 上海 | 广州 | 每天     | 14:20    | 16:15    | M90  | 1280 |
| CA6523 | 上海 | 深圳 | 每天     | 15:00    | 17:00    | 777  | 1380 |
| CA984  | 北京 | 深圳 | 2 4 6    | 07:55    | 11:25    | 777  | 2080 |
| CZ6434 | 成都 | 西安 | 每天     | 13:25    | 14:55    | A321 | 810  |
| MU1372 | 杭州 | 西安 | 1 3 5    | 15:30    | 17:45    | A380 | 1080 |
| JD5346 | 大连 | 杭州 | 5 6 7    | 20:55    | 23:10    | A320 | 960  |
| SC8112 | 南京 | 厦门 | 2 5 7    | 21:10    | 22:55    | 737  | 540  |
初始化航班信息成功。
```

图 7-13　初始化航班信息记录表的结果

(2) 按航班号进行查找。

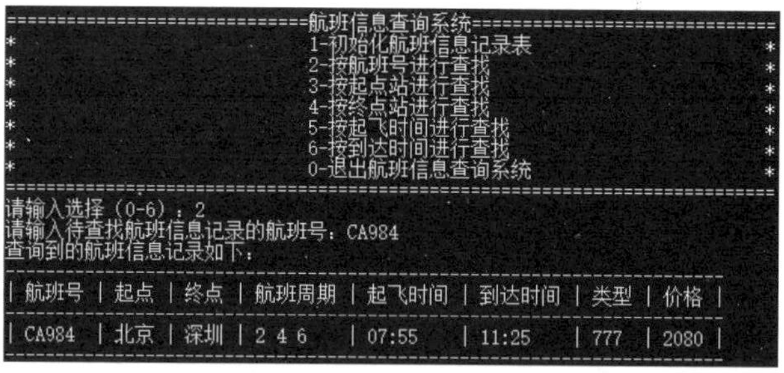

```
============================航班信息查询系统============================
*                            1-初始化航班信息记录表                    *
*                            2-按航班号进行查找                        *
*                            3-按起点站进行查找                        *
*                            4-按终点站进行查找                        *
*                            5-按起飞时间进行查找                      *
*                            6-按到达时间进行查找                      *
*                            0-退出航班信息查询系统                    *
========================================================================
请输入选择（0-6）：2
请输入待查找航班信息记录的航班号：CA984
查询到的航班信息记录如下：
| 航班号 | 起点 | 终点 | 航班周期 | 起飞时间 | 到达时间 | 类型 | 价格 |
| CA984  | 北京 | 深圳 | 2 4 6    | 07:55    | 11:25    | 777  | 2080 |
```

图 7-14　按航班号进行查找成功的结果

(3) 按起点站进行查找。

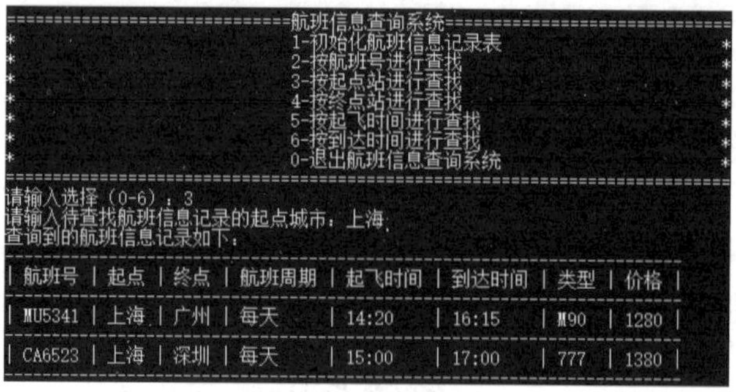

```
============================航班信息查询系统============================
*                            1-初始化航班信息记录表                    *
*                            2-按航班号进行查找                        *
*                            3-按起点站进行查找                        *
*                            4-按终点站进行查找                        *
*                            5-按起飞时间进行查找                      *
*                            6-按到达时间进行查找                      *
*                            0-退出航班信息查询系统                    *
========================================================================
请输入选择（0-6）：3
请输入待查找航班信息记录的起点城市：上海
查询到的航班信息记录如下：
| 航班号 | 起点 | 终点 | 航班周期 | 起飞时间 | 到达时间 | 类型 | 价格 |
| MU5341 | 上海 | 广州 | 每天     | 14:20    | 16:15    | M90  | 1280 |
| CA6523 | 上海 | 深圳 | 每天     | 15:00    | 17:00    | 777  | 1380 |
```

图 7-15　按起点站进行查找成功的结果

（4）按终点站进行查找。

图 7-16　按终点站进行查找成功的结果

（5）按起飞时间进行查找。

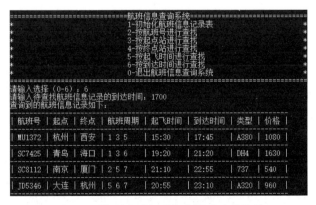

图 7-17　按起飞时间进行查找成功的结果

（6）按到达时间进行查找。

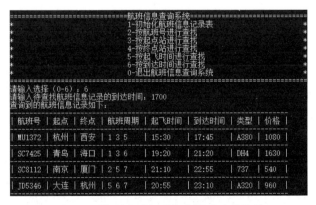

图 7-18　按到达时间进行查找成功的结果

7．延伸思考

实践中的要求是以单一条件进行查找的，而在实际生活中，我们往往会通过多个条件进行航班信息记录的查找，例如同时查找给定起点站和终点站，并在某一时刻之后起飞的航班信息记录。为了达到这一用意，对应查找算法的代码应该如何编写？

7.2.2 猴子吃香蕉游戏

1. 实践目的

(1) 能够正确分析猴子吃香蕉游戏中要解决的关键问题及其解决思路。

(2) 能够根据猴子吃香蕉游戏的操作特点选择恰当的存储结构。

(3) 能够选用恰当的查找方法设计猴子吃香蕉游戏中的关键操作算法。

(4) 能够编写程序模拟猴子吃香蕉游戏的实现,并验证其正确性。

(5) 能够根据实践结果的性能进行辩证分析或优化。

2. 实践内容

小猴安安喜欢吃香蕉,每次饲养员会为他准备 n 堆香蕉,每一堆香蕉数量若干,饲养员在放下香蕉后会离开,并在 h 小时后返回,取走未被安安吃掉的香蕉。

安安可以决定它吃香蕉的速度,假设为 k 根/小时($1 \leqslant k \leqslant 10$)。每一小时内,它会选择一堆香蕉,并吃掉 k 根,如果这堆香蕉少于 k 根,那么它在吃掉这堆香蕉之后,不会再吃其他堆的香蕉,但在一个小时过后,它会继续吃其他堆的香蕉。如果在饲养员返回之前,安安想要吃掉所有的香蕉,那它吃香蕉的最小速度为多少?

请编程模拟上述过程并求出小猴安安要吃完香蕉的最小速度应该是多少。

说明:以上涉及的数量、时间和速度均为整数。

3. 实践要求

(1) 为使上述吃香蕉游戏具有普适性,要求香蕉的堆数和数量可以由用户自行设定。

(2) 根据上述游戏的规则,自主分析选择恰当的数据存储结构。

(3) 抽象出本游戏中所涉及的关键性操作模块,并给出其接口描述及其实现算法。

(4) 输入输出说明:首先输入香蕉的堆数 n 的值;再根据提示以一行分别输入每堆香蕉中香蕉的数量,之间以空格隔开;最后输入饲养员将在几个小时后返回,即 h 的值。然后根据输入的信息进行问题的求解,如果存在一个最小速度能够让安安吃完所有香蕉,则输出安安吃香蕉的最小速度,否则输出不存在的提示信息。

4. 解决方案

1) 数据结构

在本实践中,需要存储的主要数据有每堆香蕉的数量。安安吃香蕉的过程是按一定顺序进行的,则每堆香蕉的数量构成一个有限序列,具有线性表的结构特性,所以可以将程序要处理的对象看成是一个由 n 堆香蕉数所构成的线性表。游戏中的主要操作是判断能否以一定速度将所有的香蕉全部吃完,这种操作可以抽象为计算吃完每堆香蕉所需要的时间总和,然后判断总时间是否小于饲养员返回时间。在此过程中仅涉及对每堆香蕉数量的查找,不会涉及线性表中元素的增删。在之前的学习过程中已经了解到,线性表有顺序存储和链式存储两种方式,其中顺序存储适合于随机存取,对于需要大量读取和修改操作时比较适用,所以在模拟本游戏时宜采用顺序存储结构。基于上述分析,在模拟本游戏时可以采用顺序存储结构存放每堆香蕉数。此外,本游戏中香蕉的堆数和每堆香蕉的数量是由用户动态决定的,为此本实践中最后采用动态的顺序存储结构,其描述具体如下:

```
typedef int BnanaPile;
typedef struct
```

```
{    BnanaPile * bp;                    //每堆香蕉的数量
     int length;                        //香蕉的堆数
} BananaTable;                          //存储每堆香蕉数的线性表
```

2）关键操作实现要点

从上述的分析可知,此游戏可抽象出三种关键操作:一是创建一个顺序表以存储每堆香蕉数量;二是判断安安在指定速度下是否能够在饲养员回来之前吃完所有的香蕉;三是求安安吃完香蕉的最小速度。以上操作的实现要点简要说明如下。

（1）创建存储每堆香蕉数的线性表。

首先通过 malloc 函数分配输入的香蕉堆数 n 大小的空间,如果空间分配失败,则结束该操作;否则将顺序表的长度赋值为 n,再输入 n 个数据值代表每堆香蕉数,并依次存入数组空间中。

（2）判断小猴安安能否吃完所有香蕉。

根据实践要求,假设一堆香蕉的个数为 m,那么安安吃完这一堆香蕉所需要时间的计算公式为:

$$\text{time} = (m-1)/k + 1$$

其中 time 为吃完香蕉个数为 m 的香蕉堆所需要的时间。依次累计吃完每堆香蕉所需要的时间即可得到安安吃完所有香蕉的总时间,如果该总时间小于或等于饲养员离开的时间,则表示安安能够吃完所有香蕉,操作结果返回 TRUE;否则表示安安不能吃完所有香蕉,操作结果返回 FALSE。

（3）求小猴安安吃完香蕉的最小速度。

这个操作其实是要在安安吃香蕉的速度区间内(1～10 根/小时)查找到一个速度,能够刚好满足在饲养员返回前吃完所有香蕉的要求。通过分析可以发现:安安吃香蕉的速度越小,耗时就越长;速度越大,耗时就越少,那么可以将要查找的速度区间看成一个有序序列(从 1 依次递增到 10)。根据学习的知识,通过二分查找法对有序序列进行查找的效率比较高。所以,实现求安安吃完香蕉的最小速度的操作可抽象为二分查找操作。在查找过程中,首先判断以最大吃香蕉的速度(10 根/小时)是否能够吃完所有的香蕉。如果不能,则操作函数返回 FALSE,表示安安无法在饲养员返回前吃完所有香蕉;如果能够则继续后续操作。而后续操作的过程就是对序列 $\{1, 2, \cdots, 10\}$ 进行二分查找的过程,首先设置一个最小速度 low 等于 1 根/小时,一个最大速度 high 等于 10 根/小时,然后取最小速度和最大速度的中间值 mid,判断在该速度下安安是否能够吃完所有的香蕉,如果不能吃完,则扩大最小速度 low 为中间值 mid 加 1,如果能够吃完,则缩小最大速度 high 为中间值 mid 减 1,重复上述步骤直到找到小猴安安吃完香蕉的最小速度。

3）关键操作接口描述

```
Status BananaTable_Create(BananaTable &BT, int n)
//创建一个存储每堆香蕉数的线性表 BT,n 为香蕉堆数
Status CheckPossible(BananaTable BT, int h, int k)
//判断安安能否在 h 小时内,以 k 根/小时的速度吃完顺序表 BT 中的所有香蕉数,如果能,函数返回
//TRUE,否则函数返回 FALSE
Status MinEatingSpeed(BananaTable BT, int h, int &k)
//根据顺序表 BT 中的每堆香蕉数和饲养员返回时间 h,求解安安吃香蕉的最小速度 k 根/小时并返回其值
```

4）关键操作算法参考

（1）创建存储香蕉堆的线性表算法。

```
Status BananaTable_Create(BananaTable &BT, int n)
//创建一个存储每堆香蕉数的线性表 BT,n 为香蕉堆数
{    BT.bp = (BnanaPile *)malloc(n * sizeof(BnanaPile));
     if (!BT.bp)                           //如果分配空间失败
         return OVERFLOW;
     BT.length = n;
     printf("\n请输入每堆香蕉的个数: ");
     while (n-- )
         scanf(" %d", &BT.bp[n]);          //输入每堆香蕉的数量
     return OK;
}
```

（2）判断安安能否吃完所有香蕉的算法。

```
Status CheckPossible(BananaTable BT, int h, int k)
//判断安安能否在 h 小时内,以 k 根/小时的速度吃完顺序表 BT 中的所有香蕉数,如果能,函数返回
//TRUE,否则函数返回 FALSE
{    int time = 0;
     for (int i = 0; i < BT.length; i++)
         time = time + (BT.bp[i] - 1) / k + 1;    //累加吃完每堆香蕉所需要的时间
     if (time <= h)                        //总时间小于或等于 h
         return TRUE;                      //表示能够吃完
     else                                  //总时间大于 h
         return FALSE;                     //表示不能吃完
}
```

（3）求安安吃完香蕉的最小速度的算法。

```
Status MinEatingSpeed(BananaTable BT, int h, int &k)
//根据线性表 BT 中的每堆香蕉数和饲养员返回时间 h,求解安安吃香蕉的最小速度 k 根/小时并
//返回其值
{    if(CheckPossible(BT, h, 10))
     {    int low = 1, high = 10;          //设置最小速度和最大速度
          int mid = 0;                     //中间速度
          while (low < high)
          {    mid = (low + high) / 2;
               if (!CheckPossible(BT, h, mid))  //判断是否能够在饲养员回来之前吃完所有的香蕉
                    low = mid + 1;          //如果不能吃完,则速度下界 low 变为 mid + 1
               else
                    high = mid - 1;         //如果能吃完,则速度上界变为 mid - 1
          }
          k = low;
          return TRUE;
     }
     else
          return FALSE;
}
```

5. 程序代码参考

扫码查看：7-2-2.cpp

6. 运行结果参考

程序部分测试用例的运行结果如图 7-19 所示。

请输入香蕉的堆数：4
请输入每堆香蕉的个数：3 6 7 11
饲养员将在几个小时后返回？8
安安吃香蕉的最小速度为： 4根/小时

请输入香蕉的堆数：4
请输入每堆香蕉的个数：4 8 9 12
饲养员将在几个小时后返回？3
安安无法在饲养员回来之前吃完所有香蕉。

图 7-19　猴子吃香蕉问题运行结果参考

7. 延伸思考

在本实践中，安安吃香蕉的速度为 k 根/小时，如果某堆香蕉少于 k 根，那么它在吃掉所有香蕉之后，不会再吃其他堆的香蕉。这就意味着，在香蕉总数一定的情况下，每堆香蕉的数量对安安吃完所有香蕉的最小速度有影响。假设有 4 堆香蕉，每堆香蕉的数量分别为 2，4，6，8，如果饲养员在 4 个小时候之后返回，那么在不改变每堆香蕉数量的情况下，安安吃香蕉的最小速度为 7 根/小时才能在饲养员返回之前吃完所有香蕉。如果安安有能力在不改变香蕉堆数和总数的情况下调整香蕉的数量，例如，将 4 堆香蕉的数量调整为每堆 5 根，那么安安吃香蕉的最小速度可以变为 5 根/小时。如果安安有能力在不改变香蕉堆数和总数的情况下调整每堆香蕉的数量，那么应该如何修改求解安安吃香蕉的最小速度的算法？

7.2.3　风险状态查询问题

1. 实践目的

（1）能够引导学生利用新的技术解决社会需要的问题，激发学生践行科技报国的责任担当，增强其科技报国的自信心和职业道理素养。

（2）能够正确分析实现风险状态查询问题中需要解决关键问题及其解决思路。

（3）能够根据风险状态查询问题需实现的功能要求选择恰当的存储结构。

（4）能够选用恰当的查找方法设计风险状态查询中的关键操作算法。

（5）能够编写程序测试风险状态查询中关键操作算法设计的正确性。

（6）能够对实践结果的性能进行辩证分析或优化。

2. 实践背景

2019 年底，一场新冠肺炎疫情的爆发给我们的生活带来极大的冲击。在这场同疫情的殊死较量中，中国人民团结一心、众志成城，政府组织有力，民众自觉自律，使得 14 亿人口的大国在短短数月就有力扭转疫情局势。[①]

---

① 新华网. 新华国际时评：全球"战役"的中国贡献. http://www.xinhuanet.com/world/2020-09/08/c_1126468180. htm，2020 年 9 月 8 日.

在这场"战役"中,除了第一线的医护人员、社区工作者为我们筑起了一道有形的防线外,也有这么一群人利用科技的手段为我们筑起了一道无形的"数字化防线",也就是我们每天几乎都要使用的健康码。健康码通过个人信息健康状况、旅居史、居住地及是否接触过疑似或确诊新冠肺炎病患等内容自动生成二维码,分红、黄、绿三种颜色,动态显示个人疫情风险等级[①]。看上去,只需一句话就能描述的功能,其实包含了背后技术团队大量的工作。首先,健康码的发码规则众多,需要考虑各类复杂的情况,并且疫情时时刻刻在发生变化,如何动态更新相应的规则和算法需要大量技术上的创新和诸多部门的合作;其次,需要极高的算法准确率,以往的算法拥有 90% 以上的准确率,便可以算作是一个值得称赞的模型,但是健康码事关人民的生命健康,一旦发生错误,将会造成不可挽回的损失,所有的代码需要多次复核才能正式上线;此外,随着健康码使用的人数越来越多,算法的复杂度也呈指数级上升,部分的架构更是需要重新设计,这也对技术人员提出了巨大的挑战[②]。

这么多的困难,被开发人员一一克服,自 2020 年 2 月 9 日杭州余杭区率先在支付宝上推出健康码,到杭州全市推广,到浙江省推广,再到 2 月 16 日,国务院办公厅电子政务指导支付宝加速研发全国统一的疫情防控健康信息码,只用了短短 7 天时间。这背后是开发人员的辛勤付出,正是他们对算法精益求精的改进、对代码不厌其烦的复核、对数据安全的严格管理,才构建起属于每一个人的"数字化防线"。

3. 实践内容

随着疫情的常态化防控,健康码的使用也深入了我们的生活,除了使用智能手机展示健康码之外,我们也需要考虑为没有智能手机的用户进行健康码查询,比如通过身份证号码进行查询。请编程实现风险状态查询,可以根据用户输入的身份证信息查询用户的风险状态。风险状态分为"高、中、低"三个等级。

4. 实践要求

(1)分析风险查询问题中的关键要素及其操作特性,自主设计恰当的数据存储结构。

(2)抽象出本实践中所涉及的关键性操作模块,并给出其接口描述及其实现算法。

(3)输入输出说明如下。

① 首先输入一个正整数 n,表示要输入到系统中的用户数量。随后分行输入 n 个用户的风险状态信息,每个风险状态信息由身份证号和风险状态两部分构成,之间用空格隔开,其中用 0 表示低风险,1 表示中风险,2 表示高风险。例如,如果输入的是"330106190002070419□l"("□"表示空格),则表示用户的身份证号为 330106190002070419,风险等级为中风险。

② 当需要进行某个用户的风险状态查询时,先输入待查找用户的身份证号码,程序则输出相应的风险等级(高风险、中风险或低风险)。

5. 解决方案

1)数据结构

本实践的数据处理对象是 n 个用户的信息,每个用户信息包含身份证号码和风险状态两个数据项,它们具有相同的数据类型。再者,实践中涉及的主要操作就是对用户信息进行

---

① 百度百科. 健康码. https://baike.baidu.com/item/%E5%81%A5%E5%BA%B7%E7%A0%81/24365975?fr=aladdin,2020 年 2 月 11 日.

② 中国日报网. 健康码的"长征". https://cn.chinadaily.com.cn/a/202004/03/WS5e86a733a3107bb6b57aa93e.html,2020 年 4 月 3 日.

查询,并且要求通过身份证号码进行用户信息的查询。然而,身份证号码是由 18 位数字或字母组成,位数较多,如果仅依靠对身份证号码进行比较的方法实现查询则会降低查找效率。在此,可以尝试采用哈希查找。首先将用户信息映像到哈希表中,映像的方法是将用户记录中的身份证号码作为关键字,通过选定的哈希函数关系计算出其对应的哈希地址值,然后将该用户记录信息存入到对应的哈希地址的存储单元中。需要查找时,只需要根据输入的用户身份证号码采用相同的哈希函数计算出哈希地址值,然后直接到相应的地址单元中读取到要查找的用户风险状态即可,这样的操作能够大大提高查找效率。此外,考虑到系统中的人数是由用户决定的,更加适合采用动态分配空间的存储结构,则可以考虑用链地址法解决冲突来构建哈希表。

在采用链地址法解决冲突的哈希表中,若选定的哈希表长度为 HASHSIZE,则可以将哈希表定义为一个由 HASHSIZE 个头指针组成的指针数组 head[0..HASHSIZE−1],凡是哈希地址值为 i 的用户记录,均以结点的形式插入以 head[i] 为头指针的单链表中。采用链地址法解决冲突的哈希表的存储结构描述如下:

```
# define MAXCHAR 18                      //定义身份证号码的长度
# define HASHSIZE 20                     //定义最大哈希表长度为 20
# define M 19                            //根据哈希表长度定义除留余数法中的质因数
typedef char IDType[MAXCHAR];            //定义身份证类型
typedef struct
{    IDType userID;                      //身份证号码
     int riskLevel;                      //风险等级
} RecdType;                              //用于存放用户信息记录的结构体类型
typedef struct
{    RecdType r;                         //用户身份证信息数据域
     struct Hnode * next;                //指针域,指向下一条用户信息
}Hnode, * Hlink;                         //链表中的结点类型
Hlink head[HASHSIZE];                    //静态数组,定义哈希表类型
```

假设有一个用户记录信息的集合{{310103190011112513□1},{33048319000101381x□0},{340211190002121523□1},{32030119001222412x□0},{300201190002023822□2}},按照关键操作实现要点①中描述的计算哈希地址值的操作,5 条用户记录的哈希地址值分别为{0,0,15,15,15},然后根据链地址法处理冲突得到的哈希表如图 7-20 所示。

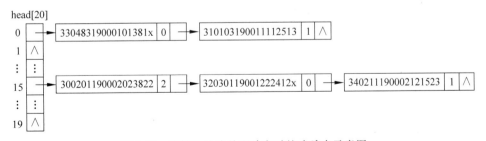

图 7-20　用链地址法处理冲突时的哈希表示意图

2) 关键操作实现要点

本实践可抽象出三个关键性操作,分别是根据用户身份证号码求出哈希地址值、在哈希表中插入用户记录和在哈希表上查找指定用户记录信息的操作。其中创建哈希表的过程实

际上就是一个不断将用户记录信息的结点插入到哈希表中的过程。下面将以上操作的实现方法简要说明如下：

（1）根据用户的身份证号计算哈希地址值。

由于用户的身份证号码是通过字符串进行存储的，无法直接使用除留余数法进行哈希地址值的计算。但公民身份证号码是由 6 位数字地址码，8 位数字出生日期码，3 位数字顺序码和 1 位数字校验码组成，结合此特点，再根据要尽量少发生冲突的原则，可以分别从上述四个部分中选取几位分布相对均匀的数字构成一个新的可计算的整数。在本实践中以选取身份证的第 6、10、12、14 和 17 位为例组成一个新的整数，再通过除留余数法获得哈希地址值，具体公式如下：

$$H(userID) = ((id[6] - '0') \times 10^4 + (id[10] - '0') \times 10^3 + (id[12] - '0') \times 10^2 + (id[14] - '0') \times 10 + (id[17] - '0'))\%M$$

其中，$H(userID)$ 是通过用户身份证号码求得的哈希地址值，$id[i](i=0,1,\cdots,18)$ 表示用户身份证号码字符串 id 中第 i 个字符，% 为取模运算，M 为选定的质因数。

（2）在哈希表中插入用户记录信息。

在将指定用户信息记录插入到哈希表之前，首先需要判断该用户信息记录是否已经存储在哈希表中，如果不在，才需将用户信息记录插入到哈希表中，否则无须插入。其中判断指定用户信息记录是否已在哈希表中的操作可通过下面的操作（3）来实现。

当确定指定用户可以插入到哈希表中时，还需进一步确定待插入的用户信息记录应该插入到哈希表的哪个位置上。由于在本实践中拟采用链地址法解决冲突，链地址法也被称为拉链法，即将所有具有相同哈希地址值的不同用户记录链接到同一个单链表中。为此，可以根据计算出的哈希地址值（假设为 i），将新产生的用户信息记录结点插入到哈希表中第 i 个链表的头部。

（3）在哈希表中查找指定用户信息记录

先根据指定的用户身份证号码求得其对应的哈希地址值，再在该哈希地址值对应的单链表上顺序查找该用户信息记录结点是否存在。若不存在，操作结果返回空指针，否则操作结果返回指向该用户信息记录的结点指针。

3）关键操作接口描述

```
int LHash_Value(IDType id)
//返回根据用户身份证号码 id 计算得到的哈希地址值
Status LHash_Insert(Hlink head[], IDType id, int risklevel)
//在哈希表 head 中插入身份证号码为 id 和风险等级为 risklevel 的用户记录
Hlink LHash_Search(Hlink head[], IDType id)
//在哈希表 head 中查找用户身份证号码 id,若查找成功,函数返回指向查找到的用户记录的指针,
//若查找不成功,函数返回空指针
```

4）关键操作算法参考

（1）根据用户身份证号码计算哈希地址值的算法。

```
int LHash_Value(IDType id)
//返回根据用户身份证号码 id 计算的哈希地址值
{   int hkey = (id[6] - '0') * pow(10, 4) + (id[10] - '0') * pow(10, 3) + (id[12] - '0') *
```

```
        pow(10, 2) + (id[14] - '0') * pow(10, 1) + (id[17] - '0');
            return hkey % 19;                       //返回哈希地址值
        }
```

（2）在哈希表中插入用户记录信息的算法。

```
        Status LHash_Insert(Hlink head[], IDType id, int risklevel)
        //在哈希表 head 中插入用户身份证号码为 id 和风险等级为 risklevel 的记录
        {    int i; Hlink p, q;
             p = LHash_Search(head, id);    //调用查找函数,确定身份证号码为 id 的用户信息是否在
                                            //表中已经存在

             if (p != NULL)                 //插入不成功
                 printf("输入的用户信息已经存在,插入失败。\n");
             else
             {   q = (Hlink)malloc(sizeof(Hnode));    //产生要插入的用户记录结点 q
                 strcpy(q->r.userID, id);
                 q->r.riskLevel = risklevel;
                 q->next = NULL;
                 i = LHash_Value(id);                 //求得用户身份证号对应的哈希地址值
                 q->next = head[i];                   //将 q 插入到对应哈希地址值的链表的表头
                 head[i] = q;
             }
             return SUCCESS;
        }
```

（3）在哈希表中查找指定用户记录信息的算法。

```
        Hlink LHash_Search(Hlink head[], IDType id)
        //在哈希表 head 中查找用户身份证号码为 id 的用户记录,若查找成功,函数返回指向查找到的
        //用户记录的指针,若查找不成功,函数返回空指针
        {    int i;
             Hlink p;
             i = LHash_Value(id);                        //根据身份证号 id 求得其哈希地址值 i
             for (p = head[i]; p && (strcmp(p->r.userID, id) != 0); p = p->next);
                                                         //在头指针为 head[i]的链表中顺序查找
             return p;
        }
```

6. 程序代码参考

扫码查看：7-2-3.cpp

7. 运行结果参考

程序运行的部分结果如图 7-21 和图 7-22 所示。

(1) 查找用户风险状态成功。

```
请输入用户数量：6
请输入用户的身份证号码和风险等级：
310103190011112513 1
33048319000101381x 0
340211190002121523 1
320301190012224l2x 0
300201190002023822 2
33048319000101381x 0
身份证号码为33048319000101381x的用户记录已经存在。记录插入失败。

请输入要查询的用户的身份证号码：
32030119001222412x
要查询的用户的风险状态为:低风险。
```

图 7-21　查找用户风险状态信息成功的运行结果

(2) 查找用户风险状态失败。

```
请输入用户数量：6
请输入用户的身份证号码和风险等级：
310103190011112513 1
33048319000101381x 0
340211190002121523 1
32030119001222412x 0
300201190002023822 2
310103190011112513 1
身份证号码为310103190011112513的用户记录已经存在。记录插入失败。

请输入要查询的用户的身份证号码：
32030119000504128x
查找的用户不存在!
```

图 7-22　查找用户风险状态失败的运行结果

8. 延伸思考

(1) 在实际使用健康码的过程中可以发现,全国同时查询健康码的需求非常大,采用输入身份证号码就立即进行风险状态查询的方法会产生一些无效查询(比如存在身份证号码输入错误的情况),而这会加重服务器的负担。为了减少这种无效的查询,你会对查找算法做何改进?

(2) 在进行数据存储的时候,直接将身份证号码存在表中有一定数据安全隐患。为了保护用户的隐私,在创建哈希表时可以将身份证号码加密存储,为此你会对相应算法做何改进?

9. 结束语

正是我们每个人的积极参与,抗击疫情才取得如此重要的胜利。目前,经济发展稳定转好,生产生活秩序稳定恢复,但是疫情仍未结束,需要你我共同努力,共同守护来之不易的胜利。从中我们也看到了健康码作为数字治理的典型实践。通过数字技术创新应用,打通了数据采集、模型算法、赋码应用的全链条,极大提高了疫情防控效率,不仅在疫情防控中发挥了不可替代的作用,更成为我国数字设备治理的重要实践,向全世界展示了我国的数字治理能力。作为计算机相关专业的学生,也应该向开发健康码的工程师们学习,勇于承担责任,用自身专业的本领为"数字中国"贡献出自己的一分力量。

7.3　拓展实践

7.3.1　恢复被修改的二叉排序树

1. 实践目的

(1) 能够正确分析恢复被修改的二叉排序树中要解决的关键问题及其解决思路。

（2）能够根据恢复被修改的二叉排序树问题中的操作特点选择恰当的存储结构。

（3）能够运用二叉排序树的基本操作实现方法设计恢复被修改的二叉排序树中关键操作算法。

（4）能够编写程序验证恢复被修改的二叉排序树中算法的正确性。

（5）能够对实践结果的性能进行辩证分析或优化提升。

2. 实践内容

编写一个算法，实现对两个结点发生错误交换的二叉树恢复为二叉排序树的操作，要求不能改变二叉排序树的结构，同时编程验证该算法的正确性。

3. 实践要求

（1）分析本实践中的处理对象及其操作特性，自行设计恰当的数据结构。

（2）抽象出本实践中所涉及的关键性操作模块，并给出其接口描述及其算法。

（3）输入输出说明：输入为两个结点发生错误交换的二叉树中标明了空子树的各记录关键字的先根遍历序列（以"#"表示空结点）；输出为恢复后的二叉排序树中标明了空子树的各记录关键字的先根遍历序列。

（4）测试用例

测试用例信息如表 7-5 所示。

表 7-5　测试用例

序号	输　　入	输　　出	说　　明
1	ac#b###	ca#b###	两个结点发生错误交换后的二叉树为： 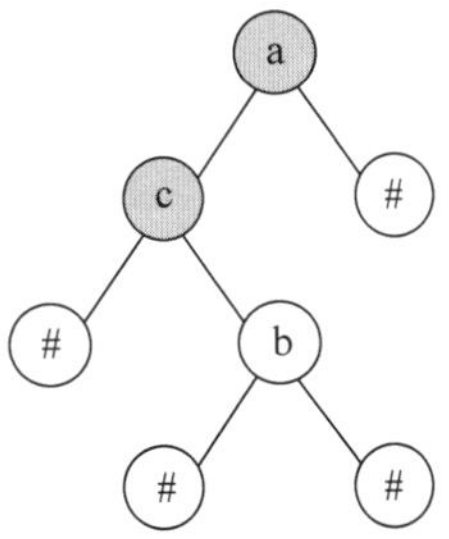 正确的二叉排序树为： 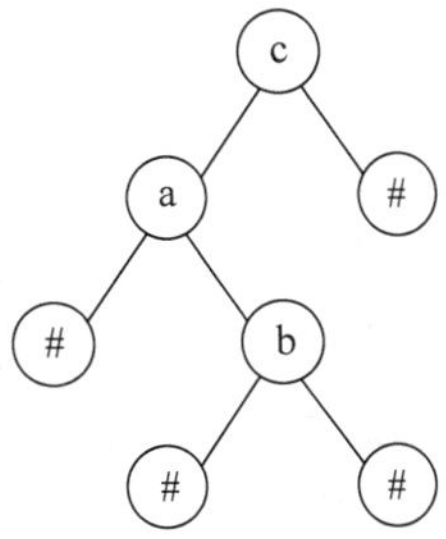

序号	输　入	输　出	说　明
2	ca＃＃db＃＃＃	ba＃＃dc＃＃＃	两个结点发生错误交换后的二叉树为： 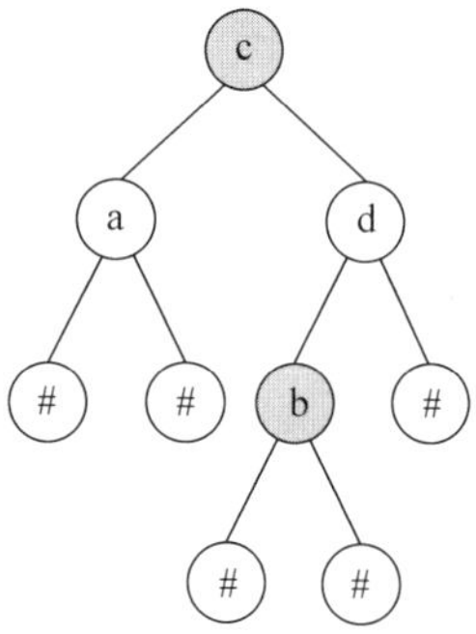 正确的二叉排序树为： 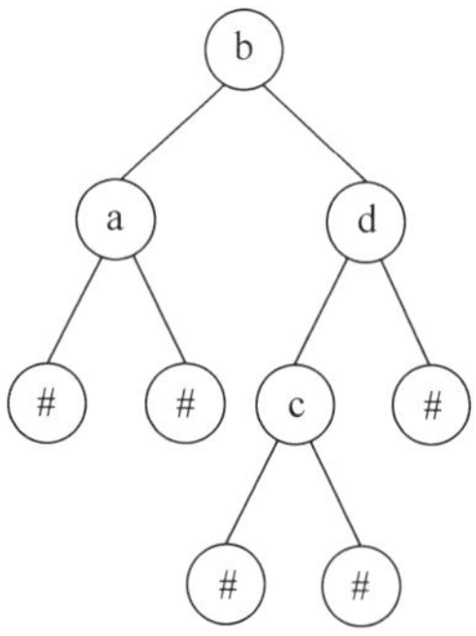

4. 解决思路

1）数据结构的设计要点提示

本实践中操作对象是二叉树和二叉排序树，在之前的学习中我们已经了解到通过二叉链表表示二叉树和二叉排序树比较方便，因此可以考虑采用二叉链表作为本实践的存储结构。

2）关键操作实现要点提示

本实践主要涉及两个关键问题：第一个问题是如何定位被错误交换的两个结点；第二个问题是如何将被错误交换的两个结点进行恢复。以上问题的实现要点提示如下：

（1）定位被错误交换的两个结点。

要定位被错误交换的两个结点，首先可以分析二叉排序树中两个结点被错误交换后产生了什么样的影响。对于一棵二叉排序树来说，对其结点按关键字进行中序遍历后，能够得到有序的结点序列。如果二叉排序树中有两个结点发生了交换，肯定会破坏结点的中序遍历序列的有序性。例如，图 7-23（a）中为一棵正常的二叉排序树，其结点关键字的中序遍历序列为"abc"，当结点 a 和结点 c 发生交换后，二叉排序树变为图 7-23（b）所示的形状，该二叉树中结点关键字的中序遍历为"cba"。那么只要找到二叉树中结点关键字的中序遍历序列两处"不有序"的地方，就可以确定被交换的两个结点。比较二叉树的中序遍历中相邻关键字的大小即可找到"不有序"结点。在图 7-23（a）的二叉树中，其中序遍历中"c"的 ASCII 编码大于"b"，此处为第一处"不有序"处，即"较大者"是被错误交换过来的，因此可以判断 "c"为被错误交换的结点之一；其中"b"的 ASCII 编码大于"a"，此处为第二处"不有序"处， 即"较小者"是被错误交换过来的，因此可以判断"a"为被错误交换的结点之一。

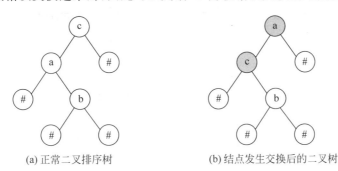

（a）正常二叉排序树　　　　　　　　（b）结点发生交换后的二叉树

图 7-23　二叉排序树错误交换示意图

（2）将被交换两个结点的二叉树恢复为二叉排序树。

在结点的中序遍历序列中找到两个被交换的结点后，将被交换两个结点的二叉树恢复 为二叉排序树的操作比较简单。只需要在二叉树的某种遍历过程中找到被交换的两个结 点，然后将这两个结点进行交换，使其恢复为正确的二叉排序树。

5．程序代码参考

扫码查看：7-3-1.cpp

6．延伸思考

在本实践中需要进行恢复的二叉排序树只有两个结点发生了错误的交换，如果有三个 或三个以上的结点发生了错误的交换，那么相关算法该如何修改？

7.3.2　成语接龙小游戏

1．实践目的

（1）能够帮助学生深刻理解中华文化的博大精深、源远流长，增强学生的文化自信，激 发学生对中华文化的兴趣，引导学生自觉融入实现中华民族伟大复兴的"中国梦"中，争做新 时代下的追梦人。

（2）能够正确分析实现成语接龙游戏中需要解决关键问题及其解决思路。

（3）能够根据成语接龙小游戏需实现的功能选择恰当的存储结构。

（4）能够运用字典树的基本操作方法设计成语接龙小游戏中的关键操作算法。

（5）能够编写程序测试成语接龙小游戏的实现，并验证其正确性。

（6）能够对实践结果的性能进行辩证分析和优化提升。

2．实践背景

成语是汉语中经过长期使用、锤炼而形成的固定短语，简洁精辟，深刻隽永，方寸之间传达着丰富的含义，是汉语言词汇中的璀璨明珠。同时，成语也反映、表现出缤纷多彩的人文世界，人们从中可以了解到天文、地理、历史、文学、艺术、道德伦理等诸多方面的知识，其中蕴含着民族文化各类思想和行为的趋向和准则，是汉民族文化形态的生动、可感的写照。此外，成语所承载的人文内涵非常丰富和厚重，大量成语出自传统经典著作，表达着臧否人伦善恶、历史兴衰的中国价值观。总之，中国的成语是中华文化的"活化石"，历经千年仍然被广泛地使用在我们日常生活的各种语境当中，体现了高度的智慧，是值得大加推广的优秀文化遗产。

在生活和学习中，我们也常常会玩"成语接龙"的游戏。一方面，游戏本身规则简单且多样，具有丰富的趣味性，能够拓展玩者思维的同时，提高自身的应变能力，也加强对成语内涵的深化及其所蕴含的文化传承。另一方面，在游戏过程中，可以做到互相交流，互相学习，增进双方的感情。正是因为如此，成语接龙游戏能够成为一个老少皆宜的文化娱乐活动，能够拥有悠久的历史和广泛的社会基础。

3. 实践内容

编程模拟成语接龙游戏。玩家输入一个成语，程序则能输出一个成语，重复上述过程直到一方无法接龙为止。成语接龙游戏规则是程序输出的成语中的第一个汉字要与玩家输入的成语中的最后一个汉字相同，接着玩家继续输入的成语要保证其中的第一个汉字与前面程序输出的成语中的最后一个汉字相同，如此重复，直到玩家不能继续输入正确的成语或程序不能输出正确的成语，则游戏结束。

4. 实践要求

（1）分析成语接龙游戏中的关键要素及其操作特性，选择恰当的数据存储结构。

（2）抽象出关键操作模块，并给出其接口描述。

（3）输入输出说明如下。

① 程序可以从磁盘文件中读取成语，构造一个成语库；成语的磁盘文件可以通过扫描右侧的二维码进行下载。

② 在游戏过程中要求输入的内容为四字汉字组成的成语，即字符串长度不超过 4 个汉字，根据玩家输入的成语的第一个汉字，程序从构造的成语库中检索出对应的接龙成语并输出。

③ 如果玩家输入的字符串不符合四字成语的要求，则输出"玩家输入的不是成语"。

④ 如果玩家无法完成接龙，输入"玩家无法接龙"，即结束游戏。

⑤ 如果程序无法完成接龙，输出"程序无法接龙"，即结束游戏。

5. 解决思路

1）数据存储结构的设计要点提示

根据实践内容中对成语接龙游戏的描述，最简单的实现方法是通过二维数组存储所有的成语，程序检索接龙成语的过程通过顺序查找和字符匹配进行实现。但是这样设计的程序复杂度较高，对于成语存储的开销也比较大。在我们学习过的数据结构中，有多种存储结构可以降低成语接龙小游戏的存储开销和检索接龙成语算法的时间复杂度，其中字典树在处理大量字符串应用中比较典型。

字典树（tire tree），又称单词查找树或键树，是一种树状结构，也是一种哈希树的变种，典型应用是用于统计和排序大量的字符串（但不仅限于字符串）。它的优点是：最大限度地

298

减少无谓的字符串比较。字典树的核心思想是用空间换取时间,利用字符串的公共前缀来降低查询时间的开销以达到提高效率的目的。

通过字典树构造一个成语库的存储结构会存在以下几个特点。

(1) 根结点不包含字符,除根结点外其他每个结点都只包含一个字符。

(2) 从根结点到叶子结点,路径上经过的字符连接起来,为该结点对应的字符串(成语)。

(3) 拥有相同字符前缀的字符串(成语)共享路径。

(4) 每个结点的所有子结点包含的字符都不相同。

如图 7-24 所示的字典树中包含了成语集合{"哀哀父母","哀哀欲绝","哀兵必胜","哀感天地","哀感顽艳","哀感中年"}。

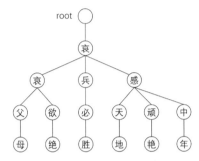

图 7-24　字典树结构示意图

可见,采用字典树进行成语存储,可以将多个成语中相同部分的汉字进行合并存储,比如"哀哀父母"与"哀哀欲绝"中"哀哀"两字可以进行合并存储,这样的做法能够有效减少成语存储的开销。同时,相比于顺序存储和查找过程中需要匹配整个成语的方法,采用字典树存储的检索方法可以利用成语的公共前缀减少查询成语的时间,从而降低算法的时间复杂度。根据这些提示,你能够将字典树的数据存储结构描述出来吗?

2) 关键操作实现要点提示

本实践主要涉及三个关键问题:第一个问题是如何将成语库中的成语插入到字典树中,即如何创建字典树;第二个问题是如何判断用户输入的字符串是否为成语;第三个问题是如何查找到能接龙的成语。以上问题的实现要点提示如下:

(1) 创建成语字典树。

创建成语字典树的过程其实就是一个边搜索边插入的过程。字典树是一棵多叉树,它的创建方法是从一棵空树开始,按照输入的成语中的汉字顺序,依次将每个汉字对应的结点插入到当前的字典树中。在创建过程中,首先构造一个只含一个空的根结点的字典树,然后根据成语中汉字的顺序依次将汉字插入到成语字典树中。在插入过程中,先判断当前汉字结点是否已存在在根结点的子结点中,如果存在,则不进行插入,如果不存在,则将当前汉字构造的结点插入到根结点的子结点中。然后以插入汉字结点为根结点递归重复上述插入步骤,直到每个汉字完成处理为止。

(2) 判断输入的字符串是否构成成语。

判断输入的字符串是否构成成语的过程,实际上是在字典树上进行查找的过程。按照输入的成语中的汉字顺序,将单个汉字与根结点的每个子结点中的汉字进行比较,如果存在包含对应汉字的结点,则以该结点为根结点递归进行后续汉字的查找;如果不存在包含对应汉字的结点,则结束判断过程,说明输入的字符串不是符合要求的成语。重复上述操作,直到输入的成语中的每个汉字均完成判断为止。如果输入的成语中的每个汉字都有对应结点存在,则说明输入的成语是符合要求的。

（3）查找接龙成语。

查找接龙成语的操作较为简单,只需要获取玩家输入成语的最后一个汉字,并将此汉字与字典树中根结点的每个子结点中的汉字进行比较,如果存在包含对应汉字的结点,则以该结点为根结点递归遍历其中一个子结点,直到遍历到字典树中的叶子结点为止,整个遍历过程共访问 4 个结点,这 4 个结点中的汉字即组成接龙成语。

6. 程序代码参考

扫码查看：7-3-2.cpp

7. 延伸思考

成语接龙的规则还有很多,如逆接（下一个成语的字尾接上一个成语的字头）、接二连三（三个成语,前两个双飞,第三个成语从前两个成语中分别选字组成一个成语）、埋龙（隐去成语最后的那个字,对方接出以隐去的那个字开头的成语）等。为了实现上述成语接龙的规则,应该如何设计算法？

8. 结束语

党的十八大以来,习近平总书记在多个场合强调文化自信,并表达了自己对中华优秀传统文化、优秀传统思想价值的认同和尊崇。文化是一个国家、一个民族的灵魂。文化兴国运兴,文化强民族强。没有高度的文化自信,没有文化的繁荣兴盛,就没有中华民族伟大复兴。中华文化是推动中国崛起和民族振兴的重要思想基础、精神动力和心理支撑,中华文化复兴是实现"中国梦"的核心要素。作为新时代的大学生,肩负着实现中华民族伟大复兴的重要使命,我们要把中华优秀传统文化内化为自身的精神品格,在奋斗中释放青春激情、追逐青春理想,以青春之我、奋斗之我,为民族复兴铺路架桥,为祖国建设添砖加瓦,真正跑好历史交给新时代青年的接力棒。

参 考 文 献

[1] 刘小晶,朱蓉,杜卫锋,等.数据结构——C 语言描述(融媒体版)[M].2 版.北京:清华大学出版社,2020.

[2] 陈越,何钦铭,徐境春,等.数据结构学习与实验指导[M].北京:高等教育出版社,2017.

[3] 严蔚敏,吴伟民.数据结构(C 语言版)[M].北京:清华大学出版社,1997.

[4] 樊艳芬,邵斌,朱绍军.数据结构习题解答与实验指导[M].北京:清华大学出版社,2018.

[5] 李春葆,李筱驰.新编数据结构习题与解析[M].2 版.北京:清华大学出版社,2020.

[6] 李春葆.数据结构教程上机实验指导[M].5 版.北京:清华大学出版社,2017.

[7] 吴永辉,王建德.数据结构编程实验——大学程序设计课程与竞赛训练教材[M].3 版.北京:机械工业出版社,2021.

[8] 游洪跃,唐宁九.数据结构与算法(C++版)实验和课程设计[M].2 版.北京:清华大学出版社,2020.

[9] 杨海军,马彦,叶燕文.数据结构实验指导教程(C 语言版).北京:清华大学出版社,2018.

图书资源支持

感谢您一直以来对清华版图书的支持和爱护。为了配合本书的使用，本书提供配套的资源，有需求的读者请扫描下方的"书圈"微信公众号二维码，在图书专区下载，也可以拨打电话或发送电子邮件咨询。

如果您在使用本书的过程中遇到了什么问题，或者有相关图书出版计划，也请您发邮件告诉我们，以便我们更好地为您服务。

我们的联系方式：

地　　址：北京市海淀区双清路学研大厦 A 座 714

邮　　编：100084

电　　话：010-83470236　010-83470237

客服邮箱：2301891038@qq.com

QQ：2301891038（请写明您的单位和姓名）

资源下载：关注公众号"书圈"下载配套资源。

资源下载、样书申请

书圈

图书案例

清华计算机学堂

观看课程直播